网络工程师考试 32 小时通关

主　编　薛大龙

副主编　王开景　金　麟　胡晓萍　刘　伟

中国水利水电出版社
www.waterpub.com.cn
·北京·

内 容 提 要

网络工程师考试是全国计算机技术与软件专业技术资格（水平）考试（简称"软考"）的中级专业技术资格里报考人数较多的考试。通过网络工程师考试，可获得中级工程师职称资格。

与普通的教材相比，本书在保证知识的系统性与完整性的基础上，在易学性、有效性等方面进行了大幅度改进和提高。全书在全面分析知识点的同时，对整个学习架构进行了科学重构，极大地提高了学习的有效性。在此基础上，本书在每章后还配备练习题，一站式解决考生的学习及练习问题。考生可通过学习本书，掌握考试的重点，熟悉试题形式及解答问题的方法和技巧等。

本书可作为考生备考网络工程师考试的学习教材，也可作为各类培训班的教学用书。

图书在版编目（CIP）数据

网络工程师考试32小时通关 / 薛大龙主编. -- 北京：中国水利水电出版社，2023.2
ISBN 978-7-5226-1353-6

Ⅰ. ①网… Ⅱ. ①薛… Ⅲ. ①计算机网络—资格考试—自学参考资料 Ⅳ. ①TP393

中国国家版本馆CIP数据核字(2023)第022492号

策划编辑：周春元　　责任编辑：杨元泓　　加工编辑：刘铭茗

书　名	网络工程师考试 32 小时通关 WANGLUO GONGCHENGSHI KAOSHI 32 XIAOSHI TONGGUAN
作　者	主　编　薛大龙 副主编　王开景　金　麟　胡晓萍　刘　伟
出版发行	中国水利水电出版社 （北京市海淀区玉渊潭南路 1 号 D 座　100038） 网址：www.waterpub.com.cn E-mail：mchannel@263.net（答疑） 　　　　sales@mwr.gov.cn 电话：（010）68545888（营销中心）、82562819（组稿）
经　售	北京科水图书销售有限公司 电话：（010）68545874、63202643 全国各地新华书店和相关出版物销售网点
排　版	北京万水电子信息有限公司
印　刷	三河市鑫金马印装有限公司
规　格	184mm×240mm　16 开本　22.5 印张　526 千字
版　次	2023 年 2 月第 1 版　2023 年 2 月第 1 次印刷
印　数	0001—3000 册
定　价	68.00 元

凡购买我社图书，如有缺页、倒页、脱页的，本社营销中心负责调换

版权所有·侵权必究

序

  计算机网络从 20 世纪至今，已发展了数十年，从最早的数 kb/s 带宽，达到当今的数百 Gb/s 带宽。进入 21 世纪后，人类社会已经全面步入互联网时代，计算机和互联网与人类的工作、学习和生活息息相关。随着新技术的发展和应用，云计算、大数据、物联网、区块链为智慧城市和数字政府的建设提供了丰富的应用，高速、可靠的计算机网络成为以上技术创新的基石。

  当前，中国的信息基础设施规模全球领先，信息技术产业取得重要突破，信息惠民水平大幅提升，信息化发展环境优化提升。中央网络安全和信息化委员会印发的《"十四五"国家信息化规划》明确提出的重大任务和重点工程中，建设泛在智联的数字基础设施体系、打造协同高效的数字政府服务体系等内容跟计算机网络有极其密切的联系。因此，学好网络技术，为国家的信息化事业增砖添瓦，成为 IT 人必备的一项技能。

  薛大龙博士作为软考教育领域的领头人，携手多位计算机网络技术精英，依据《网络工程师教程》第五版编写了该书，该书涵盖了计算机网络技术领域的基本理论和应用知识，参阅了历年试题，理论和应用技能相结合，做到层次清晰、内容丰富、通俗易懂，使技术人员在学习中事半功倍，既可以作为网络工程师考试辅导用书，也可以作为日常工作的工具书。

  最后，衷心希望有志于从事计算机网络工作并考取网络工程师专业技术资格的考生，借助本书进行知识学习，提升自己的专业技能，顺利取得网络工程师专业技术资格。为国家的数字化建设砥砺奋进，再立新功！

全国知名网络专家、南阳市学术技术带头人：何鹏涛

前　　言

为什么选择本书？

　　计算机技术与软件专业技术资格（水平）考试的历年全国平均通过率一般不超过 20%，考试所涉及的知识范围较广，而考生一般又多忙于工作，仅靠官方教程，考生在有限时间内很难领略及把握考试的重点和难点。

　　编者作为众多软考培训一线讲师中的一员，多年来潜心研究软考知识体系，对历年的软考试题进行了深入分析、归纳与总结，并把这些规律性的东西融入软考培训的教学当中，取得了非常显著的效果。但限于各方面条件，能够参加面授的学生还是相对少数，编者为了能让更多同学分享到我们的经验与成果，组织编写了本书。本书具有以下几个特点：

- **青出于蓝**：本书保留了普通教材的知识系统性及完整性，但在易学性、学习有效性等方面进行了大幅度改进和提高。
- **有的放矢**：通过对考试大纲的细致分析，让一些考试中的重点、难点以及同学们在学习过程中容易忽略的知识点在本书中突出体现。
- **超高效率**：本书把我们团队中多名杰出讲师的教学经验、多年试题研究经验融汇在一起，形成了 32 小时超强学习架构。
- **一站式解决**：本书还增加了典型的练习题及解析等众多内容，所以同时具备了教材与实战的功能。

本书作者不一般

　　本书由薛大龙担任主编，王开景、金麟、胡晓萍、刘伟担任副主编。具体分工如下：王开景负责第 11、23~32 小时；金麟负责第 5~6、13、15~18、22 小时；刘伟负责第 7~10、14、19~20 小时；胡晓萍负责第 1~4、21 小时；王跃利负责第 12 小时。本书精心设计了重要性高、代表性强、命题频率大、学一可得三的知识点，每小时还配备了练习题。全书由王开景审读，薛大龙定稿。

　　薛大龙，北京理工大学博士研究生，多所大学客座教授，北京市评标专家，全国计算机技术与软件专业技术资格考试辅导教材编委会主任，曾多次参与全国软考的命题与阅卷。

　　王开景，全国计算机技术与软件专业技术资格考试用书编委会委员、高级工程师、网络规划设计师、网络工程师、信息系统项目管理师、系统集成项目管理工程师、HCIP、ITIL V4 Foundation。早在大学时期就热爱计算机网络，并通过软考网络工程师和思科认证。工作数年，具有丰富的网络规划设计经验，作为技术顾问全程参与了 KVM 虚拟化、智慧城市、"雪亮工程"等大型信息化项目,并且对项目管理,IT 运维也经验颇丰。

金麟,高级工程师,全国计算机技术与软件专业技术资格考试辅导教材编委会委员,信息系统项目管理师、网络规划设计师、系统集成项目管理工程师、信息系统监理师。多次参与大中型网络项目的建设及升级改造工作,具有丰富的信息化项目建设和管理经验。

胡晓萍,高级工程师,财政部政府采购评审专家,省级政府采购评审专家。信息系统项目管理师、系统规划与管理师、信息系统监理师、软件设计师。全国计算机技术与软件专业技术资格考试辅导用书编委会委员,参与多部软考教辅书籍的编写并出版。作为大型国企信息主管,曾参与多个大型信息系统项目的网络实施,具有丰富的项目管理经验和技术经验,服务于软考培训教育领域,致力于对信息系统的分析以及网络架构的设计,理论功底深厚,实践经验丰富。多家企业授课讲师,面授培训多次,以其语言简练、逻辑清晰、善于在试题中把握要点,总结规律,帮助考生提纲挈领,快速掌握知识要点,押题精准,深得学员好评。

刘伟,高级工程师,全国计算机技术与软件专业技术资格考试辅导教材编委会委员,信息系统项目管理师、系统规划与管理师、信息系统监理师,主持并参与大型网络工程建设项目 10 余个,具有丰富的实践和管理经验。

致谢

感谢中国水利水电出版社万水分社周春元老师在本书的策划、选题的申报、写作大纲的确定以及编辑、出版等方面付出的辛勤劳动和智慧,给予了我们很多的帮助。

感谢各位读者能够选择本书备考,祝大家顺利通过考试,技术成就梦想,越努力越幸运!

编 者

2022 年 12 月

目　　录

序
前言

第 1 篇　网络工程师预备知识

第 1 小时　计算机软硬件基础 ……………… 2
　1.0　本章思维导图 …………………… 2
　1.1　计算机系统知识 ………………… 2
　1.2　操作系统知识 …………………… 5
　1.3　程序设计语言概述 ……………… 7
　1.4　软件过程模型 …………………… 7
　1.5　系统测试 ………………………… 10
　1.6　练习题 …………………………… 11
第 2 小时　项目管理、知识产权、标准规范和
　　　　　　法律法规 …………………… 13
　2.0　本章思维导图 …………………… 13
　2.1　项目管理 ………………………… 13
　2.2　知识产权 ………………………… 14
　2.3　中华人民共和国民法典 ………… 15
　2.4　中华人民共和国数据安全法 …… 16
　2.5　中华人民共和国网络安全法 …… 19
　2.6　中华人民共和国个人信息保护法 … 20
　2.7　网络安全审查办法 ……………… 21
　2.8　中华人民共和国密码法 ………… 22
　2.9　中华人民共和国专利法 ………… 23
　2.10　中华人民共和国商标法 ………… 26
　2.11　中华人民共和国著作权法 ……… 27
　2.12　标准化相关知识 ………………… 30
　2.13　练习题 …………………………… 32

第 2 篇　网络工程师基础知识

第 3 小时　数据通信基础 …………………… 36
　3.0　本章思维导图 …………………… 36
　3.1　数据通信系统的模型和基本概念 … 36
　3.2　信道带宽 ………………………… 37
　3.3　误码率 …………………………… 38
　3.4　信道延迟 ………………………… 38
　3.5　传输介质 ………………………… 39
　3.6　数据编码 ………………………… 40
　3.7　数字调解技术 …………………… 42
　3.8　脉冲编码调制 …………………… 42
　3.9　通信和交换方式 ………………… 43
　3.10　多路复用技术 …………………… 44
　3.11　扩频技术 ………………………… 45
　3.12　数字传输系统 …………………… 46

3.13	同步数字系列	47
3.14	练习题	48

第 4 小时　计算机网络概述　49

4.0	本章思维导图	49
4.1	计算机网络分类	49
4.2	OSI 模型	50
4.3	TCP/IP 模型	51
4.4	练习题	53

第 5 小时　局域网技术　54

5.0	本章思维导图	54
5.1	局域网概论	54
5.2	CSMA/CD 协议	56
5.3	以太网	57
5.4	高速以太网	58
5.5	虚拟局域网	59
5.6	生成树 STP	61
5.7	练习题	64

第 6 小时　广域网和接入网　65

6.0	本章思维导图	65
6.1	广域网基本概念	65
6.2	广域网互联技术	66
6.3	流量和差错控制	67
6.4	宽带接入技术	68
6.5	练习题	70

第 7 小时　应用层　72

7.0	本章思维导图	72
7.1	应用层概述	72
7.2	FTP	73
7.3	HTTP	74
7.4	电子邮件	74
7.5	DHCP	75
7.6	练习题	78

第 8 小时　传输层　80

8.0	本章思维导图	80
8.1	传输层概述	80
8.2	TCP 和 UDP	81
8.3	TCP 三次握手	83
8.4	TCP 四次挥手	83
8.5	TCP 拥塞控制	84
8.6	练习题	87

第 9 小时　网络层　89

9.0	本章思维导图	89
9.1	网络层概述	89
9.2	IP 数据报	90
9.3	IP 地址	91
9.4	ARP 协议	93
9.5	ICMP 协议	94
9.6	练习题	95

第 10 小时　物理层和数据链路层　97

10.0	本章思维导图	97
10.1	物理层和数据链路层概述	97
10.2	HDLC 协议	98
10.3	PPP 协议	99
10.4	PPPoE 协议	101
10.5	差错控制	101
10.6	练习题	102

第 11 小时　网工新技术　104

11.0	本章思维导图	104
11.1	SDN	104
11.2	NFV	106
11.3	SD-WAN	106
11.4	VXLAN	108
11.5	NETCONF 协议	108
11.6	YANG 建模语言	109
11.7	Telemetry	109
11.8	练习题	110

第 12 小时　专业英语　112

12.1	真题演练	112
12.2	练习题	115

第 3 篇　网络工程师进阶知识

第 13 小时　无线通信网 ……………… 117
- 13.0　本章思维导图 ………………… 117
- 13.1　移动通信 …………………………117
- 13.2　无线局域网 …………………… 118
- 13.3　无线个人网 …………………… 122
- 13.4　无线城域网 …………………… 122
- 13.5　练习题 …………………………122

第 14 小时　下一代互联网技术 …… 125
- 14.0　本章思维导图 ………………… 125
- 14.1　IPv6 ……………………………… 125
- 14.2　从 IPv4 向 IPv6 的过渡 ……… 129
- 14.3　练习题 …………………………129

第 15 小时　网络管理技术 ………… 131
- 15.0　本章思维导图 ………………… 131
- 15.1　网络管理系统体系结构 ……… 131
- 15.2　网络管理功能域 ……………… 131
- 15.3　简单网络管理协议 …………… 132
- 15.4　MIB 数据库 …………………… 134
- 15.5　网络诊断和配置命令 ………… 134
- 15.6　练习题 …………………………138

第 16 小时　网络安全 ……………… 141
- 16.0　本章思维导图 ………………… 141
- 16.1　网络安全基本概念 …………… 141
- 16.2　信息加密技术 ………………… 142
- 16.3　数字签名 ………………………143
- 16.4　报文摘要 ………………………144
- 16.5　数字证书 ………………………145
- 16.6　密钥管理 ………………………146
- 16.7　虚拟专用网 …………………… 146
- 16.8　应用层安全协议 ……………… 148
- 16.9　可信任系统 …………………… 150
- 16.10　计算机病毒及防护 ………… 150
- 16.11　常见网络攻击及防护 ……… 151
- 16.12　练习题 ………………………153

第 17 小时　网络存储技术 ………… 156
- 17.0　本章思维导图 ………………… 156
- 17.1　独立磁盘冗余阵列 …………… 156
- 17.2　网络存储 ………………………160
- 17.3　练习题 …………………………162

第 18 小时　网络规划和设计 ……… 164
- 18.0　本章思维导图 ………………… 164
- 18.1　结构化布线系统 ……………… 164
- 18.2　网络分析与设计过程 ………… 166
- 18.3　网络需求分析 ………………… 169
- 18.4　通信流量分析 ………………… 170
- 18.5　逻辑网络设计 ………………… 170
- 18.6　网络结构设计 ………………… 171
- 18.7　网络故障排除工具 …………… 172
- 18.8　练习题 …………………………172

第 19 小时　Windows 服务器配置 … 174
- 19.0　本章思维导图 ………………… 174
- 19.1　Windows Server 2008 R2 本地用户与组 …………………………… 174
- 19.2　Windows Server 2008 R2 活动目录 …… 175
- 19.3　Windows Server 2008 R2 远程桌面服务 ………………………………… 176
- 19.4　Windows Server 2008 R2 IIS 服务的配置 ………………………………… 176
- 19.5　Windows Server 2008 R2 FTP 服务器配置 ………………………………… 177
- 19.6　Windows Server 2008 R2 DNS 服务器基础 ………………………………… 178
- 19.7　Windows Server 2008 R2 DNS 服务器配置 ………………………………… 182

19.8	Windows Server 2008 R2 DHCP 服务器配置	184
19.9	练习题	186

第 20 小时　Linux 服务器配置 188

20.0	本章思维导图	188
20.1	Linux 网络配置	188
20.2	Linux 文件和目录管理	190
20.3	Linux 用户和组管理	193
20.4	Linux Apache 服务器的配置	195
20.5	Linux BIND DNS 服务器的配置	195
20.6	Linux DHCP 服务器的配置	195
20.7	Samba 服务器的配置	196
20.8	练习题	196

第 21 小时　计算专题 198

21.0	本章思维导图	198
21.1	项目管理类计算	198
21.2	计算机系统类计算	200
21.3	数据通信类计算	202
21.4	以太网传输类计算	203
21.5	IP 地址类计算	205
21.6	TCP 拥塞控制计算	207
21.7	设备轮询类计算	208
21.8	存储类计算	208
21.9	其他类计算	208
21.10	练习题	209

第 4 篇　网络工程师高级知识

第 22 小时　华为 VRP 系统 213

22.0	本章思维导图	213
22.1	VRP 基础知识	213
22.2	VRP 命令行基础	215
22.3	练习题	216

第 23 小时　以太网交换原理与基础知识 217

23.0	本章思维导图	217
23.1	以太网的双工模式	217
23.2	冲突域和广播域	218
23.3	MAC 地址	218
23.4	二层交换原理	219
23.5	三层交换原理	219
23.6	交换机的分类	220
23.7	交换机的性能参数	221
23.8	练习题	221

第 24 小时　交换机基础配置 224

24.0	本章思维导图	224
24.1	交换机基础配置	224
24.2	VLAN 配置	225
24.3	STP 配置	226
24.4	MSTP 配置	227
24.5	ACL 配置	229
24.6	GVRP 配置	231
24.7	练习题	233

第 25 小时　交换机高级配置 235

25.0	本章思维导图	235
25.1	Eth-Trunk	235
25.2	高级 ACL	238
25.3	端口镜像	238
25.4	VRRP 配置	239
25.5	DHCP 配置	243
25.6	DHCP 策略 VLAN	245
25.7	练习题	246

第 26 小时　IP 路由原理与基础知识 248

26.0	本章思维导图	248
26.1	IP 路由原理	248

26.2	IP 路由基础知识	249
26.3	路由分类	252
26.4	RIP	253
26.5	OSPF	254
26.6	IS-IS	258
26.7	BGP	261
26.8	练习题	265

第 27 小时　路由基础配置 269
- 27.0　本章思维导图 269
- 27.1　静态路由配置 269
- 27.2　RIP 配置 271
- 27.3　OSPF 配置 272
- 27.4　IS-IS 配置 274
- 27.5　BGP 配置 274
- 27.6　练习题 277

第 28 小时　路由高级配置 280
- 28.0　本章思维导图 280
- 28.1　ip-prefix 280
- 28.2　route-policy 282
- 28.3　策略路由 283
- 28.4　MQC 配置 285
- 28.5　BFD 概述 286
- 28.6　BFD 联动配置 288
- 28.7　练习题 294

第 29 小时　安全设备基础 297
- 29.0　本章思维导图 297
- 29.1　IPSec VPN 297
- 29.2　防火墙技术 301
- 29.3　IDS 304
- 29.4　IPS 305
- 29.5　练习题 307

第 30 小时　安全设备配置 309
- 30.0　本章思维导图 309
- 30.1　IPSec VPN 配置 309
- 30.2　防火墙配置 311
- 30.3　练习题 314

第 31 小时　典型组网架构 317
- 31.0　本章思维导图 317
- 31.1　层次化的网络设计 317
- 31.2　网络结构模型和分层设计 318
- 31.3　接入层 318
- 31.4　汇聚层 320
- 31.5　核心层 321
- 31.6　出口区 323
- 31.7　典型网络主要协议和技术 323
- 31.8　练习题 324

第 32 小时　案例分析 326
- 32.1　典型案例 1 326
- 32.2　典型案例 2 328
- 32.3　典型案例 3 331
- 32.4　典型案例 4 333
- 32.5　典型案例 5 336
- 32.6　典型案例 6 338
- 32.7　典型案例 7 339
- 32.8　典型案例 8 341
- 32.9　典型案例 9 343
- 32.10　典型案例 10 345

参考文献 348

第1篇
网络工程师预备知识

第 1 小时
计算机软硬件基础

1.0 本章思维导图

计算机软硬件基础思维导图如图 1-1 所示。

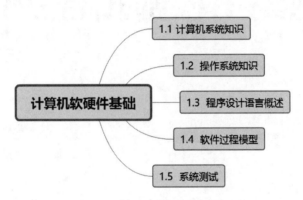

图 1-1 计算机软硬件基础思维导图

1.1 计算机系统知识

【基础知识点】

计算机硬件通常由运算器、控制器、存储器、输入设备和输出设备五大部件组成。运算器和控制器等部件被集成在一起统称为中央处理器(Central Processing Unit,CPU),用于数据的加工处理,能完成各种算术、逻辑运算及控制功能。

运算器由算术逻辑单元(Arithmetic and Logic Unit,ALU)、累加寄存器(Accumulator,AC)、数据缓冲寄存器(Data Register,DR)和状态条件寄存器(Program Status Word,PSW)等组成。ALU 实现对数据的算术和逻辑运算。AC 暂时存放 ALU 运算的结果。DR 负责暂时存放由存储器读/写的一条指令或一个数字。PSW 保存由算术指令和逻辑指令运行或测试的结果建立的各种条件码内容，主要分为状态标志和控制标志。

指令由操作码和地址码两个部分组成。操作码指出该指令要完成什么操作。地址码提供原始的数据（操作数）。

程序计数器（Program Counter，PC）存放的是下一条指令的地址。指令寄存器（Instruction Register，IR）用来保证当前正在执行的一条指令。指令译码器（Instruction Decoder，ID）是对指令中的操作码字段进行分析解释，识别该指令规定的操作，向操作控制器发出具体的控制信号，控制各部件工作，完成所需的功能。地址寄存器（Address Register，AR）保存当前 CPU 所访问的内存单元的地址。

总线分为数据总线、地址总线和控制总线。数据总线（Data Bus，DB）用于传递数据信息，是双向的。地址总线（Address Bus，AB）用于传送 CPU 发出的地址信息，是单向的，地址总线的宽度决定了 CPU 的最大寻址能力。控制总线（Control Bus，CB）用来传送控制信号、时序信号和状态信号。

寻址方式就是处理器根据指令中给出的地址信息来寻找有效地址的方式,是确定本条指令的数据地址以及下一条要执行的指令地址的方法。四种寻址方式表述如下。

（1）直接寻址是在指令格式的地址字段中直接指出操作数在内存的地址。

（2）立即寻址是直接给出操作数而非地址。这种方式的特点是不需要访问内存取操作数，从而指令执行时间很短，节省了访问内存的时间。

（3）间接寻址是相对直接寻址而言的，在间接寻址的情况下，指令地址字段中的形式地址不是操作数的真正地址，而是操作数地址的指示器。

（4）寄存器寻址是操作数不放在内存中，而是放在 CPU 的通用寄存器中。

存储器系统的顶层是 CPU 的寄存器，其速度和 CPU 速度相当。第二层是高速缓冲存储器 Cache，和 CPU 速度接近。第三层是主存储器，也称为内部存储器或者 RAM。第四层是磁盘。存储器体系最后一层是光盘、磁带等。在存储器层次结构中，越靠近上层，速度越快，容量越小，单位存储容量价格越高，如图 1-2 所示。

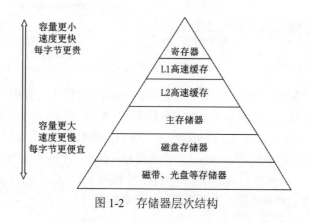

图 1-2　存储器层次结构

Cache 和主存之间的交互功能全部由硬件实现，而主存与辅存之间的交互功能可由硬件和软件结合起来实现。

Cache 存储了频繁访问内存的数据，Cache 中存放的是主存的部分拷贝（副本）。它是按照程序的局部性原理选取出来的最常使用或不久仍将使用的内容。CPU 需要访问数据和读取指令时要先访问 Cache，若命中则直接访问，若不命中再去访问主存。CPU 是按照访问主存的方式给出地址的，需要由硬件将主存地址转换为 Cache 地址。Cache 主要是为了解决 CPU 运行速度与内存读写速度之间不匹配的问题。

如果 Cache 的访问命中率为 H，而 Cache 的访问周期时间是 T_c，主存储器的访问周期时间是 T_z，则整个系统的平均访存时间就应该是：$T=H \times T_c+(1-H) \times T_z$。

存储器的分类如图 1-3 所示。

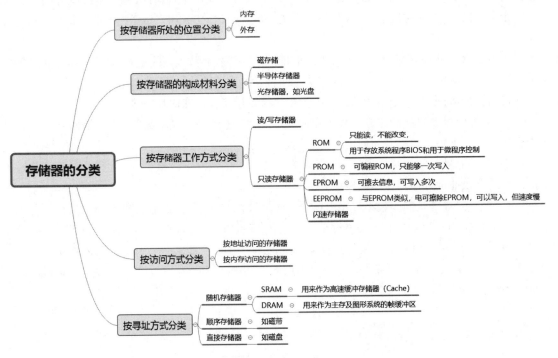

图 1-3　存储器的分类

中断系统是计算机实现中断功能的软硬件总称。一般在 CPU 中设置中断机构，在外设接口中设置中断控制器，在软件上设置相应的中断服务程序。中断源在需要得到 CPU 服务时，请求 CPU 暂停现行工作转向为中断源服务，服务完成后，再让 CPU 回到原工作状态继续完成被打断的工作。

中断的发生起始于中断源发出中断请求，中断处理过程中，中断系统需要解决一系列问题，包括中断响应的条件和时机，断点信息的保护与恢复，中断服务程序入口、中断处理等。中断响应时间，是指从发出中断请求到开始进入中断服务程序所需的时间。

中断方式是在外设准备好时给 CPU 发中断信号,之后再进行数据传输。在外设未发中断信号之前,CPU 可以执行其他任务。

DMA 控制方式即直接内存存取,是指数据在内存与 I/O 设备间的直接成块传送,即在内存与 I/O 设备间传送一个数据块的过程中,不需要 CPU 的任何干涉,实际操作由 DMA 硬件直接执行完成,CPU 在数据传送过程中可执行别的任务。

复杂指令集计算机(Complex Instruction Set Computor,CISC)和精简指令集计算机(Reduced Instruction Set Computor,RISC)表述如下。

CISC 指令种类多,可变长格式指令,支持多种寻址方式,通过微程序控制技术实现。RISC 的指令大部分为单周期指令,数量少,指令长度固定,使用频率接近,增加了通用寄存器,以硬件布线逻辑控制为主,适合采用流水线,支持寻址方式少,优化编译,有效支持高级语言。

流水线指令执行时间=第一条指令执行所需时间+(指令条数-1)×流水线周期(指令执行时间最长的一段)。

吞吐率指的是计算机中的流水线在单位时间内可以处理的任务或执行指令的个数。$P=N/T$,N 表示指令的条数,T 表示执行完 N 条指令的时间。

加速比是指某一流水线采用串行(顺序)模式的工作速度与采用流水线模式的工作速度的比值。加速比数值越大,说明这条流水线的工作安排方式越好。

机器码为 n 时原码、反码和补码的范围见表 1-1。

表 1-1 机器码为 n 位时原码、反码和补码的范围

	定点整数	定点小数
原码	$-(2^{n-1}-1) \sim 2^{n-1}-1$	$-(1-2^{-(n-1)})<X<1-2^{-(n-1)}$
反码	$-2^{n-1} \sim 2^{n-1}-1$	$-1 \leqslant X<1-2^{-(n-1)}$
补码	$-(2^{n-1}-1) \sim 2^{n-1}-1$	$-(1-2^{-(n-1)})<X<1-2^{-(n-1)}$

1.2 操作系统知识

【基础知识点】

计算机软件分为系统软件和应用软件两大类。系统软件是计算机系统的一部分,由它支持应用软件的运行。应用软件是指计算机用户利用计算机的软件、硬件资源为某一专门的应用目的而开发的软件。操作系统(Operating System,OS)是计算机系统中的核心系统软件,其他软件建立在操作系统的基础上,并在操作系统的统一管理和支持下运行,是用户与计算机之间的接口。

操作系统的四个特征是并发性、共享性、虚拟性和不确定性。操作系统的功能可分为处理机管理、文件管理、存储管理、设备管理和作业管理五大部分。

进程是资源分配和独立运行的基本单位。进程管理重点需要研究各进程之间的并发特性,以及

进程之间相互合作与资源竞争产生的问题。

进程是程序的一次执行，该程序可以和其他程序并发执行。进程通常是由程序、数据和进程控制块（Processing Control Block，PCB）组成的。其中 PCB 是进程存在的唯一标志；程序部分描述了进程需要完成的功能；数据部分包括程序执行时所需的数据及工作区，该部分只能为一个进程所专用，是进程的可修改部分。

在多道程序系统中，进程在处理器上交替运行，状态也不断地发生变化，因此进程一般有三种基本状态：运行、阻塞和就绪，也称三态模型。进程的三态模型如图 1-4 所示。

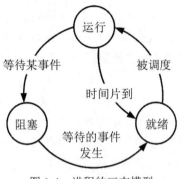

图 1-4　进程的三态模型

P 操作和 V 操作表述如下。

（1）P 操作：将信号量 S 的值减 1，即 S=S-1；如果 S≥0，则该进程继续执行；否则该进程置为等待状态。

（2）V 操作：将信号量 S 的值加 1，即 S=S+1；如果 S>0 该进程继续执行；否则说明队列中有等待进程，需要唤醒等待进程。

存储器管理的对象是主存存储器，简称主存或内存。存储组织的功能是在存储技术和 CPU 寻址技术许可的范围内组织合理的存储结构，使得各层次的存储器都处于均衡的繁忙状态。常用的存储器的结构有"寄存器－主存－外存"结构和"寄存器－缓存－主存－存储组织的功能外存"结构。

在页式系统中，指令所给出的逻辑地址分为两部分：逻辑页号和页内地址。其中页号与页内地址所占多少位，与主存的最大容量、页面大小有关。页面大小是 4K（2 的 12 次方），逻辑地址是 2D16H，转为二进制是 0010 1101 0001 0110，那么后 12 位是页内地址，前 4 位的 0010 是页号。

设备管理的目标主要是如何提高设备的利用率，为用户提供方便、统一的界面。提高设备的利用率，就是提高 CPU 与 I/O 设备之间的并行操作程度。主要利用的技术有中断技术、DMA 技术、通道技术和缓冲技术。

树形目录结构的绝对路径名是指从根目录"/"开始的完整文件名，即它是由从根目录开始的所有目录名以及文件名构成的；相对路径是从当前路径开始的路径。

1.3　程序设计语言概述

【基础知识点】

高级语言或汇编语言编写的程序称为源程序，源程序不能直接在计算机上执行。如果源程序是汇编语言编写的，则需要一个汇编程序的翻译程序将其翻译成目标程序，然后才能执行。

在解释方式下，翻译源程序时不生成独立的目标程序，而编译器则将源程序翻译成独立保存的目标程序。

1.4　软件过程模型

【基础知识点】

软件过程模型也称为软件开发模型，它是软件开发全部过程、活动和任务的结构框架。典型的软件过程模型有瀑布模型、增量模型、原型模型、螺旋模型、喷泉模型、统一过程模型等。

1. 瀑布模型

（1）瀑布模型是将软件生存周期中的各个活动规定为依线性顺序连接的若干阶段的模型，包括需求分析、设计、编码、测试、运行与维护。它规定了由前至后、相互衔接的固定次序，如同瀑布流水逐级下落，如图 1-5 所示。

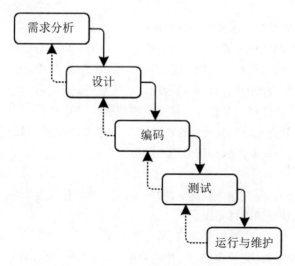

图 1-5　瀑布模型

（2）瀑布模型的优点包括：容易理解；管理成本低；有助于强调开发的阶段性早期计划及需求调查和产品测试。瀑布模型的缺点包括：客户必须能够完整、正确和清晰地表达他们的需求；在开始的阶段中，很难评估真正的进度状态；当项目接近尾声时，会出现大量的集成和测试工作，且直到项目结束之前,都不能演示系统的能力。且在瀑布模型中,需求或设计中的错误往往只有到了项目后期才能够被发现,对于项目风险的控制能力较弱,从而导致项目常常延期完成,开发费用超出预算。

(3) 适用于需求易于完善定义且不易变更的软件系统。

(4) 瀑布模型的一个变体是 V 模型,如图 1-6 所示。

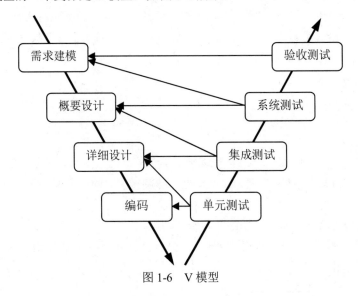

图 1-6　V 模型

V 模型强调测试,V 模型中涉及的测试包括:

(1) 单元(模块)测试是主要发现编程过程中产生的错误,对应详细设计。

(2) 集成(组装)测试是对由各模块组装而成的程序进行测试,针对详细设计中可能出现的问题,主要目标是发现模块间的接口和通信问题,对应概要设计。

(3) 系统测试是软件测试中最后的、最完整的测试,它是在单元测试和集成测试的基础上进行的,它从全局来考察软件系统的功能和性能要求。系统测试对应需求分析。

(4) 验收测试是确认产品能真正符合用户的需求。

2. 增量模型

增量模型中的软件产品是被增量式地一块块开发的,允许开发活动并行和重叠。适用于技术风险较大、用户需求较为稳定的软件系统。

3. 原型模型

原型模型不要求需求预先完全定义,支持用户参与,支持需求的渐进式完善和确认,能够适应用户需求的变化。适用于需求复杂、难以确定、动态变化的软件系统。

4. 螺旋模型

螺旋模型结合瀑布模型、原型模型和迭代模型的思想,并引进了风险分析活动。适用于需求难以获取和确定、软件开发风险较大的软件系统,如图 1-7 所示。

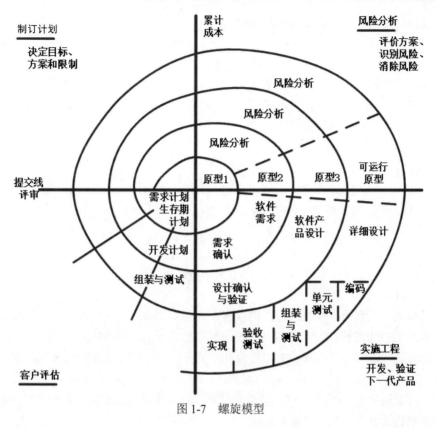

图 1-7　螺旋模型

5. 喷泉模型

喷泉模型是一种以用户需求为动力,以对象作为驱动的模型,适合于面向对象的开发方法。开发过程具有迭代性和无间隙性,如图 1-8 所示。

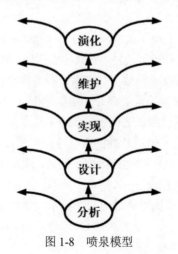

图 1-8　喷泉模型

6. 统一过程（Unified Process，UP）模型

（1）统一过程模型是一种"用例和风险驱动，以架构为中心，迭代并且增量"的开发过程，由 UML 方法和工具支持。迭代的意思是将整个软件开发项目划分为许多个小的"袖珍项目"。统一过程定义的 4 个技术阶段和主要里程碑如下：

1）初始阶段：生命周期目标。
2）精化阶段：生命周期架构。
3）构建阶段：初始运作功能。
4）移交阶段：产品发布。

（2）统一过程的典型代表是统一软件开发过程（Rational Unified Process，RUP）。RUP 是 UP 的商业扩展，完全兼容 UP，但比 UP 更完整、更详细。

1.5 系统测试

【基础知识点】

系统测试是为了发现错误而执行程序的过程，成功的测试是能发现尚未发现的错误的测试。测试的目的就是希望能以最少的人力和时间发现潜在的各种错误和缺陷。用户应根据开发各阶段的需求、设计等文档或程序的内部结构精心设计测试实例，并利用这些实例来运行程序，以便发现错误。

静态测试：桌前检查（自查）、代码审查和代码走查。使用静态测试的方法也可以实现白盒测试。动态测试则包括黑盒、白盒和灰盒测试。

白盒测试：又称结构测试，主要用于单元测试阶段。它的前提是可以把程序看作装在一个透明的白盒子里，测试者完全知道程序的结构和处理算法。这种方法按照程序内部逻辑设计测试用例，检测程序中的主要执行通路是否都能按预定要求正确工作。用例设计方法有基本路径测试、循环覆盖测试、逻辑覆盖测试。

黑盒测试：又称功能测试，主要用于集成测试和确认测试阶段。它把软件看作一个不透明的黑盒子，完全不考虑软件的内部结构和处理算法，它只检查软件功能是否能按照软件需求说明书的要求正常使用，软件是否能适当地接收输入数据并产生正确的输出信息，软件运行过程中能否保持外部信息的完整性等。用例设计方法有等价类划分、边值分析、因果图、功能图和错误猜测。

灰盒测试：介于白盒测试和黑盒测试之间，主要用于集成测试阶段，关注输入的正确性。它把软件看作一个半透明的灰盒子，结合考虑软件的内部结构和外部功能设计测试用例。

α 测试：在用户组织模拟软件系统的运行环境下测试，由用户或第三方测试公司进行测试，模拟各类用户行为，试图发现并修改错误。

β 测试：用户公司组织各方面的典型终端用户在日常工作中实际使用 beta 版本，并要求用户报告异常情况，提出修改意见。

1.6 练习题

1. 以下关于 RISC 和 CISC 计算机的叙述中，正确的是（　　）。
   A．RISC 不采用流水线技术，CISC 采用流水线技术
   B．RISC 使用复杂的指令，CISC 使用简单的指令
   C．RISC 采用很少的通用寄存器，CISC 采用很多的通用寄存器
   D．RISC 采用组合逻辑控制器，CISC 普遍采用微程序控制器

   解析：选项 A，RISC 采用流水线技术，CISC 不采用；选项 B，RISC 使用简单的指令，CISC 使用复杂的指令；选项 C，RISC 采用很多的通用寄存器，CISC 采用很少的通用寄存器

   答案：D

2. 计算机运行过程中，进行中断处理时需保存现场，其目的是（　　）。
   A．防止丢失中断处理程序的数据
   B．防止对其他程序的数据造成破坏
   C．能正确返回被中断的程序并继续执行
   D．能为中断处理程序提供所需的数据

   解析：中断是指处理机处理程序运行中出现的紧急事件的整个过程。程序运行过程中，系统外部、系统内部或者现行程序本身若出现紧急事件，处理机立即中止现行程序的运行，自动转入相应的处理程序（中断服务程序），待处理完后，再返回原来的程序运行，这整个过程称为程序中断。为了返回原来被中断的程序能继续正确运行，中断处理时需保存现场。

   答案：C

3. 计算机运行过程中，CPU 需要与外设进行数据交换。采用（　　）控制技术时，CPU 与外设可并行工作。
   A．程序查询方式和中断方式
   B．中断方式和 DMA 方式
   C．程序查询方式和 DMA 方式
   D．程序查询方式、中断方式和 DMA 方式

   解析：中断方式是在外设准备好时给 CPU 发中断信号，之后再进行数据传输。在外设未发中断信号之前，CPU 可以执行其他任务。在 DMA 模式下，CPU 只需向 DMA 控制器下达指令，让 DMA 控制器来处理数据的传送，数据传送完毕再把信息反馈给 CPU 即可。

   答案：B

4. 以下关于闪存（Flash Memory）的叙述中，错误的是（　　）。
   A．掉电后信息不会丢失，属于非易失性存储器
   B．以块为单位进行删除操作

C．采用随机访问方式，常用来代替主存

D．在嵌入式系统中用来代替 ROM 存储器

解析：闪存不像随机存取存储器（Random Access Memory，RAM）一样以字节为单位改写数据，因此不能取代 RAM，也不能替换主存，因此 C 选项错误。但是在嵌入式中，可以用闪存代替只读存储器（Read-Only Memory，ROM）。

答案：C

5．把模块按照系统设计说明书的要求组合起来进行测试，属于（　　）。

　　A．单元测试　　　B．集成测试　　　C．确认测试　　　D．系统测试

解析：单元测试是指对软件中的最小可测试单元进行检查和验证。集成测试，也叫组装测试。在单元测试的基础上，将所有模块按照设计要求组装成子系统或系统，进行集成测试。确认测试又称为有效性测试，是在模拟环境下，用黑盒测试的方法验证软件是否满足需求规格说明书列出的需求说明，任务是验证软件的功能和性能及其他特性是否与用户的要求一致。系统测试是将经过测试的子系统装配成一个完整系统来测试。它是检验系统是否能提供系统方案说明书中指定功能的有效方法。

答案：B

6．若某文件系统的目录结构如下图所示，假设用户要访问文件 book2.doc，且当前工作目录为 MyDrivers，则该文件的绝对路径和相对路径分别为（　　）。

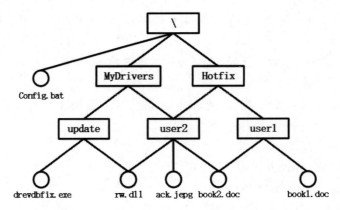

　　A．MyDrivers \user2\和\user2\

　　B．\MyDrivers \user2\和\user2\

　　C．\MyDrivers \user2\和 user2\

　　D．MyDrivers \user2\和 user2\

解析：绝对路径名是指从根目录"/"开始的完整文件名，即它是由从根目录开始的所有目录名以及文件名构成的；相对路径是从当前路径开始的路径。

答案：C

第2小时 项目管理、知识产权、标准规范和法律法规

2.0 本章思维导图

项目管理、知识产权、标准规范和法律法规的思维导图如图 2-1 所示。

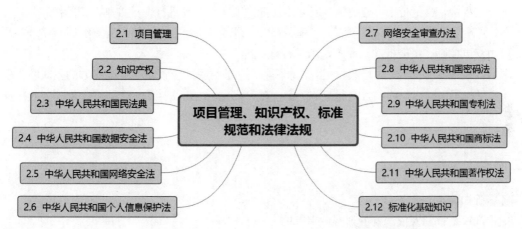

图 2-1 项目管理、知识产权、标准规范和法律法规的思维导图

2.1 项目管理

【基础知识点】

甘特图：用水平线段表示任务的工作阶段，线段的起点和终点分别对应着任务的开始时间和完

成时间，线段的长度表示完成任务所需的时间。优点：能清晰描述每个任务从何时开始到结束以及各个任务之间的并行性（项目进展）。缺点：不能清晰地反映各个任务之间的依赖关系，难以确定整个项目的关键所在。

计划评审图（PERT 图）：给出了每个任务的开始时间、结束时间和完成该任务所需时间，还给出任务之间的逻辑关系，可以计算出关键路径。但 PERT 图不能反映任务之间的并行关系，也不能反映项目的当前进展情况。

关键路径是项目中时间最长的活动顺序，决定着项目最短工期。关键路径上的活动称为关键活动。进度网络图中可能有多条关键路径。

松弛时间是不影响完工前提下可能被推迟完成的最大时间=关键路径的时间－包含某活动最长路径所需的时间的最大值。关键路径上的松弛时间为 0，松弛时间也叫总时差或总浮动时间。

项目风险管理贯穿项目的整个过程，在项目计划阶段首先需要编制风险管理计划，进行潜在风险识别和评估，并制订风险应对计划。

项目范围管理过程是收集需求、定义范围、创建工作分解结构、核实范围和控制范围。

成本估算是指对完成项目所需费用的估计和计划的方法。项目成本估算需考虑项目工期要求的影响，工期要求越短成本越高。项目成本估算需考虑项目质量要求的影响，质量要求越高成本越高。项目成本估算过粗或过细都会影响项目成本。

相对于项目实施阶段，在项目设计阶段变更成本较低，在实施阶段变更可能会影响整个项目进度、成本、风险控制等。

项目过程中，变更是不可避免的，但并不能随意变更，必须进行变更控制。变更控制包括：变更识别、评审及批准、更新项目范围、成本、预算、进度、质量需求、记录变更的所有影响等，项目变更由变更控制委员会批准，而不是由项目经理批准。

项目收尾包括管理收尾（行政收尾）和合同收尾。项目收尾应收到客户或买方的正式验收确认文件。项目收尾应向客户或买方交付最终产品、项目成果、竣工文档等。合同终止是项目收尾的一种特殊情况。

2.2 知识产权

【基础知识点】

知识产权是权利人依法就下列客体享有的专有的权利：
（一）作品；
（二）发明、实用新型、外观设计；
（三）商标；
（四）地理标志；
（五）商业秘密；
（六）集成电路布图设计；

（七）植物新品种；

（八）法律规定的其他客体。

知识产权可分为工业产权和著作权两类。

（1）工业产权包括专利、实用新型、外观设计、商标、服务标记、厂商名称、产地标记或原产地名称、制止不正当竞争、商业秘密、微生物技术和遗传基因技术等项内容。发明、实用新型和工业品外观设计等属于创造性成果权利。其中，发明和实用新型是利用自然规律做出的解决特定问题的新的技术方案，工业品外观设计是确定工业品外表的美学创作，完成人需要付出创造性劳动。商标、服务标记、厂商名称、产地标记或原产地名称以及我国《反不正当竞争法》第5条中规定的知名商品所特有的名称、包装、装潢等为识别性标记权利。

（2）著作权（也称为版权）是指作者对其创作的作品享有的人身权和财产权。人身权包括发表权、署名权、修改权和保护作品完整权；财产权包括作品的使用权和获得报酬权，即以复制、表演、播放、展览、发行、摄制电影、电视、录像或者改编、翻译、注释、编辑等方式使用作品的权利，以及许可他人以上述方式使用作品并由此获得报酬的权利。

2.3 中华人民共和国民法典

【基础知识点】

2020年5月28日，第十三届全国人大三次会议表决通过了《中华人民共和国民法典》，自2021年1月1日起施行。

主要法律内容如下：

第四百九十一条 当事人采用信件、数据电文等形式订立合同要求签订确认书的，签订确认书时合同成立。当事人一方通过互联网等信息网络发布的商品或者服务信息符合要约条件的，对方选择该商品或者服务并提交订单成功时合同成立，但是当事人另有约定的除外。

第四百九十五条 当事人约定在将来一定期限内订立合同的认购书、订购书、预订书等，构成预约合同。当事人一方不履行预约合同约定的订立合同义务的，对方可以请求其承担预约合同的违约责任。

第四百九十八条 对格式条款的理解发生争议的，应当按照通常理解予以解释。对格式条款有两种以上解释的，应当作出不利于提供格式条款一方的解释。格式条款和非格式条款不一致的，应当采用非格式条款。

第五百一十二条 通过互联网等信息网络订立的电子合同的标的为交付商品并采用快递物流方式交付的，收货人的签收时间为交付时间。电子合同的标的为提供服务的，生成的电子凭证或者实物凭证中载明的时间为提供服务时间；前述凭证没有载明时间或者载明时间与实际提供服务时间不一致的，以实际提供服务的时间为准。电子合同的标的物为采用在线传输方式交付的，合同标的物进入对方当事人指定的特定系统且能够检索识别的时间为交付时间。电子合同当事人对交付商品或者提供服务的方式、时间另有约定的，按照其约定。

第五百三十三条 合同成立后，合同的基础条件发生了当事人在订立合同时无法预见的、不属于商业风险的重大变化，继续履行合同对于当事人一方明显不公平的，受不利影响的当事人可以与对方重新协商；在合理期限内协商不成的，当事人可以请求人民法院或者仲裁机构变更或者解除合同。人民法院或者仲裁机构应当结合案件的实际情况，根据公平原则变更或者解除合同。

第六百八十条 禁止高利放贷，借款的利率不得违反国家有关规定。借款合同对支付利息没有约定的，视为没有利息。借款合同对支付利息约定不明确，当事人不能达成补充协议的，按照当地或者当事人的交易方式、交易习惯、市场利率等因素确定利息；自然人之间借贷的，视为没有利息。

第一千一百八十五条 故意侵害他人知识产权，情节严重的，被侵权人有权请求相应的惩罚性赔偿。

2.4 中华人民共和国数据安全法

【基础知识点】

2021年6月10日，第十三届全国人民代表大会常务委员会第二十九次会议通过了《中华人民共和国数据安全法》，自2021年9月1日起实施。

主要法律内容如下：

第一条 为了规范数据处理活动，保障数据安全，促进数据开发利用，保护个人、组织的合法权益，维护国家主权、安全和发展利益，制定本法。

第二条 在中华人民共和国境内开展数据处理活动及其安全监管，适用本法。

在中华人民共和国境外开展数据处理活动，损害中华人民共和国国家安全、公共利益或者公民、组织合法权益的，依法追究法律责任。

第三条 本法所称数据，是指任何以电子或者其他方式对信息的记录。

数据处理，包括数据的收集、存储、使用、加工、传输、提供、公开等。

数据安全，是指通过采取必要措施，确保数据处于有效保护和合法利用的状态，以及具备保障持续安全状态的能力。

第五条 中央国家安全领导机构负责国家数据安全工作的决策和议事协调，研究制定、指导实施国家数据安全战略和有关重大方针政策，统筹协调国家数据安全的重大事项和重要工作，建立国家数据安全工作协调机制。

第六条 各地区、各部门对本地区、本部门工作中收集和产生的数据及数据安全负责。

工业、电信、交通、金融、自然资源、卫生健康、教育、科技等主管部门承担本行业、本领域数据安全监管职责。

公安机关、国家安全机关等依照本法和有关法律、行政法规的规定，在各自职责范围内承担数据安全监管职责。

国家网信部门依照本法和有关法律、行政法规的规定，负责统筹协调网络数据安全和相关监管工作。

第七条　国家保护个人、组织与数据有关的权益，鼓励数据依法合理有效利用，保障数据依法有序自由流动，促进以数据为关键要素的数字经济发展。

第二十一条　国家建立数据分类分级保护制度，根据数据在经济社会发展中的重要程度，以及一旦遭到篡改、破坏、泄露或者非法获取、非法利用，对国家安全、公共利益或者个人、组织合法权益造成的危害程度，对数据实行分类分级保护。国家数据安全工作协调机制统筹协调有关部门制定重要数据目录，加强对重要数据的保护。

关系国家安全、国民经济命脉、重要民生、重大公共利益等数据属于国家核心数据，实行更加严格的管理制度。

各地区、各部门应当按照数据分类分级保护制度，确定本地区、本部门以及相关行业、领域的重要数据具体目录，对列入目录的数据进行重点保护。

第二十三条　国家建立数据安全应急处置机制。发生数据安全事件，有关主管部门应当依法启动应急预案，采取相应的应急处置措施，防止危害扩大，消除安全隐患，并及时向社会发布与公众有关的警示信息。

第二十四条　国家建立数据安全审查制度，对影响或者可能影响国家安全的数据处理活动进行国家安全审查。

依法作出的安全审查决定为最终决定。

第二十七条　开展数据处理活动应当依照法律、法规的规定，建立健全全流程数据安全管理制度，组织开展数据安全教育培训，采取相应的技术措施和其他必要措施，保障数据安全。利用互联网等信息网络开展数据处理活动，应当在网络安全等级保护制度的基础上，履行上述数据安全保护义务。

重要数据的处理者应当明确数据安全负责人和管理机构，落实数据安全保护责任。

第二十九条　开展数据处理活动应当加强风险监测，发现数据安全缺陷、漏洞等风险时，应当立即采取补救措施；发生数据安全事件时，应当立即采取处置措施，按照规定及时告知用户并向有关主管部门报告。

第三十条　重要数据的处理者应当按照规定对其数据处理活动定期开展风险评估，并向有关主管部门报送风险评估报告。

风险评估报告应当包括处理的重要数据的种类、数量，开展数据处理活动的情况，面临的数据安全风险及其应对措施等。

第三十一条　关键信息基础设施的运营者在中华人民共和国境内运营中收集和产生的重要数据的出境安全管理，适用《中华人民共和国网络安全法》的规定；其他数据处理者在中华人民共和国境内运营中收集和产生的重要数据的出境安全管理办法，由国家网信部门会同国务院有关部门制定。

第三十三条　从事数据交易中介服务的机构提供服务，应当要求数据提供方说明数据来源，审核交易双方的身份，并留存审核、交易记录。

第三十四条　法律、行政法规规定提供数据处理相关服务应当取得行政许可的，服务提供者应当依法取得许可。

第三十五条　公安机关、国家安全机关因依法维护国家安全或者侦查犯罪的需要调取数据，应当按照国家有关规定，经过严格的批准手续，依法进行，有关组织、个人应当予以配合。

第三十六条　中华人民共和国主管机关根据有关法律和中华人民共和国缔结或者参加的国际条约、协定，或者按照平等互惠原则，处理外国司法或者执法机构关于提供数据的请求。非经中华人民共和国主管机关批准，境内的组织、个人不得向外国司法或者执法机构提供存储于中华人民共和国境内的数据。

第四十五条　开展数据处理活动的组织、个人不履行本法第二十七条、第二十九条、第三十条规定的数据安全保护义务的，由有关主管部门责令改正，给予警告，可以并处五万元以上五十万元以下罚款，对直接负责的主管人员和其他直接责任人员可以处一万元以上十万元以下罚款；拒不改正或者造成大量数据泄露等严重后果的，处五十万元以上二百万元以下罚款，并可以责令暂停相关业务、停业整顿、吊销相关业务许可证或者吊销营业执照，对直接负责的主管人员和其他直接责任人员处五万元以上二十万元以下罚款。

违反国家核心数据管理制度，危害国家主权、安全和发展利益的，由有关主管部门处二百万元以上一千万元以下罚款，并根据情况责令暂停相关业务、停业整顿、吊销相关业务许可证或者吊销营业执照；构成犯罪的，依法追究刑事责任。

第四十六条　违反本法第三十一条规定，向境外提供重要数据的，由有关主管部门责令改正，给予警告，可以并处十万元以上一百万元以下罚款，对直接负责的主管人员和其他直接责任人员可以处一万元以上十万元以下罚款；情节严重的，处一百万元以上一千万元以下罚款，并可以责令暂停相关业务、停业整顿、吊销相关业务许可证或者吊销营业执照，对直接负责的主管人员和其他直接责任人员处十万元以上一百万元以下罚款。

第四十七条　从事数据交易中介服务的机构未履行本法第三十三条规定的义务的，由有关主管部门责令改正，没收违法所得，处违法所得一倍以上十倍以下罚款，没有违法所得或者违法所得不足十万元的，处十万元以上一百万元以下罚款，并可以责令暂停相关业务、停业整顿、吊销相关业务许可证或者吊销营业执照；对直接负责的主管人员和其他直接责任人员处一万元以上十万元以下罚款。

第四十八条　违反本法第三十五条规定，拒不配合数据调取的，由有关主管部门责令改正，给予警告，并处五万元以上五十万元以下罚款，对直接负责的主管人员和其他直接责任人员处一万元以上十万元以下罚款。

违反本法第三十六条规定，未经主管机关批准向外国司法或者执法机构提供数据的，由有关主管部门给予警告，可以并处十万元以上一百万元以下罚款，对直接负责的主管人员和其他直接责任人员可以处一万元以上十万元以下罚款；造成严重后果的，处一百万元以上五百万元以下罚款，并可以责令暂停相关业务、停业整顿、吊销相关业务许可证或者吊销营业执照，对直接负责的主管人员和其他直接责任人员处五万元以上五十万元以下罚款。

2.5　中华人民共和国网络安全法

【基础知识点】

2016 年 11 月 7 日，第十二届全国人民代表大会常务委员会第二十四次会议通过了《中华人民共和国网络安全法》，自 2017 年 6 月 1 日起施行。

主要法律内容如下：

第二条　在中华人民共和国境内建设、运营、维护和使用网络，以及网络安全的监督管理，适用本法。

第八条　国家网信部门负责统筹协调网络安全工作和相关监督管理工作。国务院电信主管部门、公安部门和其他有关机关依照本法和有关法律、行政法规的规定，在各自职责范围内负责网络安全保护和监督管理工作。县级以上地方人民政府有关部门的网络安全保护和监督管理职责，按照国家有关规定确定。

第二十一条　国家实行网络安全等级保护制度。网络运营者应当按照网络安全等级保护制度的要求，履行下列安全保护义务，保障网络免受干扰、破坏或者未经授权的访问，防止网络数据泄露或者被窃取、篡改：

（一）制定内部安全管理制度和操作规程，确定网络安全负责人，落实网络安全保护责任；

（二）采取防范计算机病毒和网络攻击、网络侵入等危害网络安全行为的技术措施；

（三）采取监测、记录网络运行状态、网络安全事件的技术措施，并按照规定留存相关的网络日志不少于六个月；

（四）采取数据分类、重要数据备份和加密等措施；

（五）法律、行政法规规定的其他义务。

第二十五条　网络运营者应当制定网络安全事件应急预案，及时处置系统漏洞、计算机病毒、网络攻击、网络侵入等安全风险；在发生危害网络安全的事件时，立即启动应急预案，采取相应的补救措施，并按照规定向有关主管部门报告。

第三十三条　建设关键信息基础设施应当确保其具有支持业务稳定、持续运行的性能，并保证安全技术措施同步规划、同步建设、同步使用。

第三十四条　除本法第二十一条的规定外，关键信息基础设施的运营者还应当履行下列安全保护义务：

（一）设置专门安全管理机构和安全管理负责人，并对该负责人和关键岗位的人员进行安全背景审查；

（二）定期对从业人员进行网络安全教育、技术培训和技能考核；

（三）对重要系统和数据库进行容灾备份；

（四）制定网络安全事件应急预案，并定期进行演练；

（五）法律、行政法规规定的其他义务。

第三十六条　关键信息基础设施的运营者采购网络产品和服务，应当按照规定与提供者签订安全保密协议，明确安全和保密义务与责任。

第三十八条　关键信息基础设施的运营者应当自行或者委托网络安全服务机构对其网络的安全性和可能存在的风险每年至少进行一次检测评估，并将检测评估情况和改进措施报送相关负责关键信息基础设施安全保护工作的部门。

第五十九条　网络运营者不履行本法第二十一条、第二十五条规定的网络安全保护义务的，由有关主管部门责令改正，给予警告；拒不改正或者导致危害网络安全等后果的，处一万元以上十万元以下罚款，对直接负责的主管人员处五千元以上五万元以下罚款。

关键信息基础设施的运营者不履行本法第三十三条、第三十四条、第三十六条、第三十八条规定的网络安全保护义务的，由有关主管部门责令改正，给予警告；拒不改正或者导致危害网络安全等后果的，处十万元以上一百万元以下罚款，对直接负责的主管人员处一万元以上十万元以下罚款。

2.6　中华人民共和国个人信息保护法

【基础知识点】

2021年8月20日，十三届全国人大常委会第三十次会议表决通过《中华人民共和国个人信息保护法》，自2021年11月1日起施行。

《个人信息保护法》的出台，是中国网络、数据安全和个人信息保护领域立法的重要一环，与《网络安全法》、《数据安全法》共同构成了该领域的三大支柱。

主要法律内容如下：

第一条　为了保护个人信息权益，规范个人信息处理活动，促进个人信息合理利用，根据宪法，制定本法。

第三条　在中华人民共和国境内处理自然人个人信息的活动，适用本法。

在中华人民共和国境外处理中华人民共和国境内自然人个人信息的活动，有下列情形之一的，也适用本法：

（一）以向境内自然人提供产品或者服务为目的；

（二）分析、评估境内自然人的行为；

（三）法律、行政法规规定的其他情形。

第六条　处理个人信息应当具有明确、合理的目的，并应当与处理目的直接相关，采取对个人权益影响最小的方式。

收集个人信息，应当限于实现处理目的的最小范围，不得过度收集个人信息。

第八条　处理个人信息应当保证个人信息的质量，避免因个人信息不准确、不完整对个人权益造成不利影响。

第十四条　基于个人同意处理个人信息的，该同意应当由个人在充分知情的前提下自愿、明确作出。法律、行政法规规定处理个人信息应当取得个人单独同意或者书面同意的，从其规定。

个人信息的处理目的、处理方式和处理的个人信息种类发生变更的，应当重新取得个人同意。

第二十八条　敏感个人信息是一旦泄露或者非法使用，容易导致自然人的人格尊严受到侵害或者人身、财产安全受到危害的个人信息，包括生物识别、宗教信仰、特定身份、医疗健康、金融账户、行踪轨迹等信息，以及不满十四周岁未成年人的个人信息。

只有在具有特定的目的和充分的必要性，并采取严格保护措施的情形下，个人信息处理者方可处理敏感个人信息。

第七十三条　本法下列用语的含义：

（一）个人信息处理者，是指在个人信息处理活动中自主决定处理目的、处理方式的组织、个人。

（二）自动化决策，是指通过计算机程序自动分析、评估个人的行为习惯、兴趣爱好或者经济、健康、信用状况等，并进行决策的活动。

（三）去标识化，是指个人信息经过处理，使其在不借助额外信息的情况下无法识别特定自然人的过程。

（四）匿名化，是指个人信息经过处理无法识别特定自然人且不能复原的过程。

2.7　网络安全审查办法

【基础知识点】

《网络安全审查办法》已经 2021 年 11 月 16 日国家互联网信息办公室 2021 年第 20 次室务会议审议通过，并经国家发展和改革委员会、工业和信息化部、公安部、国家安全部、财政部、商务部、中国人民银行、国家市场监督管理总局、国家广播电视总局、中国证券监督管理委员会、国家保密局、国家密码管理局同意，自 2022 年 2 月 15 日起施行。

主要法律内容如下：

第一条　为了确保关键信息基础设施供应链安全，保障网络安全和数据安全，维护国家安全，根据《中华人民共和国国家安全法》、《中华人民共和国网络安全法》、《中华人民共和国数据安全法》、《关键信息基础设施安全保护条例》，制定本办法。

第七条　掌握超过 100 万用户个人信息的网络平台运营者赴国外上市，必须向网络安全审查办公室申报网络安全审查。

第十条　网络安全审查重点评估相关对象或者情形的以下国家安全风险因素：

（一）产品和服务使用后带来的关键信息基础设施被非法控制、遭受干扰或者破坏的风险；

（二）产品和服务供应中断对关键信息基础设施业务连续性的危害；

（三）产品和服务的安全性、开放性、透明性、来源的多样性，供应渠道的可靠性以及因为政治、外交、贸易等因素导致供应中断的风险；

（四）产品和服务提供者遵守中国法律、行政法规、部门规章情况；

（五）核心数据、重要数据或者大量个人信息被窃取、泄露、毁损以及非法利用、非法出境的风险；

（六）上市存在关键信息基础设施、核心数据、重要数据或者大量个人信息被外国政府影响、控制、恶意利用的风险，以及网络信息安全风险；

（七）其他可能危害关键信息基础设施安全、网络安全和数据安全的因素。

第十九条 当事人应当督促产品和服务提供者履行网络安全审查中作出的承诺。

网络安全审查办公室通过接受举报等形式加强事前事中事后监督。

第二十二条 涉及国家秘密信息的，依照国家有关保密规定执行。

国家对数据安全审查、外商投资安全审查另有规定的，应当同时符合其规定。

2.8 中华人民共和国密码法

【基础知识点】

《中华人民共和国密码法》由中华人民共和国第十三届全国人民代表大会常务委员会第十四次会议于2019年10月26日通过，自2020年1月1日起施行。

2015年7月1日中国全国人大常委会通过的《中华人民共和国国家安全法》规定，每年4月15日为全民国家安全教育日，国家加强国家安全新闻宣传和舆论引导。

《中华人民共和国密码法》主要法律内容如下：

第七条 核心密码、普通密码用于保护国家秘密信息,核心密码保护信息的最高密级为绝密级，普通密码保护信息的最高密级为机密级。

核心密码、普通密码属于国家秘密。密码管理部门依照本法和有关法律、行政法规、国家有关规定对核心密码、普通密码实行严格统一管理。

第八条 商用密码用于保护不属于国家秘密的信息。

公民、法人和其他组织可以依法使用商用密码保护网络与信息安全。

第十二条 任何组织或者个人不得窃取他人加密保护的信息或者非法侵入他人的密码保障系统。

任何组织或者个人不得利用密码从事危害国家安全、社会公共利益、他人合法权益等违法犯罪活动。

第十四条 在有线、无线通信中传递的国家秘密信息，以及存储、处理国家秘密信息的信息系统，应当依照法律、行政法规和国家有关规定使用核心密码、普通密码进行加密保护、安全认证。

第十五条 从事核心密码、普通密码科研、生产、服务、检测、装备、使用和销毁等工作的机构（以下统称密码工作机构）应当按照法律、行政法规、国家有关规定以及核心密码、普通密码标准的要求，建立健全安全管理制度，采取严格的保密措施和保密责任制，确保核心密码、普通密码的安全。

第十七条 密码管理部门根据工作需要会同有关部门建立核心密码、普通密码的安全监测预警、安全风险评估、信息通报、重大事项会商和应急处置等协作机制，确保核心密码、普通密码安全管理的协同联动和有序高效。

密码工作机构发现核心密码、普通密码泄密或者影响核心密码、普通密码安全的重大问题、风险隐患的，应当立即采取应对措施，并及时向保密行政管理部门、密码管理部门报告，由保密行政管理部门、密码管理部门会同有关部门组织开展调查、处置，并指导有关密码工作机构及时消除安全隐患。

第二十条　密码管理部门和密码工作机构应当建立健全严格的监督和安全审查制度，对其工作人员遵守法律和纪律等情况进行监督，并依法采取必要措施，定期或者不定期组织开展安全审查。

第二十二条　国家建立和完善商用密码标准体系。

国务院标准化行政主管部门和国家密码管理部门依据各自职责，组织制定商用密码国家标准、行业标准。

国家支持社会团体、企业利用自主创新技术制定高于国家标准、行业标准相关技术要求的商用密码团体标准、企业标准。

第二十三条　国家推动参与商用密码国际标准化活动，参与制定商用密码国际标准，推进商用密码中国标准与国外标准之间的转化运用。

国家鼓励企业、社会团体和教育、科研机构等参与商用密码国际标准化活动。

第二十五条　国家推进商用密码检测认证体系建设，制定商用密码检测认证技术规范、规则，鼓励商用密码从业单位自愿接受商用密码检测认证，提升市场竞争力。

商用密码检测、认证机构应当依法取得相关资质，并依照法律、行政法规的规定和商用密码检测认证技术规范、规则开展商用密码检测认证。

商用密码检测、认证机构应当对其在商用密码检测认证中所知悉的国家秘密和商业秘密承担保密义务。

第二十六条　涉及国家安全、国计民生、社会公共利益的商用密码产品，应当依法列入网络关键设备和网络安全专用产品目录，由具备资格的机构检测认证合格后，方可销售或者提供。商用密码产品检测认证适用《中华人民共和国网络安全法》的有关规定，避免重复检测认证。

商用密码服务使用网络关键设备和网络安全专用产品的，应当经商用密码认证机构对该商用密码服务认证合格。

第二十七条　法律、行政法规和国家有关规定要求使用商用密码进行保护的关键信息基础设施，其运营者应当使用商用密码进行保护，自行或者委托商用密码检测机构开展商用密码应用安全性评估。商用密码应用安全性评估应当与关键信息基础设施安全检测评估、网络安全等级测评制度相衔接，避免重复评估、测评。

关键信息基础设施的运营者采购涉及商用密码的网络产品和服务，可能影响国家安全的，应当按照《中华人民共和国网络安全法》的规定，通过国家网信部门会同国家密码管理部门等有关部门组织的国家安全审查。

2.9　中华人民共和国专利法

【基础知识点】

2020年10月17日，第十三届全国人民代表大会常务委员会第二十二次会议通过修改《中华人民共和国专利法》的决定，自 2021 年 6 月 1 日起施行。

主要法律内容如下：

第二条 本法所称的发明创造是指发明、实用新型和外观设计。

发明，是指对产品、方法或者其改进所提出的新的技术方案。

实用新型，是指对产品的形状、构造或者其结合所提出的适于实用的新的技术方案。

外观设计，是指对产品的整体或者局部的形状、图案或者其结合以及色彩与形状、图案的结合所作出的富有美感并适于工业应用的新设计。

第三条 国务院专利行政部门负责管理全国的专利工作；统一受理和审查专利申请，依法授予专利权。省、自治区、直辖市人民政府管理专利工作的部门负责本行政区域内的专利管理工作。

第六条 执行本单位的任务或者主要是利用本单位的物质技术条件所完成的发明创造为职务发明创造。职务发明创造申请专利的权利属于该单位，申请被批准后，该单位为专利权人。该单位可以依法处置其职务发明创造申请专利的权利和专利权，促进相关发明创造的实施和运用。

非职务发明创造，申请专利的权利属于发明人或者设计人；申请被批准后，该发明人或者设计人为专利权人。

利用本单位的物质技术条件所完成的发明创造，单位与发明人或者设计人订有合同，对申请专利的权利和专利权的归属作出约定的，从其约定。

第八条 两个以上单位或者个人合作完成的发明创造、一个单位或者个人接受其他单位或者个人委托所完成的发明创造，除另有协议的以外，申请专利的权利属于完成或者共同完成的单位或者个人；申请被批准后，申请的单位或者个人为专利权人。

第九条 同样的发明创造只能授予一项专利权。但是，同一申请人同日对同样的发明创造既申请实用新型专利又申请发明专利，先获得的实用新型专利权尚未终止，且申请人声明放弃该实用新型专利权的，可以授予发明专利权。

两个以上的申请人分别就同样的发明创造申请专利的，专利权授予最先申请的人。

第十条 专利申请权和专利权可以转让。

转让专利申请权或者专利权的，当事人应当订立书面合同，并向国务院专利行政部门登记，由国务院专利行政部门予以公告。专利申请权或者专利权的转让自登记之日起生效。

第二十四条 申请专利的发明创造在申请日以前六个月内，有下列情形之一的，不丧失新颖性：

（一）在国家出现紧急状态或者非常情况时，为公共利益目的首次公开的；

（二）在中国政府主办或者承认的国际展览会上首次展出的；

（三）在规定的学术会议或者技术会议上首次发表的；

（四）他人未经申请人同意而泄露其内容的。

第二十五条 对下列各项，不授予专利权：

（一）科学发现；

（二）智力活动的规则和方法；

（三）疾病的诊断和治疗方法；

（四）动物和植物品种；

（五）原子核变换方法以及用原子核变换方法获得的物质；

（六）对平面印刷品的图案、色彩或者二者的结合作出的主要起标识作用的设计。

对前款第（四）项所列产品的生产方法，可以依照本法规定授予专利权。

第二十八条　国务院专利行政部门收到专利申请文件之日为申请日。如果申请文件是邮寄的，以寄出的邮戳日为申请日。

第二十九条　申请人自发明或者实用新型在外国第一次提出专利申请之日起十二个月内，或者自外观设计在外国第一次提出专利申请之日起六个月内，又在中国就相同主题提出专利申请的，依照该外国同中国签订的协议或者共同参加的国际条约，或者依照相互承认优先权的原则，可以享有优先权。

申请人自发明或者实用新型在中国第一次提出专利申请之日起十二个月内，或者自外观设计在中国第一次提出专利申请之日起六个月内，又向国务院专利行政部门就相同主题提出专利申请的，可以享有优先权。

第三十条　申请人要求发明、实用新型专利优先权的，应当在申请的时候提出书面声明，并且在第一次提出申请之日起十六个月内，提交第一次提出的专利申请文件的副本。

申请人要求外观设计专利优先权的，应当在申请的时候提出书面声明，并且在三个月内提交第一次提出的专利申请文件的副本。

申请人未提出书面声明或者逾期未提交专利申请文件副本的，视为未要求优先权。

第三十四条　国务院专利行政部门收到发明专利申请后，经初步审查认为符合本法要求的，自申请日起满十八个月，即行公布。国务院专利行政部门可以根据申请人的请求早日公布其申请。

第三十五条　发明专利申请自申请日起三年内，国务院专利行政部门可以根据申请人随时提出的请求，对其申请进行实质审查；申请人无正当理由逾期不请求实质审查的，该申请即被视为撤回。

国务院专利行政部门认为必要的时候，可以自行对发明专利申请进行实质审查。

第四十条　实用新型和外观设计专利申请经初步审查没有发现驳回理由的，由国务院专利行政部门作出授予实用新型专利权或者外观设计专利权的决定，发给相应的专利证书，同时予以登记和公告。实用新型专利权和外观设计专利权自公告之日起生效。

第四十一条　专利申请人对国务院专利行政部门驳回申请的决定不服的，可以自收到通知之日起三个月内向国务院专利行政部门请求复审。国务院专利行政部门复审后，作出决定，并通知专利申请人。

专利申请人对国务院专利行政部门的复审决定不服的，可以自收到通知之日起三个月内向人民法院起诉。

第四十二条　发明专利权的期限为二十年，实用新型专利权的期限为十年，外观设计专利权的期限为十五年，均自申请日起计算。

第七十四条　侵犯专利权的诉讼时效为三年，自专利权人或者利害关系人知道或者应当知道侵权行为以及侵权人之日起计算。

2.10 中华人民共和国商标法

【基础知识点】

根据 2019 年 4 月 23 日第十三届全国人民代表大会常务委员会第十次会议《关于修改<中华人民共和国建筑法>等八部法律的决定》修正,《中华人民共和国商标法》的修改条款自 2019 年 11 月 1 日起施行。

主要法律内容如下:

第六条 法律、行政法规规定必须使用注册商标的商品,必须申请商标注册,未经核准注册的,不得在市场销售。

第十条 下列标志不得作为商标使用:

(一)同中华人民共和国的国家名称、国旗、国徽、国歌、军旗、军徽、军歌、勋章等相同或者近似的,以及同中央国家机关的名称、标志、所在地特定地点的名称或者标志性建筑物的名称、图形相同的;

(二)同外国的国家名称、国旗、国徽、军旗等相同或者近似的,但经该国政府同意的除外;

(三)同政府间国际组织的名称、旗帜、徽记等相同或者近似的,但经该组织同意或者不易误导公众的除外;

(四)与表明实施控制、予以保证的官方标志、检验印记相同或者近似的,但经授权的除外;

(五)同"红十字"、"红新月"的名称、标志相同或者近似的;

(六)带有民族歧视性的;

(七)带有欺骗性,容易使公众对商品的质量等特点或者产地产生误认的;

(八)有害于社会主义道德风尚或者有其他不良影响的。

县级以上行政区划的地名或者公众知晓的外国地名,不得作为商标。但是,地名具有其他含义或者作为集体商标、证明商标组成部分的除外;已经注册的使用地名的商标继续有效。

第十一条 下列标志不得作为商标注册:

(一)仅有本商品的通用名称、图形、型号的;

(二)仅直接表示商品的质量、主要原料、功能、用途、重量、数量及其他特点的;

(三)其他缺乏显著特征的。

前款所列标志经过使用取得显著特征,并便于识别的,可以作为商标注册。

第十三条 为相关公众所熟知的商标,持有人认为其权利受到侵害时,可以依照本法规定请求驰名商标保护。

就相同或者类似商品申请注册的商标是复制、摹仿或者翻译他人未在中国注册的驰名商标,容易导致混淆的,不予注册并禁止使用。

就不相同或者不相类似商品申请注册的商标是复制、摹仿或者翻译他人已经在中国注册的驰名商标,误导公众,致使该驰名商标注册人的利益可能受到损害的,不予注册并禁止使用。

第三十一条 两个或者两个以上的商标注册申请人，在同一种商品或者类似商品上，以相同或者近似的商标申请注册的，初步审定并公告申请在先的商标；同一天申请的，初步审定并公告使用在先的商标，驳回其他人的申请，不予公告。

第三十九条 注册商标的有效期为十年，自核准注册之日起计算。

第四十条 注册商标有效期满，需要继续使用的，商标注册人应当在期满前十二个月内按照规定办理续展手续；在此期间未能办理的，可以给予六个月的宽展期。每次续展注册的有效期为十年，自该商标上一届有效期满次日起计算。期满未办理续展手续的，注销其注册商标。

商标局应当对续展注册的商标予以公告。

第五十六条 注册商标的专用权，以核准注册的商标和核定使用的商品为限。

第五十七条 有下列行为之一的，均属侵犯注册商标专用权：

（一）未经商标注册人的许可，在同一种商品上使用与其注册商标相同的商标的；

（二）未经商标注册人的许可，在同一种商品上使用与其注册商标近似的商标，或者在类似商品上使用与其注册商标相同或者近似的商标，容易导致混淆的；

（三）销售侵犯注册商标专用权的商品的；

（四）伪造、擅自制造他人注册商标标识或者销售伪造、擅自制造的注册商标标识的；

（五）未经商标注册人同意，更换其注册商标并将该更换商标的商品又投入市场的；

（六）故意为侵犯他人商标专用权行为提供便利条件，帮助他人实施侵犯商标专用权行为的；

（七）给他人的注册商标专用权造成其他损害的。

2.11 中华人民共和国著作权法

【基础知识点】

主要法律内容如下：

第二条 中国公民、法人或者非法人组织的作品，不论是否发表，依照本法享有著作权。

第三条 本法所称的作品，是指文学、艺术和科学领域内具有独创性并能以一定形式表现的智力成果，包括：

（一）文字作品；

（二）口述作品；

（三）音乐、戏剧、曲艺、舞蹈、杂技艺术作品；

（四）美术、建筑作品；

（五）摄影作品；

（六）视听作品；

（七）工程设计图、产品设计图、地图、示意图等图形作品和模型作品；

（八）计算机软件；

（九）符合作品特征的其他智力成果。

第五条 本法不适用于：

（一）法律、法规，国家机关的决议、决定、命令和其他具有立法、行政、司法性质的文件，及其官方正式译文；

（二）单纯事实消息；

（三）历法、通用数表、通用表格和公式。

第十条 著作权包括下列人身权和财产权：

（一）发表权，即决定作品是否公之于众的权利；

（二）署名权，即表明作者身份，在作品上署名的权利；

（三）修改权，即修改或者授权他人修改作品的权利；

（四）保护作品完整权，即保护作品不受歪曲、篡改的权利；

（五）复制权，即以印刷、复印、拓印、录音、录像、翻录、翻拍、数字化等方式将作品制作一份或者多份的权利；

（六）发行权，即以出售或者赠与方式向公众提供作品的原件或者复制件的权利；

（七）出租权，即有偿许可他人临时使用视听作品、计算机软件的原件或者复制件的权利，计算机软件不是出租的主要标的的除外；

（八）展览权，即公开陈列美术作品、摄影作品的原件或者复制件的权利；

（九）表演权，即公开表演作品，以及用各种手段公开播送作品的表演的权利；

（十）放映权，即通过放映机、幻灯机等技术设备公开再现美术、摄影、视听作品等的权利；

（十一）广播权，即以有线或者无线方式公开传播或者转播作品，以及通过扩音器或者其他传送符号、声音、图像的类似工具向公众传播广播的作品的权利，但不包括本款第十二项规定的权利；

（十二）信息网络传播权，即以有线或者无线方式向公众提供，使公众可以在其选定的时间和地点获得作品的权利；

（十三）摄制权，即以摄制视听作品的方法将作品固定在载体上的权利；

（十四）改编权，即改变作品，创作出具有独创性的新作品的权利；

（十五）翻译权，即将作品从一种语言文字转换成另一种语言文字的权利；

（十六）汇编权，即将作品或者作品的片段通过选择或者编排，汇集成新作品的权利；

（十七）应当由著作权人享有的其他权利。

著作权人可以许可他人行使前款第五项至第十七项规定的权利，并依照约定或者本法有关规定获得报酬。

著作权人可以全部或者部分转让本条第一款第五项至第十七项规定的权利，并依照约定或者本法有关规定获得报酬。

第十八条 自然人为完成法人或者非法人组织工作任务所创作的作品是职务作品，除本条第二款的规定以外，著作权由作者享有，但法人或者非法人组织有权在其业务范围内优先使用。作品完成两年内，未经单位同意，作者不得许可第三人以与单位使用的相同方式使用该作品。

有下列情形之一的职务作品，作者享有署名权，著作权的其他权利由法人或者非法人组织享有，法人或者非法人组织可以给予作者奖励：

（一）主要是利用法人或者非法人组织的物质技术条件创作，并由法人或者非法人组织承担责任的工程设计图、产品设计图、地图、示意图、计算机软件等职务作品；

（二）报社、期刊社、通讯社、广播电台、电视台的工作人员创作的职务作品；

（三）法律、行政法规规定或者合同约定著作权由法人或者非法人组织享有的职务作品。

第十九条　受委托创作的作品，著作权的归属由委托人和受托人通过合同约定。合同未作明确约定或者没有订立合同的，著作权属于受托人。

第二十条　作品原件所有权的转移，不改变作品著作权的归属，但美术、摄影作品原件的展览权由原件所有人享有。

作者将未发表的美术、摄影作品的原件所有权转让给他人，受让人展览该原件不构成对作者发表权的侵犯。

第二十二条　作者的署名权、修改权、保护作品完整权的保护期不受限制。

第二十三条　自然人的作品，其发表权、本法第十条第一款第五项至第十七项规定的权利的保护期为作者终生及其死亡后五十年，截止于作者死亡后第五十年的12月31日；如果是合作作品，截止于最后死亡的作者死亡后第五十年的12月31日。

法人或者非法人组织的作品、著作权（署名权除外）由法人或者非法人组织享有的职务作品，其发表权的保护期为五十年，截止于作品创作完成后第五十年的12月31日；本法第十条第一款第五项至第十七项规定的权利的保护期为五十年，截止于作品首次发表后第五十年的12月31日，但作品自创作完成后五十年内未发表的，本法不再保护。

视听作品，其发表权的保护期为五十年，截止于作品创作完成后第五十年的12月31日；本法第十条第一款第五项至第十七项规定的权利的保护期为五十年，截止于作品首次发表后第五十年的12月31日，但作品自创作完成后五十年内未发表的，本法不再保护。

第二十四条　在下列情况下使用作品，可以不经著作权人许可，不向其支付报酬，但应当指明作者姓名或者名称、作品名称，并且不得影响该作品的正常使用，也不得不合理地损害著作权人的合法权益：

（一）为个人学习、研究或者欣赏，使用他人已经发表的作品；

（二）为介绍、评论某一作品或者说明某一问题，在作品中适当引用他人已经发表的作品；

（三）为报道新闻，在报纸、期刊、广播电台、电视台等媒体中不可避免地再现或者引用已经发表的作品；

（四）报纸、期刊、广播电台、电视台等媒体刊登或者播放其他报纸、期刊、广播电台、电视台等媒体已经发表的关于政治、经济、宗教问题的时事性文章，但著作权人声明不许刊登、播放的除外；

（五）报纸、期刊、广播电台、电视台等媒体刊登或者播放在公众集会上发表的讲话，但作者声明不许刊登、播放的除外；

（六）为学校课堂教学或者科学研究，翻译、改编、汇编、播放或者少量复制已经发表的作品，供教学或者科研人员使用，但不得出版发行；

（七）国家机关为执行公务在合理范围内使用已经发表的作品；

（八）图书馆、档案馆、纪念馆、博物馆、美术馆、文化馆等为陈列或者保存版本的需要，复制本馆收藏的作品；

（九）免费表演已经发表的作品，该表演未向公众收取费用，也未向表演者支付报酬，且不以营利为目的；

（十）对设置或者陈列在公共场所的艺术作品进行临摹、绘画、摄影、录像；

（十一）将中国公民、法人或者非法人组织已经发表的以国家通用语言文字创作的作品翻译成少数民族语言文字作品在国内出版发行；

（十二）以阅读障碍者能够感知的无障碍方式向其提供已经发表的作品；

（十三）法律、行政法规规定的其他情形。

前款规定适用于对与著作权有关的权利的限制。

第六十五条　摄影作品，其发表权、本法第十条第一款第五项至第十七项规定的权利的保护期在 2021 年 6 月 1 日前已经届满，但依据本法第二十三条第一款的规定仍在保护期内的，不再保护。

2.12　标准化相关知识

【基础知识点】

1．标准的分类

（1）根据标准制定的机构和标准适用的范围，可将其分为国际标准、国家标准、区域标准、行业标准、企业（机构）标准及项目（课题）规范。

1）常见的国家标准：中华人民共和国国家标准（GB）。GB 是我国最高标准化机构——中华人民共和国国家技术监督局所公布实施的标准，简称为"国标"。

2）常见的行业标准：中华人民共和国国家军用标准（GJB）。GJB 是由我国国防科学技术工业委员会批准，适用于国防部队使用的标准。

（2）根据《中华人民共和国标准化法》的规定，我国标准分为国家标准、行业标准、地方标准和企业标准四类。这四类标准主要是适用的范围不同，不是标准技术水平高低的分级。

1）国家标准。由国务院标准化行政主管部门制定的需要全国范围内统一的技术要求。

2）行业标准。没有国家标准而又需在全国某个行业范围内统一的技术标准，由国务院有关行政主管部门制定并报国务院标准化行政主管部门备案的标准。

3）地方标准。没有国家标准和行业标准而又需在省、自治区、直辖市范围内统一的工业产品的安全、卫生要求，由省、自治区、直辖市标准化行政主管部门制定并报国务院标准化行政主管部门和国务院有关行业行政主管部门备案的标准。

4）企业标准。企业生产的产品没有国家标准、行业标准和地方标准，由企业自行组织制定、作为组织生产依据的相应标准，或者在企业内制定适用的，比国家标准、行业标准或地方标准更严格的企业（内控）标准，并按省、自治区、直辖市人民政府的规定备案的标准（不含内控标准）。

（3）根据标准的性质可将其分为技术标准、管理标准和工作标准。

1）技术标准。技术标准是针对重复性的技术事项而制定的标准，是从事生产、建设及商品流通时需要共同遵守的一种技术依据。

2）管理标准。管理标准是管理机构为行使其管理职能而制定的具有特定管理功能的标准。

3）工作标准。为协调整个工作过程，提高工作质量和效率，针对具体岗位的工作制定的标准，是对工作的内容、方法、程序和质量要求所制定的标准。

（4）根据标准的对象和作用，标准可分为基础标准、产品标准、方法标准、安全标准、卫生标准、环境保护标准和服务标准等。

（5）根据标准的法律约束性，可将其分为强制性标准和推荐性标准。

2. 标准的代号和编号

（1）国际标准 ISO 的代号和编号的格式为 ISO+标准号+[杠+分标准号]+冒号+发布年号（方括号中的内容可有可无）。

（2）我国国家标准的代号由大写汉语拼音字母构成，强制性国家标准的代号为 GB，推荐性国家标准的代号为 GB/T。国家标准的编号由国家标准的代号、标准发布顺序号和标准发布年代号（4 位数）组成。

（3）行业标准的代号和编号：行业标准的编号由行业标准代号、标准发布顺序及标准发布年代号（4 位数）组成，如强制性行业标准编号：×× ××××—××××，推荐性行业标准编号：××/T ××××—××××。

（4）地方标准的代号和编号。地方标准的代号由大写汉语拼音 DB 加上省、自治区、直辖市行政区划代码的前两位数字（如北京市 11、天津市 12、上海市 31 等）组成。后面加上"T"表示推荐性地方标准，不加表示强制性地方标准。地方标准的编号由地方标准代号、地方标准发布顺序号和标准发布年代号（4 位数）三个部分组成，如强制性地方标准编号：DB××××—×××××，推荐性地方标准编号：DB××/T×××—××××。

（5）企业标准的编号由企业标准代号、标准发布顺序号和标准发布年代号（4 位数）组成，表示方法为 Q/×××××××—××××。企业标准一经制定颁布，即对整个企业具有约束性，是企业法规性文件，没有强制性企业标准和推荐性企业标准之分。

3. 采用的分类

采用国际标准或国外先进标准的程度，分为等同采用、等效采用和非等效采用。

（1）等同采用，指国家标准等同于国际标准，仅有少量或没有编辑性修改。编辑性修改是指不改变标准技术的内容的修改，如纠正排版或印刷错误，标点符号的改变，增加不改变技术内容的说明、提示等。因此，可以认为等同采用就是指国家标准与国际标准相同，不做或稍做编辑性修改，编写方法完全相对应。

（2）等效采用，指国家标准等效于国际标准，技术内容上只有很小差异。编辑上不完全相同，编写方法不完全相对应。

(3) 非等效采用，指国家标准不等效于国际标准，在技术上有重大技术差异。即国家标准中有国际标准不能接受的条款，或者在国际标准中有国家标准不能接受的条款。在技术上有重大差异的情况下，虽然国家标准制定时是以国际标准为基础，并在很大程度上与国际标准相适应，但不能使用"等效"这个术语。通常包括以下三种情况：

1) 国家标准包含的内容比国际标准少。国家标准较国际要求低或选国际标准中的部分内容。国家标准与国际标准之间没有互相接受条款的"逆定理"情况。

2) 国家标准包含的内容比国际标准多。国家标准增加了内容或类型，且具有较高要求等，也没有"逆定理"情况。

3) 国家标准与国际标准有重叠。部分内容完全相同或技术上相同，但在其他内容上却互不包括对方的内容。

4. 标准的有效期

我国在国家标准管理办法中规定国家标准实施 5 年内要进行复审，即国家标准有效期为 5 年。

2.13 练习题

1. 为防范国家数据安全风险、维护国家安全、保障公共利益，2021 年 7 月，中国网络安全审查办公室发布公告，对"滴滴出行""运满满""货车帮"和"BOSS 直聘"开展网络安全审查。此次审查依据的国家相关法律法规是（   ）。

　　A.《中华人民共和国网络安全法》和《中华人民共和国国家安全法》
　　B.《中华人民共和国网络安全法》和《中华人民共和国密码法》
　　C.《中华人民共和国数据安全法》和《中华人民共和国网络安全法》
　　D.《中华人民共和国数据安全法》和《中华人民共和国国家安全法》

解析：2021 年 7 月，为防范国家数据安全风险，维护国家安全，保障公共利益，依据《国家安全法》《网络安全法》，网络安全审查办公室按照《网络安全审查办法》对滴滴公司实施网络安全审查。

答案：A

2. 根据《计算机软件保护条例》的规定，对软件著作权的保护不包括（   ）。

　　A. 目标程序　　　　　　　　　　B. 软件文档
　　C. 源程序　　　　　　　　　　　D. 软件中采用的算法

解析：计算机软件著作权是指软件的开发者或者其他权利人依据有关著作权法律的规定，对于软件作品所享有的各项专有权利。软件著作权保护的范围是程序及其技术文档的表达，即保护语句序列或指令序列的表达以及有关软件的文字说明表达，而不延及开发软件所用的思想、算法、处理过程、操作方法或者数学概念等。

答案：D

3. 我国由（　　）主管全国软件著作权登记管理工作。
   A．国家版权局　　　　　　　　　B．国家新闻出版署
   C．国家知识产权局　　　　　　　D．地方知识产权局

解析：我国由国家版权局主管全国软件著作权登记管理工作。

答案：A

4. （　　）是构成我国保护计算机软件著作权的两个基本法律文件。
   A.《计算机软件保护条例》和《软件法》
   B.《中华人民共和国著作权法》和《软件法》
   C.《中华人民共和国著作权法》和《计算机软件保护条例》
   D.《中华人民共和国版权法》和《中华人民共和国著作权法》

解析：《中华人民共和国著作权法》和《计算机软件保护条例》是构成我国保护计算机软件著作权的两个基本法律文件。

答案：C

5. 著作权中，（　　）的保护期不受限制。
   A．发表权　　　　　　　　　　　B．发行权
   C．署名权　　　　　　　　　　　D．展览权

解析：著作权中的署名权、修改权、保护作品完整权的保护期不受限制。

答案：C

6. 王某是某公司的软件设计师，完成某项软件开发后按公司规定进行软件归档。以下有关该软件的著作权的叙述中，正确的是（　　）。
   A．著作权应由公司和王某共同享有
   B．著作权应由公司享有
   C．著作权应由王某享有
   D．除署名权以外，著作权的其他权利由王某享有

解析：《计算机软件保护条例》第十三条做出了明确的规定，即公民在单位任职期间所开发的软件，如果是执行本职工作的结果，即针对本职工作中明确指定的开发目标所开发的，或者是从事本职工作活动所预见的结果或自然的结果，则该软件的著作权属于该单位。由题意可知，王某开发的软件属于职务软件作品，故著作权应由公司享有。

答案：B

7. 《中华人民共和国数据安全法》由中华人民共和国第十三届全国人民代表大会常务委员会第二十九次会议审议通过，自（　　）年9月1日起施行。
   A．2019　　　　B．2020　　　　C．2021　　　　D．2022

解析：2021年6月10日，第十三届全国人民代表大会常务委员会第二十九次会议通过了《中华人民共和国数据安全法》，自2021年9月1日起施行。

答案：C

8. 在项目管理过程中，变更总是不可避免，作为项目经理应该让项目干系人认识到（　　）。
   A. 在项目设计阶段，变更成本较低
   B. 在项目实施阶段，变更成本较低
   C. 项目变更应该由项目经理批准
   D. 应尽量满足建设方要求，不需要进行变更控制

解析：在项目设计阶段变更成本较低。项目过程中，变更是不可避免的，必须进行变更控制。项目变更由变更控制委员会批准，而不是由项目经理批准。

答案：A

9. 以下关于信息化项目成本估算的描述中，不正确的是（　　）。
   A. 项目成本估算指设备采购、劳务支出等直接用于项目建设的经费估算
   B. 项目成本估算需考虑项目工期要求的影响，工期要求越短成本越高
   C. 项目成本估算需考虑项目质量要求的影响，质量要求越高成本越高
   D. 项目成本估算过粗或过细都会影响项目成本

解析：成本估算是指对完成项目所需费用的估计和计划的方法。

答案：A

第 2 篇
网络工程师基础知识

第3小时 数据通信基础

3.0 本章思维导图

数据通信基础的思维导图如图 3-1 所示。

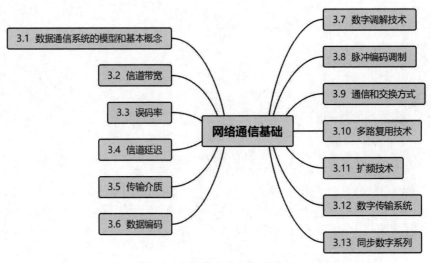

图 3-1 数据通信基础思维导图

3.1 数据通信系统的模型和基本概念

【基础知识点】

数据通信系统模型的基本组成包括信源、信道和信宿。信息在传输过程中可能会受到外界的干扰,把这种干扰称为噪声。通信系统模型如图 3-2 所示。

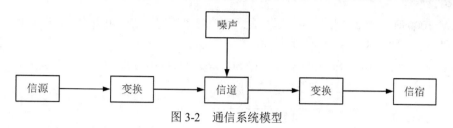

图 3-2　通信系统模型

数据通信的基本概念表述如下。

（1）模拟通信：信源是模拟数据，利用模拟信号传输。

（2）数字通信：信源是模拟数据，利用数字信号传输。

（3）数据通信：专指信源和信宿中数据的形式是数字的，在信道中传输时可以根据需要采用模拟传输方式或数字传输方式。

3.2　信道带宽

【基础知识点】

模拟信道的带宽 $W=f_2-f_1$，其中，f_1 是信道能通过的最低频率，f_2 是信道能通过的最高频率，两者都是由信道的物理特性决定的。为了使信号传输中的失真小一些，信道要有足够的带宽。

信道的带宽决定了信道中能不失真地传输的脉冲序列的最高速率。一个数字脉冲称为一个码元，用码元速率表示单位时间内信号波形的变换次数，即单位时间内通过信道传输的码元个数。若信号码元宽度为 T 秒，则码元速率 $B=1/T$。码元速率的单位叫波特（Baud），所以码元速率也叫波特率。哈里·奈奎斯特（Harry Nyquist）就推导出了有限带宽无噪声信道的极限波特率，称为奈奎斯特定理。若信道带宽为 W，则奈奎斯特定理指出最大码元速率 $B=2W$（Baud）。

奈奎斯特定理指定的信道容量也叫奈奎斯特极限，这是由信道的物理特性决定的。超过奈奎斯特极限传送脉冲信号是不可能的，所以要进一步提高波特率必须改善信道带宽。

码元携带的信息量由码元取的离散值的个数决定。若码元取两个离散值，则一个码元携带 1 位信息。若码元可取 4 种离散值，则一个码元携带两位信息。总之，一个码元携带的信息量 n（位）与码元的种类数 N 的关系是 $n=\log_2 N$（$N=2^n$）。

单位时间内在信道上传送的信息量（位数）称为数据速率。在一定的波特率下提高速率的途径是用一个码元表示更多的位数。如果把两位编码为一个码元，则数据速率可成倍提高。公式是 $R=B\log_2 N=2W\log_2 N$，其中，R 表示数据速率，单位是位每秒（bps 或 b/s）。

数据速率和波特率是两个不同的概念。仅当码元取两个离散值时两者的数值才相等。香农的研究表明，有噪声信道的极限数据速率可由下面的公式计算：$C=W\log_2(1+S/N)$。这个公式叫作香农定理，其中，C 为极限数据速率，单位是位每秒（bps 或 b/s），W 为信道带宽，S 为信号的平均功率，N 为噪声平均功率，S/N 叫作信噪比。由于在实际使用中 S 与 N 的比值太大，故常取其分贝数（dB）。分贝与信噪比的关系为 $dB=10\log_{10} S/N$。

当 $S/N=1000$ 时，信噪比为 30dB。这个公式与信号取的离散值的个数无关，也就是说，无论用什么方式调制，只要给定了信噪比，则单位时间内最大的信息传输量就确定了。例如，信道带宽为 3000Hz，信噪比为 30dB，则最大数据速率 $C=3000\log_2(1+1000)≈3000×9.97≈30000bps$。

带宽、码元速率、数据速率关系如图 3-3 所示。

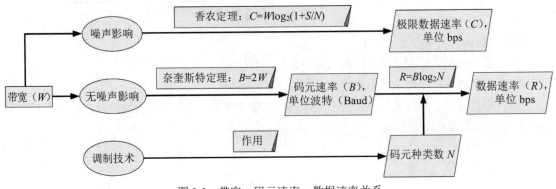

图 3-3　带宽、码元速率、数据速率关系

3.3　误码率

【基础知识点】

在有噪声的信道中，数据速率的增加意味着传输中出现差错的概率增加。用误码率来表示传输二进制位时出现差错的概率。误码率公式是 $P_e=N_e/N$，其中，N_e 表示出错的位数，N 表示传送的总位数。在计算机通信网络中，误码率一般要求低于 10^{-6}，即平均每传送 1 兆位才允许错 1 位。在误码率低于一定的数值时，可以用差错控制的办法进行检查和纠正。

3.4　信道延迟

【基础知识点】

信号（电信号）一般以接近光速的速度（300m/μs）传播，但随传输介质的不同而略有差别。例如，在电缆中的传播速度为 200m/μs 左右。

数据在网络中经历的总时延

计算公式是总时延=发送时延+传播时延+处理时延+排队时延。其中发送时延=数据帧长度(bit)/发送速度（bit/s）；传播时延=信道长度（m）/电磁波在信道上的传播速度（m/s），电磁波在光纤中的传播速率约为 $2.0×10^5$km/s。例如，1000km 长的光纤线路产生的传播时延大约为 5ms（注意：500m 同轴电缆的时延大约是 2.5μs，卫星信道的时延大约 270ms）。

3.5 传输介质

【基础知识点】

1. 双绞线

双绞线由粗约 1mm 的互相绝缘的一对铜导线绞扭在一起组成，对称均匀地绞扭可以减少线对之间的电磁干扰。双绞线分为屏蔽双绞线和无屏蔽双绞线。计算机综合布线使用的双绞线类型和带宽见表 3-1。

表 3-1 计算机综合布线使用的双绞线类型和带宽

双绞线种类	类型	带宽/（Mb/s）
屏蔽双绞线	五类	100
	超五类	100
	六类	250
无屏蔽双绞线	五类	100
	超五类	155
	六类	200

2. 同轴电缆

（1）同轴电缆的芯线为铜制导线，它具有高带宽和极好的噪声抑制特性。在局域网中常用的同轴电缆还有两种，基带同轴电缆和宽带同轴电缆。

1）基带同轴电缆，特性抗阻 50Ω，用于传输数字信号。粗同轴电缆适用于大型局域网，传输距离长，可靠性高，安装时不需要切断电缆，需安装外收发器，安装难度大，造价高。细同轴电缆安装容易，造价低，安装时需切断电缆，容易产生故障点。

2）宽带同轴电缆，特性抗阻 75Ω，用于传输模拟信号，常用型号 RG-59。

（2）计算机出来的方波电信号称为基带信号，其固有的基本频率带宽称为基带，信道中直接传输基带信号称为基带传输。大多数局域网使用基带传输，例如传输介质 100BASE-T 中的 BASE 就是指基带。

（3）频带指的是模拟信号的频率带宽。远距离传输一般都是模拟信号，例如电话网络（300～2400Hz 的模拟信号），将基带信号调制成为具有较高频率范围的频带信号（模拟信号）进行传输，称为频带传输。

（4）宽带是指比音频频率更宽的频带，包括了大部分电磁波频谱的频带。将链路容量分为多个信道的传输方式称为宽带传输。

3. 光缆

（1）光缆由能传送光波的超细玻璃纤维制成，外包一层比玻璃折射率低的材料。进入光纤的光波在两种材料的界面上形成全反射,从而不断地向前传播。

(2)光波在光导纤维中以多种模式传播,不同的传播模式有不同的电磁场分布和不同的传播路径,这样的光纤叫多模光纤。光波在光纤中以什么模式传播,这与芯线和包层的相对折射率、芯线的直径以及工作波长有关。如果芯线的直径小到光波波长大小,则光纤就成为波导,光在其中无反射地沿直线传播,这种光纤叫单模光纤。

(3)光导纤维作为传输介质的优点:

1)具有很高的数据速率、极高的频带、低误码率和低延迟。
2)光传输不受电磁干扰,不可能被偷听,因而安全和保密性能好。
3)光纤重量轻、体积小、铺设容易。

(4)单模光纤和多模光纤的对比见表3-2。

表3-2 单模光纤和多模光纤的对比

对比项目	单模光纤	多模光纤
光源	激光二极管	发光二极管
光源波长	1310nm/1550nm	850nm
纤芯直径/包层外径	9/125μm	50/125μm 和 62.5/125μm
传输距离	2～10km	550m 和 275m
特性	抗噪强、距离远、价格高	抗噪弱、距离短、价格低

4.无线信道

(1)由双绞线、同轴电缆和光纤等传输介质组成的信道可统称为有线信道。而由微波、红外和短波组成的信道称为无线信道。

(2)微波分为地面微波系统和卫星微波系统。微波通信的频率段为吉兆段的低端,一般是1～11GHz,具有带宽高、容量大的特点。

(3)红外传输系统利用墙壁或屋顶反射红外线从而形成广播通信系统。红外光发射器和接收器常见于电视机的遥控装置中。优点是设备相对便宜、带宽相对较高,缺点是传输距离有限,容易受室内空气状态如烟雾的影响。

(4)无线电短波通信的优点是设备比较便宜,便于移动,没有像地面微波站那样的方向性,中继站可以传送很远的距离。缺点是容易受到电磁干扰和地形地貌的影响,带宽比微波通信小。

3.6 数据编码

【基础知识点】

常见的编码方案表述如下。

(1)单极性编码:只用正电压(或负电压)表示数据,用零电平表示"0",高电平表示"1"。

（2）双极性编码：信号在上个电平（正、负、零）之间变化，典型运用是信号交替反转编码（Alternative Mark Inversion，AMI）。数据流中遇到"1"时使电平在正和负之间交替翻转，而遇到"0"时则保持零电平。

（3）极性编码：用正、负电压表示二进制数"0"和"1"，由于电平差较大，因此抗干扰能力较强。

（4）归零码：码元中间信号回归零电平，正电平到零电平代表"0"，负电平到零电平代表"1"。

（5）不归零码：码元中间信号不归零，"1"电平翻转，"0"电平不翻转。

（6）双相码：双相码要求每一位中都要有一个电平转换。优点是自定时，同时双相码也有检测错误的功能，如果某一位中间缺少了电平翻转，则被认为是违例代码。

（7）曼彻斯特编码：高电平到低电平的转换边表示"0"，用低电平到高电平的转换边表示"1"。可以相反表示。

（8）差分曼彻斯特编码：中间电平只起到定时的作用，不用于表示数据，有电平变化表示"0"，没有变化则表示"1"。

（9）多电平编码。

1）MLT-3 中的 3 表示这种编码方式有 3 种状态。MLT-3 是多阶基带编码 3 或者三阶基带编码。就三阶而言，信号通常区分成三种电位状态，分别为"正电位""负电位""零电位"。

2）MLT-3 的编码规则如下：

- 用不变化电位状态（即保持前一位的电位状态）来表示二进制 0，即如果下一比特是 0，则输出值与前面的值相同；
- 用电位状态变化来表示二进制 1。如果下一比特是 1，则输出值就要有一个转变：如果前面输出的值是"+V"或"-V"，则下一输出为"0"；如果前面输出的值是"0"，则下一输出的值为"+V"或"-V"，与上一个非 0 值符号相反。

3）快速以太网标准 100BASE-TX 采用的编码机制是多电平编码 MLT-3。

（10）4B/5B 编码：是一种两级编码方案，将数据流的每 4 位作为一组，按编码规则转换为 5 位，并且由 NRZ-I 方式传输码。在转变过程中"1"的个数至少有两个。4B/5B 编码能较好地解决同步问题，并具有检错功能，且编码效率较高，编码效率为 80%。同样 8B/10B 的编码效率也是 80%。快速以太网标准 100BASE-FX 采用的编码机制是 4B/5B 和 NRZ-I 编码。

（11）8B/6T 编码：8B/6T 的编码方式为二进制输入按 8 位分组，每一个 8 位组映像为 6 位三元符号组。快速以太网标准 100BASE-T4 采用的编码机制是 8B/6T 编码。

（12）4D-PAM5 编码：4D 是指 4 个码元，定义为（An，Bn，Cn，Dn），也就是四维符号。PAM5 的意思就是四维符号的电波形是一维 5 进制电平 {2, 1, 0, -1, -2}，每根网线的其中一个线对的电平有 5 种，多出来的一个电平用于前向纠错码 FEC。4D-PAM5 这种编码方式用于 1000BASE-T 以太网中。

3.7 数字调解技术

【基础知识点】

数字数据可以用方波脉冲传输，也可以用模拟信号传输。用数字数据调制模拟信号叫作数字调制。可以调制模拟载波信号的 3 个参数：幅度、频移和相移来表示数字数据。

1. 幅移键控（Amplitude Shift Keying，ASK）

载波的幅度受到数字数据的调制而取不同的值，例如对应二进制"0"，载波振幅为"0"；对应二进制"1"，载波振幅取"1"。

2. 频移键控（Frequency Shift Keying，FSK）

按照数字数据的值调制载波的频率叫作频移键控，载波的频率随着信号的变化而变化。

3. 相移键控（Phase Shift Keying，PSK）

载波的相位随着基带信号的变化而变化，主要包括 BPSK、DPSK、QPSK、8PSK、16PSK 等。其中 BPSK 和 DPSK 区别如下：

（1）BPSK：二进制"1"和"0"分别用不同相位的波形来表示，其特点是所有"1"的波形都相同、所有"0"的波形也相同。

（2）DPSK：所有的"1"会与前一个数位发生相对变化，而所有的"0"则不变化。

在 PSK 中，DPSK 表示有 2 种相位变化，需要 1 位比特数；4PSK（QPSK）表示有 4 种相位变化，需要 2 位比特数；8PSK 则表示有 8 种相位变化，需要 3 位比特数。

4. 正交幅度调制（Quadrature Amplitude Modulation，QAM）

QAM 就是把两个幅度相同但相位相差 90°的模拟信号合成为一个模拟信号。

3.8 脉冲编码调制

【基础知识点】

1. 编码解码器

把模拟数据转化成数字信号，要使用编码解码器设备。这种设备的作用和调制解调器的作用相反，它是把模拟数据（例如声音、图像等）变换成数字信号，经传输到达接收端再解码还原为模拟数据。用编码解码器把模拟数据变换为数字信号的过程叫模拟数据的数字化。常用的数字化技术就是脉冲编码调制技术（Pulse Code Modulation，PCM），简称脉码调制。PCM 的过程包括采样、量化和编码。

2. 采样

采样时必须遵循奈奎斯特采样定理才能保证无失真地恢复原模拟信号，因此采样频率至少要大于模拟信号最高频率的 2 倍。

3. 量化

取样后得到的样本是连续值,这些样本必须量化为离散值,离散值的个数决定了量化的精度。

4. 编码

取样的速率是由模拟信号的最高频率决定的,而量化级的多少则决定了取样的精度。例如:对声音信号数字化时,由于话音的最高频率是 4kHz,所以取样速率 8kHz。对话音样本用 128 个等级量化,因而每个样本用 7($\log_2 128$)位二进制数字表示。在数字信道上传输这种数字化了的话音信号的速率是 7×8000=56kb/s。即数据速率=采样频率×采样比特数。

5. 补充

模拟信号调制为模拟信号主要方法是调幅(Amplitude Modulation,AM)、调频(Frequency Modulation,FM)和调相(Phase Modulation,PM)。

3.9 通信和交换方式

【基础知识点】

1. 数据通信方式

按照数据传输的方向分,可以有以下 3 种基本方式:

(1)单工:只能有一个方向的通信而没有反方向的交互,如无线电广播和电视广播。

(2)半双工:通信的双方都可以发送信息,但不能双方同时发送(当然也就不能同时接收)。这种通信方式是一方发送另一方接收,过一段时间后可以再反过来。

(3)全双工:通信的双方可以同时发送和接收信息,因此该方式传输效率最高。

2. 同步方式

(1)异步传输。把各个字符分开传输,字符之间插入同步信息。在字符的前后分别插入起始位 "0" 和停止位 "1"。起始位对接收方的时钟起置位作用。异步传输的优点是简单,但是由于起止位和检验位的加入会引入 20%~30%的开销,传输的速率也不会很高,异步传输不适合传输大的数据块。

(2)同步传输。发送方在发送数据之前先发送一串同步字符 SYNC,接收方只要检测到连续两个以上 SYNC 字符就确认已进入同步状态,准备接收信息。这种同步方式仅在数据块的前后加入控制字符 SYNC,所以效率更高。在短距离高速数据传输中,多采用同步传输方式。

3. 交换方式

交换节点转发信息的方式分为电路交换、报文交换和分组交换。

(1)电路交换。建立临时的物理连接通道,建立连接后通信,独自占用整个链路,结束通信时释放链路。电路交换的特点是建立连接需要等待较长的时间。连接建立后通路是专用的,不会有其他用户的干扰,不再有等待延迟。这种交换方式链路空闲率较高,且没有差错控制,适合于传输大量的数据,传输少量信息时效率不高。

(2)报文交换。把整个数据块组成报文,对报文大小没有限制,交换设备必须利用大容量磁盘进行缓存。不适合交互式通信。报文交换的优点是不建立专用链路,线路是共享的,利用率较高。

（3）分组交换。在这种交换方式中数据包有固定的长度。在进行分组交换时,发送节点先要对传送的信息分组,对各个分组编号,加上源地址和目标地址以及约定的分组头信息,这个过程叫作信息的打包。将报文分为限制大小的分组进行传输,是报文交换的改进版。现在的以太网就是使用分组交换。一次通信中的所有分组在网络中传播又有两种方式：一种叫数据报；另一种叫虚电路。

1）数据报。类似于报文交换,但是到达目的地的顺序可能和发送的顺序不一致,在发送端要有一个设备对信息进行分组和编号,在接收端也要有一个设备对收到的分组拆去头和尾并重排顺序,是无连接的服务。

2）虚电路。类似于电路交换。与电路交换不同的是,逻辑连接的建立并不意味着其他通信不能使用这条线路。按虚电路方式通信,接收方要对正确收到的分组给予回答确认,通信双方要进行流量控制和差错控制,以保证按顺序正确接收,所以虚电路意味着可靠的通信。它没有数据报方式灵活,效率不如数据报方式高。

（4）虚电路可以是暂时的,也可以是永久的。虚电路适合于交互式通信,数据报方式更适合于单向地传送短消息。分组交换也意味着按分组纠错,发现错误只需重发出错的分组,使通信效率提高。广域网络一般都采用分组交换方式。

3.10　多路复用技术

【基础知识点】

单条线路传输单信号造成带宽浪费,提高通信能力,可以利用多路复用技术解决。多路复用技术包括：

1. 频分多路复用（Frequency Division Multiplexing,FDM）

频分多路复用可应用于收音机、有线电视。频分多路复用的所有用户在同样的时间占用不同的带宽资源。主要用于模拟信号。频道之间有警戒频带,防串扰。

2. 时分多路复用（Time Division Multiplexing,TDM）

时分多路复用（TDM）技术是指按时间片轮流占用整个信道,所有用户在不同时间占用同样的频带宽度,有利于数字信号的传输。按照子通道的动态利用情况分为同步时分和统计时分。同步时分复用应用于 E1、T1、SDH/SONET。时分交换是时分多路复用技术在交换机中的应用。

3. 统计时分多路复用（Statistical Time Division Multiplexing,STDM）

统计时分多路复用在时分多路复用技术上进行了改进,避免了固定时间片给固定的信号,按需分配。本质上是异步时分复用,应用于 ATM。

4. 波分多路复用（Wavelength Division Multiplexing,WDM）

波分多路复用应用于光纤通信。用波长来表示,而不是频率,其实和频分多路复用原理一样,只是特指在光纤通信中。

3.11 扩频技术

【基础知识点】

为了提高通信系统的抗干扰性能，往往需要从调制和编码多方面入手，改进通信质量，扩频通信就是方法之一。由于扩频通信利用了扩展频谱技术，在接收端对干扰频谱能量加以扩散，对信号频谱能量压缩集中，因此在输出端就得到了信噪比的增益。

1. 直接序列扩频

直接序列扩频（Direct Sequence Spread Spectrum，DSSS）方式中，要传送的信息经伪随机序列编码后对载波进行调制。在发送端直接用扩频码序列去扩展信号的频谱，在接收端，用相同的扩频码序列进行解扩，将扩展宽的频谱扩展信号还原成原始信号。因为伪随机序列的速率远大于要传送信息的速率，所以受调信号的频谱宽度将远大于要传送信息的频谱宽度，如图3-4和图3-5所示。

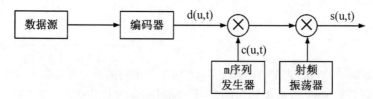

图3-4 直接序列扩频系统的发送端原理图

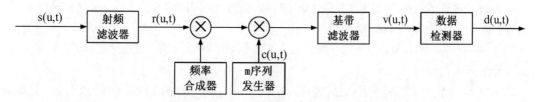

图3-5 直接序列扩频系统的接收端原理图

2. 跳频

在跳频（Frequency Hopping，FH）方式中，载波信息的信号频率受伪随机序列的控制，快速地在一个频段中跳变，此跳变的频段范围远大于要传送信息所占的频谱宽度。只要收、发信双方保证时一频域上的调频顺序一致，就能确保双方的可靠通信。在每一个跳频时间的瞬时，用户所占用的信道带宽是窄带频谱，随着时间的变换，一系列的瞬时窄带频谱在一个很宽的频带内跳变，形成一个很宽的调频带宽，如图3-6所示。

3. 跳时

在跳时（Time Hopping，TH）方式中，把每个信息码元划分成若干个时隙，此信息受伪随机序列的控制，以突发的方式随机地占用其中一个时隙进行传输。因为信号在时域中压缩其传输时间，相应地在频域中要扩展其频谱宽度。

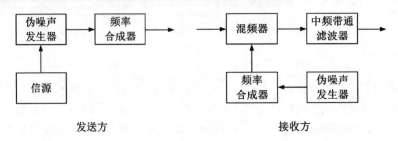

图 3-6 跳频系统原理图

4. 线性调频扩频

线性调频扩频（Chirp Spread Spectrum，CSS）是指在给定脉冲持续间隔内，系统的载频线性地扫过一个很宽的频带。因为频率在较宽的频带内变化，所以信号的带宽被展宽。

3.12 数字传输系统

【基础知识点】

1. T1 载波

（1）T1 载波也叫一次群，它把 24 路话音信道按时分多路的原理复合在一条 1.544Mb/s 的高速信道上。每个时隙传输 8bit（7bit 编码+1bit 信令）和 1bit 的帧同步位，一共 24×8+1=193bit，且每一帧用 125μs 时间传送，T1 的数据率=193b/125μs=1.544Mb/s。

（2）每个话音信道传输速度为 1.544Mb/s/24=64Kb/s，而每路的 8 位中，只要 7 位是用于用户数据，所以数据速率=7/8*64=56Kb/s。

（3）一帧 193bit 中，168bit 用于用户数据，25bit 用于开销。所以开销所占比例=25bit/193bit≈13%，T1 载波开销所占比例为 13%。

（4）T1 载波还可以多路复用到更高级的载波上。4 个 1.544Mb/s 的 T1 信道结合成 1 个 6.312Mb/s 的 T2 信道，7 个 T2 信道组合成 1 个 T3 信道，6 个 T3 信道组合成 1 个 T4 信道。

2. E1 载波

（1）E1 载波速率是 2.048Mb/s。采用同步时分复用技术将 30 个话音信道（64K）和 2 个控制信道（16K）复合在一条 2.048Mb/s 的高速信道上。

（2）32 个 8 位一组的数据样本组成 125μs 的基本帧，其中 CH0 和 CH16 是传输控制信令用，所以一条 E1 可以传 30 路话音。每个通道支持的传输速率为 64Kb/s，即 2.048Mb/s/32=64Kb/s。E1 载波开销所占比例为 6.25%，因为一帧 32 个时隙中，30 个用于用户数据，2 个用于开销，开销所占比例是 6.25%。E1 帧的格式如图 3-7 所示。

（3）按照 ITU-T 的多路复用标准，E2 载波由 4 个 E1 载波组成，数据速率为 8.448Mb/s。E3 载波由 4 个 E2 载波组成，数据速率为 34.368Mb/s。E4 载波由 4 个 E3 载波组成，数据速率为 139.264Mb/s。E5 载波由 4 个 E4 载波组成，数据速率为 565.148Mb/s。

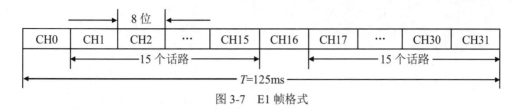

图 3-7　E1 帧格式

3.13　同步数字系列

【基础知识点】

光纤线路的多路复用标准有两个：一个是同步光纤网络（Synchronous Optical Network，SONET）；另一个是 ITU-T，以 SONET 为基础制定出的国际标准叫作同步数字系列（Synchronous Digital Hierarchy，SDH）。SDH 的基本速率是 155.52Mb/s，称为第 I 级同步传递模块（STM-1），相当于 SONET 体系中的 OC-3 速率。SONET 的 OC/STS 级与 SDH 的 STM 级的对应关系见表 3-3。

表 3-3　SONET 的 OC/STS 级与 SDH 的 STM 级的对应关系

光纤级	STS 级别	链路速率/（Mb/s）	有效载荷/（Mb/s）	负载/（Mb/s）	ITU-T 符号（SDH）	表示链路速率的常用近似值
OC-1	STS-1	51.840	50.112	1.728	—	
OC-3	STS-3	155.520	150.336	5.184	STM-1	155Mb/s
OC-9	STS-9	466.560	451.008	15.552	STM-3	
OC-12	STS-12	622.080	601.344	20.736	STM-4	622Mb/s
OC-18	STS-18	933.120	902.016	31.104	STM-6	
OC-24	STS-24	1244.160	1202.688	41.472	STM-8	
OC-36	STS-36	1866.240	1804.032	62.208	STM-13	
OC-48	STS-48	2488.320	2405.376	82.944	STM-16	2.5Gb/s
OC-96	STS-96	4976.640	4810.752	165.888	STM-32	
OC-192	STS-192	9953.280	9621.504	331.776	STM-64	10Gb/s

SONET 的 STS 级和 OC 级与 SDH 的 STM 级的对应关系见表 3-4。

表 3-4　SONET 的 STS 级和 OC 级与 SDH 的 STM 级的对应关系

SONET 信号	SDH 信号	比特率/（Mb/s）
STS-1 和 OC-1	—	51.840
STS-3 和 OC-3	STM-1	155.520
STS-12 和 OC-12	STM-4	622.080
STS-48 和 OC-48	STM-16	2488.320
STS-192 和 OC-192	STM-64	9953.280
STS-768 和 OC-768	STM-256	39813.120

3.14 练习题

1. 光信号在单模光纤中是以（　　）方式传播。
    A．直线传播　　　　　　　　　B．渐变反射
    C．突变反射　　　　　　　　　D．无线收发

解析：光纤分多模光纤和单模光纤两类，二者的区别主要在于光的传输方式不同，当然带宽容量也不一样。多模光纤直径较大，不同波长和相位的光束沿光纤壁不停地反射着向前传输。单模光纤的直径较细，光在其中以直线传播，很少反射。

答案：A

2. 以下编码中，编码效率最高的是（　　）。
    A．BAMI　　　　　　　　　　 B．曼彻斯特编码
    C．4B/5B　　　　　　　　　　 D．NRZI

解析：BAMI 的编码效率是 2/3，曼彻斯特编码效率 50%，4B/5B 编码效率为 80%，NRZI 编码效率是 100%。

答案：D

3. 以太网采用的编码技术为（　　）。
    A．曼彻斯特编码　　　　　　　B．差分曼彻斯特编码
    C．归零码　　　　　　　　　　D．多电平编码

解析：以太网中采用了曼彻斯特编码，令牌环网中使用到了差分曼彻斯特编码。

答案：A

第 4 小时 计算机网络概述

4.0 本章思维导图

计算机网络概述的思维导图如图 4-1 所示。

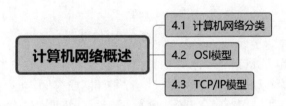

图 4-1 计算机网络概述思维导图

4.1 计算机网络分类

【基础知识点】

计算机网络的组成元素可以分为两大类，即网络节点和通信链路。

（1）网络节点又分为端节点和转发节点。端节点指信源和信宿节点，例如用户主机和用户终端；转发节点指网络通信过程中控制和转发信息的节点，例如交换机、集线器、接口信息处理机等。

（2）通信链路是指传输信息的信道，可以是电话线、同轴电缆、无线电线路、卫星线路、微波中继线路和光纤线缆等。通信子网中转发节点的互连模式叫作子网的拓扑结构。在广域网中常见的互连拓扑是树型和不规则型，而在局域网中则常用星型、环型、总线型等规则型拓扑结构。具体如图 4-2 所示。

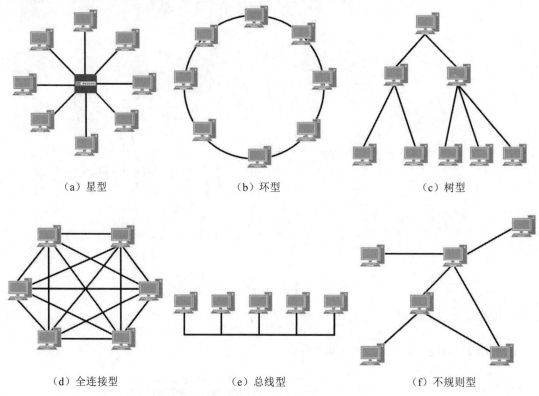

图 4-2 网络的拓扑结构

计算机网络按照使用方式可以分为校园网和企业网。校园网用于学校内部的教学科研信息的交换和共享；企业网用于企业管理和办公自动化。一个校园网或企业网可以由内联网和外联网组成。计算机网络按照网络服务的范围可以分为公用网与专用网。计算机网络按照提供的服务可以分为通信网和信息网。

4.2 OSI 模型

【基础知识点】

国际标准化组织（International Organization for Standardization，ISO）于1978年提出了一个网络体系结构模型，称为开放系统互连参考模型（OSI/RM）。OSI/RM 为开放系统互连提供了一种功能结构的框架。OSI/RM 是一种分层的体系结构。

OSI 参考模型有 7 层，从低到高依次称为物理层、数据链路层、网络层、传输层、会话层、表示层、应用层，如图 4-3 所示。

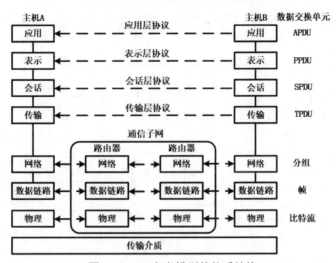

图 4-3　OSI 参考模型的体系结构

OSI 参考模型中各层的功能如下：

（1）物理层的主要功能是在链路上透明地传输比特，包括线路配置、确定数据传输模式、确定信号形式、对信号进行编码、连接传输介质。为此定义了建立、维护和拆除物理链路所具备的机械特性、电气特性、功能特性以及规程特性。常见的协议有 RS-232、FDDI、IEEE 802.3、IEEE 802.4 和 IEEE 802.5。

（2）数据链路层将比特组成帧，在链路上提供点到点的帧传输，并进行差错控制、流量控制等。常见的协议有 HDLC、PPP 等。

（3）网络层在源节点和目的节点之间进行路由选择、拥塞控制、顺序控制、传送包，保证报文的正确性。主要的协议有 IP、ICMP、ARP。

（4）传输层提供端到端的可靠的、透明的数据传输，保证报文顺序的正确性、数据的完整性。主要的协议有 TCP、UDP。

（5）会话层建立通信进程的逻辑名字与物理名字之间的联系，提供进程之间建立管理和终止会话的方法，处理同步与恢复问题。会话层在传输层提供的完整的数据传送平台上提供应用进程之间组织和构造交互作用的机制。主要的协议有 RPC、SQL、NFS。

（6）表示层实现数据转换（包括格式转换、压缩、加密等），提供标准的应用接口、公用的通信服务、公共数据表示方法。主要的协议有 JPEG、ASCII。

（7）应用层对用户提供不透明的各种服务，如 HTTP、Telnet、FTP、SNMP 等。

4.3　TCP/IP 模型

【基础知识点】

TCP/IP 协议是一个分层结构。协议的分层使得各层的任务和目的十分明确，这样有利于软件编写和通信控制。TCP/IP 协议分为 4 层,由下至上分别是网络接口层、网络层、传输层和应用层,如图 4-4 所示。

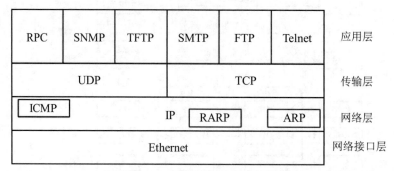

图 4-4　TCP/IP 协议的分层结构

各层主要作用及常见协议如下:

(1) 最上层是应用层,就是和用户打交道的部分,用户在应用层上进行操作,用户必须通过应用层才能表达出他的意愿,从而达到目的。应用层的主要协议有 DNS、HTTP、SMTP、POP3、FTP、Telnet、SNMP。

(2) 传输层的主要功能是对应用层传递过来的用户信息进行分段处理,然后在各段信息中加入一些附加的说明,如说明各段的顺序等,保证对方收到可靠的信息。该层有两个协议:一个是 TCP;另一个是 UDP,SNMP 就是基于 UDP 协议的一个应用协议。

(3) 网络层将传输层形成的一段一段的信息打包成 IP 数据包,在报头中填入地址信息,然后选择好发送的路径。本层的 IP 和传输层的 TCP 是 TCP/IP 体系中两个最重要的协议。与 IP 协议配套使用的还有 ARP、RARP、ICMP。

(4) 网络接口层是最底层,也称链路层,这里的网络接口层包含了物理层和数据链路层。其功能是接收和发送 IP 数据包,负责与网络中的传输媒介打交道。网络接口层一直没有明确地定义其功能、协议和实现方式,但其中数据链路层主要的协议有 PPP、Ethernet、PPPoE。

OSI 模型和 TCP/IP 模型的对应关系如图 4-5 所示。

OSI 模型	TCP/IP 模型
应用层	应用层
表示层	
会话层	
传输层	传输层
网络层	网络层
数据链路层	网络接口层
物理层	

图 4-5　OSI 和 TCP/IP 模型的对应关系

4.4 练习题

1. TCP/IP 网络中的（　　）实现应答、排序和流控功能。

　　A．数据链路层　　　B．网络层　　　　C．传输层　　　　D．应用层

解析：TCP/IP 网络中实现应答、排序和流控功能的是传输层协议 TCP。TCP 实现面向连接的传输服务，利用可变大小的滑动窗口协议实现流量控制和应答，并在传输实体缓冲区中进行排序和重传纠错。

答案：C

2. SNMP 属于 OSI/RM 的（　　）协议。

　　A．管理层　　　　　B．应用层　　　　C．传输层　　　　D．网络层

解析：SNMP 属于 OSI/RM 的应用层协议。

答案：B

3. 在 OSI 参考模型中，（　　）在物理线路上提供可靠的数据传输服务。

　　A．物理层　　　　　B．数据链路层　　C．网络层　　　　D．传输层

解析：在 OSI 参考模型中，数据链路层在物理线路上提供可靠的数据传输服务。

答案：B

第5小时 局域网技术

5.0 本章思维导图

局域网技术思维导图如图 5-1 所示。

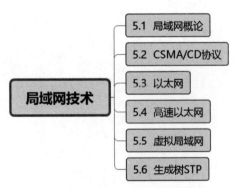

图 5-1 局域网技术思维导图

5.1 局域网概论

【基础知识点】

1. 网络的分类

按照地理覆盖范围来划分,网络可以分为局域网(LAN)、城域网(MAN)和广域网(WAN)。局域网是在某一地理区域内由计算机、服务器以及各种网络设备组成的网络。局域网的覆盖范围一般是几千米以内。如办公网络,家庭网络等。

2. IEEE 802 标准

IEEE 802 委员会的任务是制定局域网和城域网的标准，主要内容如下：

（1）IEEE 802.1 研究局域网体系结构、寻址、网络互联和网络管理。

（2）IEEE 802.2 研究逻辑链路控制（Logical Link Control，LLC）子层的定义。

（3）IEEE 802.3 研究以太网介质访问控制协议 CSMA/CD 及物理层技术规范。

（4）IEEE 802.10 网络安全技术咨询组，定义了网络互操作的认证和加密方法。

（5）IEEE 802.11 研究无线局域网（Wireless Local Area Network，WLAN）的介质访问控制协议及物理层技术规范。

（6）IEEE 802.15 研究采用蓝牙技术的无线个人网（Wireless Personal Area Network，WPAN）技术规范。

（7）IEEE 802.16 宽带无线接入工作组，开发 2～66GHz 的无线接入系统空中接口。WiMAX 基于 IEEE 802.16 系列标准。

IEEE 802 把数据链路层划分成两个子层。与物理介质相关的部分叫作介质访问控制（Medium Access Control，MAC）子层，与物理介质无关的部分叫作逻辑链路控制子层。局域网体系结构与 OSI/RM 的对应关系如图 5-2 所示。

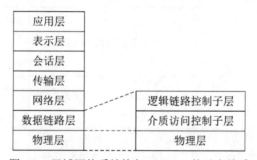

图 5-2 局域网体系结构与 OSI/RM 的对应关系

3. 数据链路层的两种协议数据单元

数据链路层的两种协议数据单元包括：LLC 帧和 MAC 帧。从高层来的数据加上 LLC 的帧头称为 LLC 帧，再传到 MAC 层，加上 MAC 的帧头和帧尾，组成 MAC 帧。物理层把 MAC 帧当成比特流透明地在数据链路实体之间传送。LLC 帧与 MAC 帧的对应关系如图 5-3 所示。

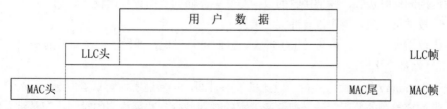

图 5-3 LLC 帧和 MAC 帧的对应关系

5.2 CSMA/CD 协议

【基础知识点】

1. CSMA/CD 协议

对总线型、星型和树型拓扑最适合的介质访问控制协议是 CSMA/CD。

CSMA/CD 协议：载波监听多路访问/冲突检测，是分布式介质访问控制方法。CSMA 的基本原理是在发送数据之前，先监听信道上是否有别的站发送的载波信号。若有，说明信道正忙，否则说明信道是空闲的，然后根据预定的策略决定：

（1）若信道空闲，是否立即发送。

（2）若信道正忙，是否继续监听。

2. 监听算法

监听算法不能完全避免发生冲突，但是可以把冲突概率减到最小，有三种监听算法。三种监听算法及特点见表 5-1。

表 5-1 三种监听算法及特点

算法	信道空闲时	信道忙时	特点
非坚持型	立即发送	后退一个随机时间，再监听	优点：由于随机时延后退，减少冲突概率。 缺点：信道利用率降低，增加发送时延
1-坚持型	立即发送	继续监听，直到空闲后立即发送	优点：有利于抢占信道，减少信道空闲时间。 缺点：会增加冲突
P-坚持型	以概率 P 发送，以概率 $(1-P)$ 延迟一个时间单位。一个时间单位等于网络传输时延 τ	继续监听，直到空闲。如果发送延迟一个时间单位 τ，则按照空闲方式继续处理	综合上述两种算法优点，但实现起来较复杂

3. 冲突检测原理

（1）载波监听只能减小冲突的概率，不能完全避免冲突。当两个帧发生冲突后，若继续发送，将会浪费网络带宽。如果帧比较长，对带宽的浪费就大了。为改进带宽的利用率，发送站应采取边发边听的冲突检测方法，即：

1）发送期间同时接收，并把接收的数据与站中存储的数据进行比较。

2）若比较结果一致，说明没有冲突，重复1）。

3）若比较结果不一致，说明发生了冲突，立即停止发送，并发送一个简短的干扰（Jamming）信号，使所有站都停止发送。

4）发送 Jamming 信号后，等待一段随机长的时间，重新监听，再试着发送。

（2）带冲突检测的监听算法是把浪费带宽的时间减少到冲突检测的时间。在基带系统中检测冲突的最长时间是网络传播延迟的两倍，把这个时间叫作冲突窗口。

（3）网络标准中根据设计的数据速率和最大网段长度规定了最小帧长 L_{min}。最小帧长计算公式：$L_{min}=2R×d/v$，其中，R 是网络数据速率，d 为最大段长，v 是信号传播速度。有了最小帧长的限制，发送站必须对较短的帧增加填充位，使其等于最小帧长。小于最小帧长的帧被认为是冲突碎片而丢弃。

4．二进制指数退避算法

（1）二进制指数退避算法考虑网络负载的变化情况，其优点是把后退时延的平均值与负载的大小联系起来。

（2）二进制指数退避算法过程如下：

1）将冲突发生后的时间划分为长度为 2 的时隙；

2）发生第一次冲突后，各个站点等待 0 或 1 个时隙再开始重传；

3）发生第二次冲突后，各个站点随机地选择等待 0、1、2 或 3 个时隙再开始重传；

4）第 i 次冲突后，在 0 至 2^i-1 间随机地选择一个等待的时隙数，再开始重传；

5）10 次冲突后，选择等待的时隙数固定在 0 至 1023（2^i-1）间；

6）16 次冲突后，发送失败，报告上层。

IEEE 802.3 采用 CSMA/CD 协议，这个协议的载波监听、冲突检测、冲突强化和二进制数后退等功能都由硬件实现。这些硬件逻辑电路包含在网卡中。IEEE 802.3 使用 1-坚持型监听算法，因为这个算法可及时抢占信道，减少空闲期，同时实现也较简单。在监听到网络由活动变成安静状态后，并不能立即开始发送，还要等待一个最小帧间隔时间，只有在此期间网络持续安静，才能开始试发送。最小帧间隔时间规定为 9.6μs。

5.3　以太网

【基础知识点】

以太网是局域网采用的通信协议标准，该标准定义了在局域网中采用的电缆类型和信号处理方法。以太网技术所使用的帧称为以太网帧，以太帧的格式有两个标准 Ethernet_II 格式（常见格式）和 IEEE 802.3 格式，其中 Ethernet_II 格式如图 5-4 所示。

	数据帧的总长度：64～1518 Byte				
Ethernet_II 格式	6B	6B	2B	46～1500B	4B
	DMAC	SMAC	Type	用户数据	FCS

图 5-4　Ethernet_II 格式

Ethernet_II 以太帧主要字段含义如下：

（1）DMAC：目的 MAC 地址，该字段标识帧的接收者。

（2）SMAC：源 MAC 地址，该字段标识帧的发送者。

（3）Type：协议类型。如 0x0800 表示 IPv4。

（4）用户数据：指从目的地址到校验和的长度。如果帧的长度不足 64 字节（最小帧长），要加入最多 46 字节的填充位。

（5）FCS：利用 CRC 检测该帧是否出现差错，也称为 CRC 或帧检验序列。

5.4 高速以太网

【基础知识点】

1. 快速以太网

快速以太网使用的传输介质见表 5-2，其中多模光纤的芯线直径为 62.5μm，包层直径为 125μm；单模光纤的芯线直径为 8μm，包层直径也是 125μm。传输介质标准有 100BASE-T2、100BASE-T4、100BASE-FX 和 100BASE-TX 四种。具体见表 5-2。

表 5-2 快速以太网标准

标准	名称	传输介质	最大段长	特点
IEEE 802.3u	100BASE-T2	2 对 3 类 UTP	100m	—
	100BASE-T4	4 对 3 类 UTP	100m	采用 8B/6T 编码
	100BASE-FX	一对多模光纤 MMF	2km	62.5/125μm，采用 4B/5B 和 NRZ-I 编码
		一对单模光纤 SMF	40km	8/125μm，采用 4B/5B 和 NRZ-I 编码
	100BASE-TX	2 对 5 类 UTP	100m	采用 MLT-3 编码
		2 对 STP	100m	

2. 千兆以太网

（1）千兆数据速率需要采用新的数据处理技术：首先是最小帧长需要扩展，以便在半双工的情况下增加跨距。其次，IEEE 802.3z 还定义了一种帧突发方式（frame bursting），使得一个站可以连续发送多个帧。最后，物理层编码采用 8B/10B 或 4D-PAM5 编码法。

（2）千兆以太网沿用了 IEEE 802.3 规范所采用的 CSMA/CD 技术。最小帧长为 512B，最大帧长为 1518B。传输介质标准有 1000BASE-T、1000BASE-SX、1000BASE-LX 和 1000BASE-CX 四种。具体见表 5-3。

表 5-3 千兆以太网标准

标准	名称	传输介质	最大段长	特点
IEEE 802.3z	1000BASE-SX	光纤（短波 770～860nm）	550m	多模光纤（50μm，62.5μm），采用 8B/10B 编码
	1000BASE-LX	光纤（短波 1270～1355nm）	5000m	单模光纤（10μm）或多模光纤（50μm，62.5μm）采用 8B/10B 编码
	1000BASE-CX	两对 STP	25m	采用 8B/10B 编码。采用屏蔽双绞线，同一房间内的设置之间，如交换机之间连接
IEEE 802.ab	1000BASE-T	四对 UTP	100m	采用 4D-PAM5 编码方式

3. 万兆以太网

10G 以太网使用 IEEE 802.3 标准的帧格式、全双工业务和流量控制方式，最小帧长为 512B，最大帧长为 1518B。10GE 只工作在全双工方式，无争用问题，不使用 CSMA/CD 协议。传输介质标准有 10GBASE-S、10GBASE-L、10GBASE-E、10GBASE-LX4。具体见表 5-4。

表 5-4 万兆以太网标准

标准	名称	传输介质	最大段长	特点
IEEE 802.3ae	10GBASE-S	50μm 多模光纤	300m	采用 64B/66B 编码，850nm 串行
		62.5μm 多模光纤	65m	
	10GBASE-L	单模光纤	10km	采用 64B/66B 编码，1310nm 串行
	10GBASE-E	单模光纤	40km	采用 64B/66B 编码，1550nm 串行
	10GBASE-LX4	单模光纤	10km	采用 8B/10B 编码。信号方式为 WDM（波分复用），通过使用 4 路波长统一为 1310nm 的分离光源来实现 10Gb/s 传输，速率为 4×2.5Gb/s
		50μm 多模光纤	300m	
		62.5μm 多模光纤	300m	

5.5 虚拟局域网

【基础知识点】

虚拟局域网（Virtual Local Area Network，VLAN）是根据管理功能、组织机构或应用类型对交换局域网进行分段而形成的逻辑网络，与用户的物理位置无关，如图 5-5 所示。

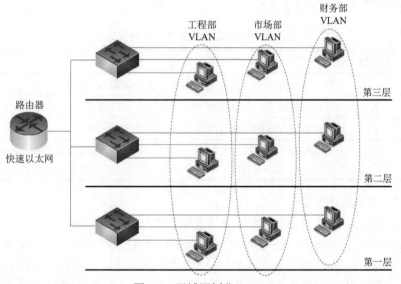

图 5-5 局域网划分 VLAN

1. VLAN 划分方式

(1) 在交换机上划分 VLAN，可以采用静态或动态的方法。

1) 静态划分 VLAN。这是基于端口的划分方法，把各个端口固定分配给不同的 VLAN。

2) 动态划分 VLAN。包括根据 MAC 地址、网络层协议、网络层地址、IP 广播域或管理策略来划分 VLAN。其中根据 MAC 地址划分 VLAN 的方法使用最多。

2. 物理网络划分 VLAN 的好处

(1) 可以控制广播风暴，减少冲突域，提高网络带宽利用率。

(2) 通过配置 VLAN 之间的路由来提供广播过滤、安全和流量控制等功能。

(3) VLAN 机制使得工作组可以突破地理位置的限制而根据管理功能来划分。

不同 VLAN 之间通信，需要通过路由器、子接口和 VLANIF 实现。

3. VLAN 的帧格式

(1) IEEE 802.1Q 定义了 VLAN 帧标记的格式，在原来的以太帧中增加了 4 个字节的标记（Tag）字段，802.1Q 帧格式如图 5-6 所示。

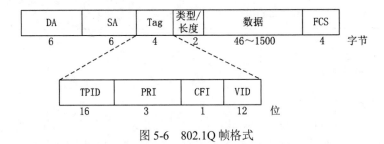

图 5-6 802.1Q 帧格式

(2) Tag 中各字段的含义见表 5-5。

表 5-5 802.1Q 帧 Tag 中各字段含义

字段	长度/位	意义
TPID	16	标签协议标识符，设定为 0x8100，表示该帧为 802.1Q 帧
PRI	3	标识帧的优先级，取值 0～7，值越大优先级越高，主要用于 QoS
CFI	1	标准格式指示符（规范格式指示），0 表示以太网
VID	12	VLAN 标识符，取值范围 0～4095，其中 0 用于识别优先级，4095 保留未用，所以可用 VLAN ID 有 4094 个（1～4094）。交换机接口默认是 VLAN 1

4. 以太网交换机端口类型

以太网交换机有 Access、Trunk 和 Hybrid 三种端口类型。

(1) Access 端口：只属于一个 VLAN，一般用于用户终端，如用户主机、服务器等。

(2) Trunk 端口：Trunk 接口允许多个 VLAN 的数据帧通过，这些数据帧通过 802.1Q Tag 实现区分。Trunk 接口常用于交换机之间的连接，也用于连接路由器、防火墙等设备的子接口。

（3）Hybrid 端口：允许多个 VLAN 的数据帧通过，这些数据帧通过 802.1Q Tag 实现区分。用户可以灵活指定 Hybrid 接口在发送某个（或某些）VLAN 的数据帧时是否携带 Tag。用于连接不能识别 Tag 的用户终端如用户主机、服务器等，也可以用于连接交换机、路由器以及可同时收发 Tagged 帧和 Untagged 帧的语音终端、AP。

5.6 生成树 STP

【基础知识点】

1. 生成树协议（Spanning Tree Protocol，STP）

STP 是一个用于局域网中消除环路的协议。运行 STP 的设备通过交互的信息而发现网络中的环路，并对某些接口进行阻塞以消除环路。

2. STP 的基本概念

（1）桥 ID（Bridge ID，BID）和根桥。

1）IEEE 802.1D 标准中规定 BID 由桥优先级与桥 MAC 地址构成。每一台运行 STP 的交换机都拥有一个唯一的 BID。BID 的桥优先级是高 16bit，低 48bit 是桥 MAC 地址。BID 最小的设备会被选举为根桥。桥优先级的取值范围是 0～61440，默认值为 32768，可以修改但是必须是 4096 的整数倍，如 0、4096、8192、61440。

2）在 BID 的比较过程中，首先比较桥优先级，优先级的值越小，则越优先，从而成为根桥；如果优先级相等，再比较 MAC 地址，MAC 地址小的交换机会成为根桥，如图 5-7 所示。

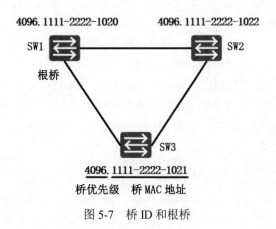

图 5-7 桥 ID 和根桥

（2）Cost 值和根路径开销（Root Path Cost，RPC）。

1）每一个激活了 STP 的接口都有 Cost 值，接口带宽越大，则 Cost 值越小。用户可以根据需要修改接口的 Cost 值。使用华为的计算方法，Cost 值见表 5-6。

2）接口的 Cost 主要用于计算 RPC。一台设备从某个接口到达根桥的 RPC 等于从根桥到该设备沿途所有入方向接口的 Cost 值累加，如图 5-8 所示。

表 5-6 华为的 Cost 值计算方法

接口速率	接口模式	STP 开销
100Mb/s	全双工	199
1000Mb/s	全双工	20
10Gb/s	全双工	2
40Gb/s	全双工	1
100Gb/s	全双工	1

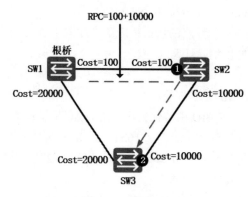

图 5-8 RPC 计算

（3）接口 ID（Port ID）。

STP 的交换机使用接口 ID 来标识每个接口，Port ID 主要用于在特定场景下选举指定接口。Port ID 由两部分构成，高 4 bit 是接口优先级，低 12 bit 是接口编号。在华为交换机上，端口优先级默认为 128。优先级取值范围是 0 到 240，取值必须为 16 的整数倍。

（4）网桥协议数据单元（Bridge Protocol Data Unit，BPDU）。

1）BPDU 是 STP 能够正常工作的根本，是 STP 的协议报文。BPDU 分为配置 BPDU 和 TCN BPDU 两种类型。配置 BPDU 是 STP 进行拓扑计算的关键；TCN BPDU 只在网络拓扑发生变更时才会被触发。BPDU 报文格式如图 5-9 所示。

PID	PVI	BPDU Type	Flags	Root ID	RPC	Bridge ID	Port ID	Message Age	Max Age	Hello Time	Forward Delay

图 5-9 BPDU 报文格式

2）主要字段含义如下：
- Root ID：根网桥的 BID。
- RPC：到达根桥的根路径开销。
- Bridge ID：BPDU 发送桥的 ID。
- Port ID：BPDU 发送网桥的接口 ID（优先级+接口号）。

3. STP 选举规则

（1）在交换网络中选举一个根桥（Root Bridge）：BID 越小越优先。根桥的角色是可抢占的。现实组网中为了网络稳定性将需要成为根桥的交换机的桥优先级设置为 0。

（2）在每台非根桥上选举一个根端口。

1）比较 RPC 根路径开销（越小越优）；

2）比较发送者的 BID（越小越优）；

3）比较发送者的端口 ID（越小越优）；

4）比较接受者的端口 ID（越小越优）。

（3）在每条链路上选举一个指定端口。

1）比较 RPC 根路径开销（越小越优）；

2）比较发送者的桥 ID（越小越优）；

3）比较发送者的端口 ID（越小越优）；

4）一般情况下，根桥的所有接口都是指定接口。

（4）一台交换机上，既不是根接口，又不是指定接口的接口被称为非指定接口。STP 操作的最后一步是阻塞网络中的非指定接口。这一步完成后，网络中的二层环路就此消除。

在 STP 计算过程中，交换机的每一个接口都要经历五种状态，见表 5-7。

表 5-7 STP 的五种接口状态

状态	说明
Disable（禁用）	不收发 BPDU，也不收发业务数据帧，如接口状态为 down
Blocking（阻塞）	处于阻塞状态的接口不发送 BPDU，不收发业务数据帧，不会进行 MAC 地址学习，但是会持续侦听 BPDU。保持时间是 20s
Listening（侦听）	STP 初步认定该接口为根接口或指定接口，但接口处于 STP 计算的过程中，此时接口可以收发 BPDU，但是不能收发业务数据帧，也不会进行 MAC 地址学习。保持时间是 15s
Learning（学习）	侦听业务数据帧，但是不能转发业务数据帧，在收到业务数据帧后进行 MAC 地址学习。保持时间是 15s
Forwarding（转发）	端口可以收发 BPDU、业务数据帧。只有根端口或指定端口才能进入转发状态

生成树协议与标准见表 5-8。

表 5-8 生成树协议与标准

协议	名称	标准
STP	生成树	IEEE 802.1d
RSTP	快速生成树	IEEE 802.1w
MSTP	多生成树	IEEE 802.1s

5.7 练习题

1. CSMA/CD 采用的介质访问技术属于资源的（　　）。
   A．轮流使用　　　B．固定分配　　　C．竞争使用　　　D．按需分配

   解析：IEEE 802.3 协议体系结构中，数据链路层分为逻辑链路子层和介质访问控制子层，CSMA/CD 协议工作在介质访问控制子层，是冲突域中竞争使用资源时提高效率采用的协议。

   答案：C

2. VLAN 帧的最小帧长是 ___(1)___ 字节，其中表示帧优先级的字段在 ___(2)___ 。
   （1）A．60　　　　B．64　　　　　C．1518　　　　D．1522
   （2）A．Type　　　B．PRI　　　　C．CFI　　　　　D．VID

   解析：VLAN 帧是在标准以太网帧中增加了 4 个字节的标记字段，以太网的最小帧长为 64 字节。当帧中数据部分不够 64 字节时，需要使用填充字段填满 64 个字节。表示帧优先级的字段是 PRI（Priority）字段。

   答案：（1）B　（2）B

3. 与 CSMA 相比，CSMA/CD（　　）。
   A．充分利用传播延迟远小于传输延迟的特性，减少了冲突后信道的浪费
   B．将冲突的产生控制在传播时间内，减少了冲突的概率
   C．在发送数据前和发送数据过程中侦听信道，不会产生冲突
   D．站点竞争信道，提高了信道的利用率

   解析：CSMA/CD 主要是实现冲突检测，各个站点可以竞争信道，提高了信道的利用率。

   答案：D

4. 下面列出的 4 种快速以太网物理层标准中，采用 4B/5B 编码技术的是（　　）。
   A．100BASE-FX　　B．100BASE-T4　　C．100BASE-TX　　D．100BASE-T2

   解析：100BASE-FX 采用的编码技术为 4B/5B 和 NRZ-I，100BASE-T4 采用的编码技术为 8B6T，100BASE-TX 采用的编码技术为 MLT-3。

   答案：A

5. 下列千兆以太网标准中，传输距离最短的是（　　）。
   A．1000BASE-FX　　B．1000BASE-CX　　C．1000BASE-SX　　D．1000BASE-LX

   解析：传输距离最短的是 1000BASE-CX，距离最远 25m。

   答案：B

6. IEEE 802.3ae 10Gb/s 以太网标准支持的工作模式是（　　）。
   A．单工　　　　B．半双工　　　　C．全双工　　　　D．全双工和半双工

   解析：万兆以太网支持的双工模式是全双工。

   答案：C

第6小时 广域网和接入网

6.0 本章思维导图

广域网和接入网思维导图如图 6-1 所示。

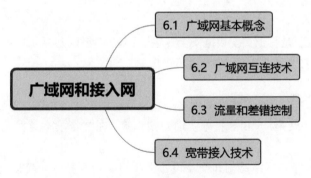

图 6-1　广域网和接入网思维导图

6.1 广域网基本概念

【基础知识点】

广域网是通信公司建立的网络，覆盖的地理范围大，可以跨越国界，到达世界上任何地方。通信公司把它的网络分次（拨号线路）或分块（租用专线）地出租给用户以收取服务费用。计算机连网时，如果距离遥远，需要通过广域网进行转接。

6.2 广域网互联技术

【基础知识点】

1. SDH

（1）SDH 网络是基于光纤的同步数字传输网络，采用分组交换和时分复用技术，主要由光纤和挂接在光纤上的分插复用器（Add/Drop Multiplexer，ADM）、数字交叉连接（Digital Cross Connector，DXC）、光用户环路载波系统（OLC）构成网络的主体。

（2）SDH 采用的信息结构等级称为同步传送模块 STM-N（N=1，4，16，64），最基本的模块为 STM-1，4 个 STM-1 同步复用构成 STM-4，16 个 STM-1 或 4 个 STM-4 同步复用构成 STM-16。STM-1 的传输速率为 155.520Mb/s，而 STM-4 的传输速率为 4×STM-1=622.080Mb/s，STM-16 的传输速率为 16×STM-1=2488.320Mb/s，以此类推。SDH 同时也以提供 E1、E3 等传统传输速率服务。

（3）SDH 是主要的广域网互联技术，利用运营商的 SDH 网络实现互联，可以采用 IP OVER SDH 和 PDH 兼容方式。

2. MSTP 技术

MSTP 是基于 SDH 的多业务传送平台，是基于 SDH 平台同时实现 TDM、ATM、以太网等业务的接入、处理和传送，提供统一网管的多业务节点。

3. 传统 VPN 技术

传统 VPN 技术主要是基于实现数据安全传输的协议来完成。包括二层和三层的安全传输协议。二层包括 PPTP 和 L2TP，三层包括 IPSec 和 GRE。

4. MPLS VPN 技术

（1）MPLS 技术主要是为了提高路由器转发速度而提出的，其核心思想是利用标签交换取代复杂的路由运算和路由交换。MPLS 技术实现的核心就是在 IP 数据包之外封装一个 32 位的 MPLS 包头。

（2）MPLS VPN 是在网络路由和交换设备上应用 MPLS 技术，简化核心路由器的路由选择方式。

（3）一个典型的 MPLS VPN 承载平台上的设备主要由各类路由器组成，这些路由器在 MPLS VPN 平台中的角色各不相同，分别被称为 P 设备、PE 设备、CE 设备。

1）P 路由器是 MPLS 核心网中的路由器，这些路由器只负责依据 MPLS 标签完成数据包的高速转发。

2）PE 路由器是 MPLS 核心网上的边缘路由器，与用户的 CE 路由器互连，PE 设备负责待传送数据包的 MPLS 标签的生成和弹出，负责将数据包按标签发送给 P 路由器或接收来自 P 路由器的包含标签的数据包，PE 路由器还将发起根据路由建立交换标签的动作。

3）CE 路由器是直接与电信运营商相连的用户端路由器，该设备上不存在任何带有标签的数据包，CE 路由器将用户网络的信息发送给 PE 路由器，以便于在 MPLS 平台上进行路由信息的处理。

6.3 流量和差错控制

【基础知识点】

1. 流量控制

流量控制是一种协调发送站和接收站工作步调的技术，其目的是避免由于发送速度过快，接收站来不及处理而丢失数据的情况。如果发送过快，缓冲区就会溢出，从而引起数据的丢失。通过流量控制机制可以避免这种情况的发生。

2. 停等协议

（1）最简单的流控协议是停等协议，其工作原理是发送站发出一帧，然后等待应答信号到达后再发送下一帧；接收站每收到一帧后发送应答信号（ACK），如接收站不送回应答，则发送站必须等待。在源和目标之间的数据流动是由接收站控制的。

（2）发送一帧的时间为：$T_{FA}=2t_p+t_f$。其中，t_p 为传播时延，t_f 为发送一帧的时间。停等协议线路的利用率 $E=t_f/(2t_p+t_f)$，定义 $a=t_p/t_f$，则 $E=1/(2a+1)$。

（3）停等协议如图 6-2 所示。

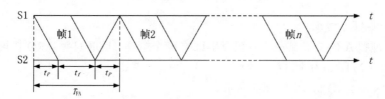

图 6-2　停等协议

3. 滑动窗口协议

滑动窗口协议允许连续发送多个帧而无需等待应答。滑动窗口协议的效率 $E=W\times t_f/(2t_p+t_f)$，定义 $a=t_p/t_f$，则 $E=W/(2a+1)$。

4. 差错控制

差错控制是检测和纠正传输错误的机制。通常，传输差错应对的方法是肯定应答、否定应答、重发和超时重发。

5. 停等 ARQ 协议

（1）停等 ARQ 协议是停等流控技术和自动请求重发技术的结合。发送站发出一帧后必须等待应答信号，收到应答信号 ACK 后发送下一帧；收到否定应答信号 NAK 后也重发该帧；在一定时间间隔内未收到应答信号 ACK 后也重发该帧（如帧丢失了、应答信号丢失了）。

（2）在停等 ARQ 协议中，只要能区分两个相邻的帧是否重复即可，因此只用 1 和 0 两个编号，即帧编号字段长度为 1 位。停等 ARQ 协议如图 6-3 所示。

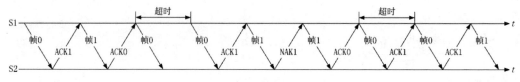

图 6-3　停等 ARQ 协议

6. 选择重发 ARQ 协议

（1）选择重发 ARQ 只对出错的数据帧或定时器超时的数据帧进行重传，对时延不敏感，信道利用率高，广泛应用于长时延无线数据传输中，如卫星数据通信。选择重发 ARQ 协议窗口的最大值应为帧编号数的一半，即 $W_发=W_收 \leq 2^{k-1}$，k 为帧编号位数。

（2）选择重发 ARQ 协议如图 6-4 所示。

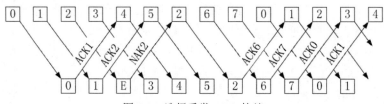

图 6-4　选择重发 ARQ 协议

7. 后退 N 帧 ARQ 协议

（1）后退 N 帧 ARQ 从出错处重发已发出过的 N 个帧。在后退 N 帧 ARQ 协议中，必须限制发送窗口大小 $W \leq 2^k-1$，k 为帧编号位数。

（2）后退 N 帧 ARQ 协议如图 6-5 所示。

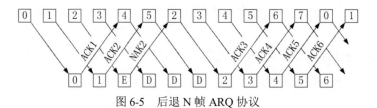

图 6-5　后退 N 帧 ARQ 协议

6.4　宽带接入技术

【基础知识点】

1. 常见 XDSL 技术特点

常见 XDSL 技术特点见表 6-1。

表6-1 XDSL 技术特点

名称	对称性	复用技术
ADSL	非对称	频分复用
VDSL	非对称	QAM，DMT
HDSL	对称	时分复用
SDSL	对称	时分复用

ADSL 采用离散多音调（DMT）技术依据不同的信噪比为子信道分配不同的数据速率。采用回声抵消技术允许上下行信道同时双向传输。ADSL 采用频分多路复用技术分别为上下行信道分配不同带宽，从而获取上下行不对称的数据速率。

2．光纤同轴混合网

光纤同轴混合网（Hybrid Fiber-Coaxial，HFC）是指利用混合光纤同轴网络来进行宽带数据通信的有线电视（CATV）网络。HFC 主干系统使用光纤，采取频分复用方式传输多种信息。光纤同轴混合网由干线光纤、支线同轴电缆、用户配线三部分组成。光纤干线采用星型，同轴支线采用树型。用户端需要用 Cable Modem。电信局端用 CMTS，CMTS 是管理控制 Cable Modem 的设备。HFC 的结构如图 6-6 所示。

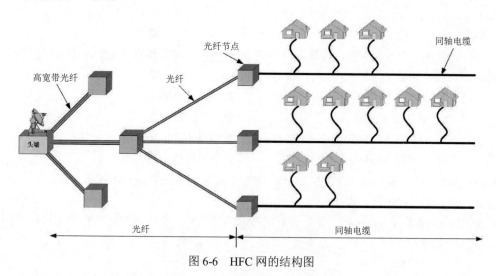

图 6-6 HFC 网的结构图

3．无源光网络（Passive Optical Network，PON）

（1）PON 由光线路终端（Optical Line Terminal，OLT）、光分配网络（Optical Distribution Network，ODN）和光网络单元（Optical Network Unit，ONU）组成，采用树型拓扑结构。采用点到多点模式，其下行采用广播方式、上行采用时分多址方式。

（2）ODN 全部采用无源光器件组成，避免了有源设备的电磁干扰和雷电影响，减少了线路和外部设备的故障率，提高了系统可靠性。

（3）无源光网络（PON）的种类常见的有以下两种：

1）EPON：可以支持 1.25Gb/s 对称速率，将以太网与 PON 技术完美结合。

2）GPON：其技术特色是二层采用 ITU-T 定义的 GFP（通用成帧规程）对 Ethernet、TDM、ATM 等多种业务进行封装映射，能提供 1.25Gb/s、2.5Gb/s 下行速率和所有标准的上行速率。

4. 光纤接入（Fiber To The x，FTTx）

现在已有很多不同的 FTTx，除了光纤到户（FTTH）外，还有光纤到路边（FTTC）、光纤到小区（FTTZ）、光纤到大楼（FTTB）、光纤到楼层（FTTF）、光纤到办公室（FTTO）、光纤到桌面（FTTD）等。

6.5 练习题

1. HFC 网络中，从运营商到小区采用的接入介质是 __(1)__ ，小区入户采用的接入介质为 __(2)__ 。

（1）A．双绞线　　　　B．红外线　　　　C．同轴电缆　　　　D．光纤

（2）A．双绞线　　　　B．红外线　　　　C．同轴电缆　　　　D．光纤

解析：HFC 网络中，从运营商到小区采用的接入介质是光纤，小区入户采用的接入介质为同轴电缆。

答案：(1) D　　(2) C

2. 采用 ADSL 接入互联网，计算机需要通过 __(1)__ 和分离器连接到电话入户接线盒。在 HFC 网络中，用户通过 __(2)__ 接入 CATV 网络。

（1）A．ADSL 交换机　　　　　　　B．Cable Modem

　　　C．ADSL Modem　　　　　　　D．无线路由器

（2）A．ADSL 交换机　　　　　　　B．Cable Modem

　　　C．ADSL Modem　　　　　　　D．无线路由器

解析：ADSL 接入设备是 ADSL Modem，HFC 中接入设备是 Cable Modem。

答案：(1) C　　(2) B

3. 在 HFC 网络中，Internet 接入采用的复用技术是 __(1)__ ，其中下行信道数据不包括 __(2)__ 。

（1）A．FDM　　　　　　　　　　B．TDM

　　　C．CDM　　　　　　　　　　D．STDM

（2）A．时隙请求　　　　　　　　B．时隙授权

　　　C．电视信号数据　　　　　　D．应用数据

解析：在 HFC 网络中，Internet 接入采用的复用技术是统计时分多路复用（STDM）。上行信道的数据包括时隙请求和用户发送到 Internet 的数据，下行信道的数据包括电视信号数据、时隙授权以及 Internet 发送给用户的应用数据。

答案：(1) D　　(2) A

4．以下关于 ADSL 的叙述中，错误的是（　　）。

　　A．采用 DMT 技术依据不同的信噪比为子信道分配不同的数据速率

　　B．采用回声抵消技术允许上下行信道同时双向传输

　　C．通过授权时隙获取信道的使用

　　D．通过不同带宽提供上下行不对称的数据速率

解析：ADSL 采用频分多路复用技术分别为上下行信道分配不同带宽，从而获取上下行不对称的数据速率。

答案：C

5．在卫星通信中通常采用的差错控制机制为（　　）。

　　A．停等 ARQ　　　　　　　　　　B．后退 N 帧 ARQ

　　C．选择性重传 ARQ　　　　　　　D．最大限额 ARQ

解析：选择重发 ARQ 只对出错的数据帧或定时器超时的数据帧进行重传，对时延不敏感，信道利用率高，广泛应用于长时延无线数据传输中，如卫星数据通信。

答案：C

6．若采用后退 N 帧 ARQ 协议进行流量控制，帧编号字段为 7 位，则发送窗口最大长度为（　　）。

　　A．7　　　　　　B．8　　　　　　C．127　　　　　　D．128

解析：若采用后退 N 帧 ARQ 协议进行流量控制，帧编号字段为 7 位，则发送窗口最大长度为 $2^7-1=127$。

答案：C

第 7 小时 应用层

7.0 本章思维导图

应用层思维导图如图 7-1 所示。

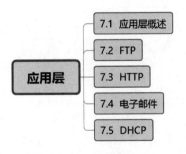

图 7-1 应用层思维导图

7.1 应用层概述

【基础知识点】

应用层为应用软件提供接口，使应用程序能够使用网络服务。应用层协议会指定使用相应的传输层协议和端口。应用层的 PDU 为 Data（数据）。应用层协议主要有 FTP、HTTP、电子邮件、DHCP、DNS（详见 19.6 节）、SNMP（详见 15.3 节）等。

7.2　FTP

【基础知识点】

文件传输协议（File Transfer Protocol，FTP）是一个用于从一台主机传送文件到另一台主机的协议，用于文件的"下载"和"上传"。

FTP 服务器默认需要开启 TCP 的 21 号端口来建立控制连接，20 号端口来建立数据连接。

FTP 的工作模式分为主动模式（PORT）和被动模式（PASV）。

（1）FTP 主动模式如图 7-2 所示。

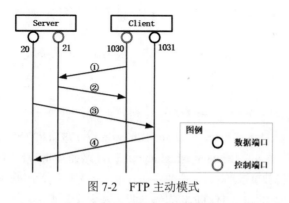

图 7-2　FTP 主动模式

（2）FTP 被动模式。在 FTP 被动模式中，控制连接和数据连接都由客户端发起，这样就可以解决从服务器到客户端数据端口的入方向连接被防火墙过滤掉的问题，如图 7-3 所示。

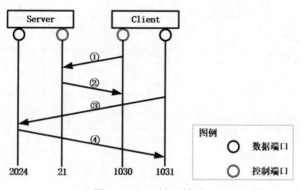

图 7-3　FTP 被动模式

被动模式和主动模式的区别主要是在数据链路上，控制链路两者完全相同，控制端口都是 21。被动模式下数据端口是大于 1023 的随机端口，主动模式下数据端口是 20。

匿名 FTP：在提供匿名服务的前提下，管理员创建为名 anonymous 的用户，用自己的 E-mail 地址作为口令，连接到远程主机上，并从其下载文件。

7.3　HTTP

【基础知识点】

超文本传输协议（Hyper Text Transfer Protocol，HTTP）是用于分布式、协作性、超媒体信息系统的应用层协议。HTTP 默认工作在 TCP 的 80 端口。

HTTP 基于客户端/服务端（C/S）的架构。HTTP 请求及响应有如下五个步骤：

（1）客户端与服务器建立 TCP 连接。

（2）客户端发送 HTTP 请求。请求报文由请求行、请求头部、请求空行和请求数据四部分组成。

（3）服务器接收请求并返回 HTTP 响应。响应报文由状态行、响应头部、空行和响应正文四部分组成。

（4）客户端浏览器解析响应报文并显示。客户端浏览器依次解析状态行、响应头部、响应正文并显示。

（5）释放 TCP 连接。

URL 是统一资源定位符，给资源的位置提供识别方法，并给资源定位。URL 的格式是<协议>://<主机>:<端口>/<路径>，如 https://www.tsinghua.edu.cn/info/1173/96832.htm，其中 https 是协议，端口号默认 80，此处省略，主机名是 www.tsinghua.edu.cn，路径是 info/1173/96832.htm。

HTTP 状态码是服务器响应状态的 3 位数字码，用于向客户端返回操作结果。所有状态码的第一个数字代表了响应的五种状态。HTTP 状态码的类别及含义见表 7-1。

表 7-1　HTTP 状态码的类别及含义

状态码首字符	状态码类别	含义
1	指示信息	表示请求已接收，继续处理
2	成功	表示请求已被成功接收并处理
3	重定向	需要更进一步操作以完成请求
4	客户端错误	请求有语法错误或请求无法实现
5	服务器端错误	服务器在处理请求过程中发生了错误

7.4　电子邮件

【基础知识点】

电子邮件使用 SMTP、POP3 和 IMAPv4 协议。

（1）SMTP 协议默认使用 TCP 的 25 号端口，主要用于发送邮件。

（2）POP3 协议默认使用 TCP 的 110 号端口，主要用于接收邮件。

（3）IMAPv4 协议：使用电子邮件客户端从服务器下载邮件，能实现邮件的移动、删除等操作在客户端和邮箱上更新同步。默认端口号是 143。IMAPv4 与 POP3 协议的主要区别是用户不用把所有的邮件全部下载，可以通过客户端直接对服务器上的邮件进行操作。如果需要查阅的邮件，需要上网。

电子邮件地址的格式是用户名@邮件服务器的域名，如 xuedalong@xdl.com，其中 xuedalong 就是邮件服务器中收件人的用户名，xdl.com 是邮件服务器的域名。

7.5 DHCP

【基础知识点】

动态主机配置协议（Dynamic Host Configuration Protocol，DHCP）是一种集中对用户 IP 地址进行动态管理和配置的技术。DHCP 采用 C/S 通信模式，协议报文基于 UDP，DHCP 客户端向 DHCP 服务器发送报文时采用 68 端口号，DHCP 服务器向 DHCP 客户端发送报文时采用 67 端口号。

DHCP 服务的工作过程如图 7-4 所示。

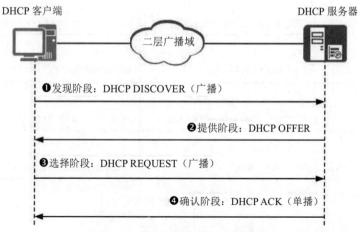

图 7-4　DHCP 服务的工作过程

（1）首次接入网络的 DHCP 客户端以广播方式发送 DHCP DISCOVER 报文（源地址是 0.0.0.0，目的 IP 地址为 255.255.255.255）给同一网段内的所有设备。

（2）DHCP 服务器收到 DHCP DISCOVER 报文后，从接收到 DHCP DISCOVER 报文的接口 IP 地址的地址池中选择一个可用的 IP 地址，然后通过 DHCP OFFER 报文发送给 DHCP 客户端。

（3）如果有多个 DHCP 服务器向 DHCP 客户端回应 DHCP OFFER 报文，则 DHCP 客户端只接收第一个收到的 DHCP OFFER 报文，然后以广播方式发送 DHCP REQUEST 报文，该报文中包含客户端想要使用的客户端 IP 地址等信息。

（4）DHCP 客户端广播发送 DHCP REQUEST 报文通知所有的 DHCP 服务器，它将选择某个

DHCP 服务器提供的 IP 地址,其他 DHCP 服务器可以重新将曾经分配给客户端的 IP 地址分配给其他客户端。

(5)当 DHCP 服务器收到 DHCP 客户端发送的 DHCP REQUEST 报文后,DHCP 服务器回应 DHCP ACK 报文,表示 DHCP REQUEST 报文中请求的 IP 地址分配给客户端使用。

(6)DHCP 客户端收到 DHCP ACK 报文,会广播发送免费 ARP 报文,探测本网段是否有其他终端使用服务器分配的 IP 地址,如果收到了回应,客户端会向服务器发送 DHCP DECLINE 报文,并重新向服务器请求 IP 地址,服务器会将此地址列为冲突地址。如果没有收到回应,表示客户端可以使用此地址。

DHCP Relay 即 DHCP 中继,为了解决 DHCP 服务器和 DHCP 客户端不在同一个广播域而提出的,提供了对 DHCP 广播报文的中继转发功能。有中继时 DHCP 工作过程如图 7-5 所示。

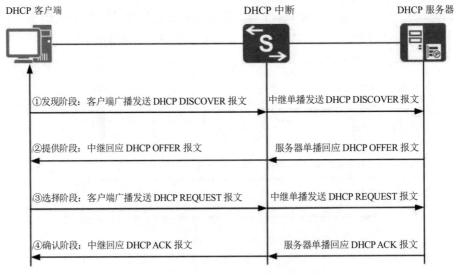

图 7-5 有中继时 DHCP 的工作过程

服务端为客户端分配 IP 地址的顺序如下(华为设备):

(1)先分配与客户端 MAC 地址静态绑定的 IP 地址。

(2)客户端发送的 DHCP DISCOVER 报文中 Option55 指定的地址。

(3)地址池内查找曾经分配给客户端的超过租期的 IP 地址。

(4)在地址池内找"Idle"状态的 IP 地址或者按照 IP 地址从大到小的顺序查找(V200R009C00 及之前版本)。

(5)如果未找到可供分配的 IP 地址,则回收超过租期的和处于冲突状态的 IP 地址。回收后如果找到可用的 IP 地址,则进行分配;否则,DHCP 客户端等待应答超时后,重新发送 DHCP DISCOVER 报文来申请 IP 地址。

DHCP 报文见表 7-2。

表 7-2　DHCP 报文

报文名称	说明
DHCP DISCOVER	客户端首次接入网络时 DHCP 的第一个报文，用来寻找 DHCP 服务器
DHCP OFFER	DHCP 服务器用来响应 DHCP DISCOVER 报文
DHCP REQUEST	1. 客户端用 DHCP REQUEST 报文来回应服务器的 DHCP OFFER 报文 2. 客户端重启后，用 DHCP REQUEST 报文来确认先前被分配的 IP 地址等配置信息 3. 当客户端和某 IP 地址绑定后，发送 DHCP REQUEST 报文来更新 IP 地址的租约
DHCP ACK	服务器对客户端的 DHCP REQUEST 报文的确认响应报文
DHCP NAK	服务器对客户端的 DHCP REQUEST 报文的拒绝响应报文
DHCP DECLINE	当客户端发现服务器分配给它的 IP 地址发生冲突时会发送此报文给服务器，并且会重新向服务器申请地址

DHCP 客户端更新租期的流程如图 7-6 所示。

（1）当租期达到 50%（T1）时，DHCP 客户端会以单播的方式向 DHCP 服务器发送 DHCP REQUEST 报文，请求更新 IP 地址租期。如果收到 DHCP 服务器回应的 DHCP ACK 报文，则租期更新成功；如果收到 DHCP NAK 报文，则重新发送 DHCP DISCOVER 报文。

（2）当租期达到 87.5%（T2）时，如果仍未收到 DHCP 服务器的应答，DHCP 客户端会以广播的方式向 DHCP 服务器发送 DHCP REQUEST 报文，请求更新 IP 地址租期。如果收到 DHCP 服务器回应的 DHCP ACK 报文，则租期更新成功；如果收到 DHCP NAK 报文，则重新发送 DHCP DISCOVER 报文请求新的 IP 地址。

（3）如果租期时间到时都没有收到服务器的回应，客户端停止使用此 IP 地址，重新发送 DHCP DISCOVER 报文请求新的 IP 地址。

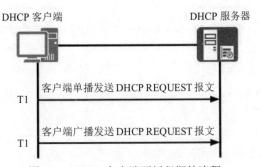

图 7-6　DHCP 客户端更新租期的流程

AP 通过 DHCP 报文中的 Option43 字段获取 AC 的 IP 地址，当 AP 获取 AC 的 IP 地址后，可以进一步完成 CAPWAP 隧道的建立，从而实现 AP 上线。

网络中存在一些针对 DHCP 的攻击，如 DHCP Server 仿冒者攻击、DHCP Server 的拒绝服务攻击、仿冒 DHCP 报文攻击等。为了保证网络通信业务的安全性，引入 DHCP Snooping 技术。

（1）DHCP Snooping 技术用于保证 DHCP 客户端从合法的 DHCP 服务器获取 IP 地址，并记录 DHCP 客户端 IP 地址与 MAC 地址等参数的对应关系，防止网络上针对 DHCP 服务器的攻击或者欺骗。

（2）DHCP Snooping 信任功能将接口分为信任接口和非信任接口。信任接口正常接收 DHCP 服务器响应的 DHCP ACK、DHCP NAK 和 DHCP OFFER 报文，设备只会将 DHCP 客户端的 DHCP 请求报文通过信任接口发送给合法的 DHCP 服务器。非信任接口在接收到上述报文后，丢弃该报文。

7.6 练习题

1. 用户发出 HTTP 请求后，收到状态码为 505 的响应，出现该现象的原因是（   ）。
    A．页面请求正常，数据传输成功
    B．服务器根据客户端请求切换协议
    C．服务器端 HTTP 版本不支持
    D．请求资源不存在

解析：HTTP 状态码是用来表示网页服务器响应状态的 3 位数字代码。所有状态码的第一个数字代表了响应的五种状态。其中 5 代表了服务器端错误。505（HTTP 版本不受支持）服务器不支持请求中所用的 HTTP 协议版本。

答案：C

2. 使用电子邮件客户端从服务器下载邮件，能实现邮件的移动、删除等操作在客户端和邮箱上更新同步，所使用的电子邮件接收协议是（   ）。
    A．SMTP   B．POP3   C．IMAPv4   D．MIME

解析：IMAPv4 协议，使用电子邮件客户端从服务器下载邮件，能实现邮件的移动、删除等操作在客户端和邮箱上更新同步。

答案：C

3. 某网络上 MAC 地址为 00-FF-78-ED-20-DE 的主机，首次向网络上的 DHCP 服务器发送 ___（1）___ 报文以请求 IP 地址配置信息，报文的源 MAC 地址和源 IP 地址分别是 ___（2）___ 。

（1）A．dhcp discover   B．dhcp request
     C．dhcp offer   D．dhcp ack

（2）A．0:0:0:0:0:0:0:0 0.0.0.0
     B．0:0:0:0:0:0:0:0 255.255.255.255
     C．00-FF-78-ED-20-DE 0.0.0.0
     D．00-FF-78-ED-20-DE 255.255.255.255

解析：网络上的主机首次向 DHCP 服务器请求 IP 地址配置信息时，以广播的形式发送 DHCP DISCOVER 报文，其报文的源 MAC 地址为主机的 MAC 地址，源 IP 地址是 0.0.0.0，目的地址是 255.255.255.255。

答案：（1）A   （2）C

4．某公司局域网使用 DHCP 动态获取 10.10.10.1/24 网段的 IP 地址，某天公司大量终端获得了 192.168.1.0/24 网段的地址，可在接入交换机上配置（　　）功能杜绝该问题再次出现。

　　A．dhcp relay　　　　　　　　　　B．dhcp snooping
　　C．mac-address static　　　　　　　D．arp static

解析：DHCP Snooping 技术用于保证 DHCP 客户端从合法的 DHCP 服务器获取 IP 地址，并记录 DHCP 客户端 IP 地址与 MAC 地址等参数的对应关系，防止网络上针对 DHCP 服务器的攻击或者欺骗。

答案：B

5．关于 DHCP OFFER 报文的说法中，（　　）是错误的。

　　A．接收到该报文后，客户端即采用报文中所提供的地址
　　B．报文源 MAC 地址是 DHCP 服务器的 MAC 地址
　　C．报文目的 IP 地址是 255.255.255.255
　　D．报文默认目标端口是 68

解析：客户机若想采用 DHCP OFFER 报文中所提供的地址，客户端需要接收到服务器的 DHCP ACK 响应报文后才能使用。

答案：A

第8小时 传输层

8.0 本章思维导图

传输层思维导图如图 8-1 所示。

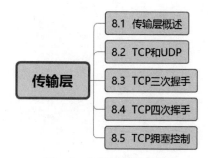

图 8-1　传输层思维导图

8.1 传输层概述

【基础知识点】

传输层协议接收来自应用层协议的数据，封装相应的传输层头部，建立端到端的连接。传输层的 PDU 为 Segment（段）。

传输层的两个主要协议如下：

（1）传输控制协议（Transmission Control Protocol，TCP）：提供面向连接的、可靠的传输服务，适用于各种可靠的或不可靠的网络。

（2）用户数据报协议（User Datagram Protocol，UDP）：提供无连接的、不可靠的传输服务。由于协议开销少，故而在很多场合使用，例如在网络管理方面，大多使用 UDP 协议。

8.2 TCP 和 UDP

【基础知识点】

1. TCP

（1）TCP 报文格式如图 8-2 所示。

单位：比特

源端口（16）			目的端口（16）
序号（32）			
确认号（32）			
数据偏移(4)	保留（6）	控制位（6）	窗口（16）
校验和（16）			紧急指针（16）
选项字段			填充

（TCP 头部 20 字节）

图 8-2 TCP 报文格式

（2）主要字段含义如下：

1）序号（Sequence Number）：TCP 连接中传输的数据流每个字节都编上一个序号。序号字段的值指的是本报文段所发送数据的第一个字节的序号。

2）确认号（Acknowledgment Number）：期望收到对方下一个报文段数据的第一个数据字节的序号，即上次已成功接收到的数据段的最后一个字节数据的序号加 1。只有 ACK 标识为 1，此字段有效。

3）数据偏移（Data Offset）：即首部长度，指出 TCP 报文段的数据起始处距离 TCP 报文段的起始处有多远，以 32 比特（4 字节）为计算单位。最多有 60 字节的首部，若无选项字段，正常为 20 字节。

4）保留（Reserved）：必须填 0。

5）控制位（Control bits）：包含六个标志位，代表不同状态下的 TCP 数据段：

- URG：紧急指针标志，设置为 1 时，首部中的紧急指针有效；为 0 时，紧急指针没有意义。
- ACK：确认 ACK。只有当 ACK=1 时确认号字段才有效。当 ACK=0 时，确认号无效。
- PSH：标识接收方应该尽快将这个报文段交给应用层。接收到 PSH=1 的 TCP 报文段，应尽快地交付接收应用进程，而不再等待整个缓存都填满了后再向上交付。
- RST：重建连接标识。当 RST=1 时，表明 TCP 连接中出现严重错误（如由于主机崩溃或其他原因），必须释放连接，然后再重新建立连接。
- SYN：同步序号标志，用来发起一个连接。SYN=1 表示这是一个连接请求（SYN=1，ACK=0）或连接接受请求（SYN=1，ACK=1）。

- FIN：用来释放一个连接。FIN=1 表明此报文段的发送端的数据已经发送完毕，并要求释放连接。

6）窗口（Window）：发送本报文段的一方的接收窗口。窗口值是指从本报文段首部中的确认号算起，接收方目前允许对方发送的数据量（以字节为单位）。

7）校验字段（Checksum）：在计算校验和时，要包括 TCP 头部和 TCP 数据，同时在 TCP 报文段的前面加上 12 字节的伪首部。

2．UDP

（1）UDP 报文格式如图 8-3 所示。

图 8-3　UDP 报文格式

（2）主要字段含义如下：

1）源端口（Source Port）：标识哪个应用程序发送，同 TCP。

2）目的端口（Destination Port）：标识哪个应用程序接收，同 TCP。

3）长度（Length）：UDP 首部加上 UDP 数据的字节数，最小为 8。

4）校验和（Checksum）：检测 UDP 首部和 UDP 数据在传输中是否出错，如有错就丢弃。

（3）伪首部各字段仅用于校验和计算，伪首部格式如图 8-4 所示。

字节	4	4	1	1	2
	源 IP 地址	目的 IP 地址	0	17	UDP 长度

图 8-4　用于校验和计算的伪首部

3．TCP 和 UDP 端口号

（1）端口分为熟知端口（0～1023）、登记端口（1024～49151）和客户端端口（也叫短暂端口号）（49152～65535）。

（2）客户端使用的源端口一般随机分配，目标端口则由服务器的应用指定；源端口号一般为系统中未使用的，且大于 1023；目的端口号为服务端开启的应用（服务）所监听的端口号。

（3）常见的应用协议默认端口号如下：FTP（数据）端口号为 20；FTP（控制）端口号为 21；Telnet 端口号为 23；DHCP（服务端）端口号为 67；DHCP（客户端）端口号为 68；SMTP 端口号为 25；DNS 端口号为 53；HTTP 端口号为 80；HTTPS 端口号为 443；POP3 端口号为 110；TFTP 端口号为 69；SNMP（轮询）端口号为 161；SNMP（陷阱）端口号为 162；SSH 端口号为 22；IMAP 端口号为 143。

8.3　TCP 三次握手

【基础知识点】

1．TCP 三种机制

TCP 是建立在无连接的 IP 基础之上的，使用如下机制实现面向连接的服务：

（1）使用序号对数据报进行标记。

（2）使用确认、校验和定时器提供可靠性。

（3）使用窗口机制调整数据流量。

2．TCP 三次握手

（1）基于 TCP 的应用，在发送数据之前，都需要由 TCP 进行"三次握手"建立连接。

（2）三次握手的过程如图 8-5 所示。

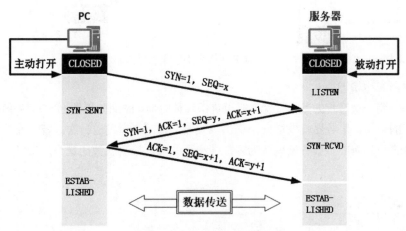

图 8-5　TCP 三次握手后的过程

（3）三次握手的目的是防止已经失效的连接请求报文段突然又传到服务端，因而产生错误。

8.4　TCP 四次挥手

【基础知识点】

TCP 四次挥手（连接释放）的过程如图 8-6 所示。

最长报文段寿命（Maximum Segment Lifetime，MSL），RFC 793 建议设为 2 分钟。对于现在的网络环境，MSL=2 分钟时间太长。需要根据实际情况使用较小的 MSL 值。

为了保证 A 发送的最后一个 ACK 报文段能够到达 B，防止已失效的连接请求报文段出现在本连接中，所以在 TIME-WAIT 状态需要等待 2MSL 的时间。

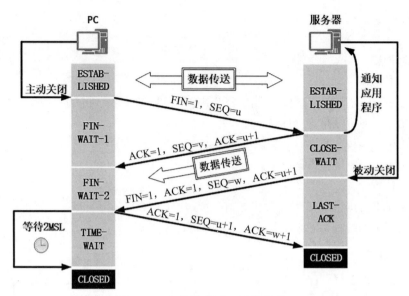

图 8-6　TCP 四次挥手（连接释放）

保活计时器表述如下：

服务器每收到一次客户的数据，就重新设置保活计时器，时间的设置通常是两小时。若两小时没有收到客户的数据，服务器就发送一个探测报文段，每隔 75s 发送一次。若一连发送 10 个探测报文段后仍无客户的响应，服务器就认为客户端出了故障，接着就关闭这个连接。

8.5　TCP 拥塞控制

【基础知识点】

TCP 拥塞控制的算法有四种，即慢开始、拥塞避免、快重传和快恢复。

发送方维持一个叫作拥塞窗口（CWnd）的状态变量，拥塞窗口的大小取决于网络的拥塞程度，并动态变化，发送方让自己的发送窗口等于拥塞窗口。发送方控制拥塞窗口的原则是只要没有拥塞，拥塞窗口就可以再增大一些，如果网络出现拥塞或有可能出现拥塞，就把拥塞窗口减小一些。发送方没有及时收到应当到达的确认报文，只要出现了超时，网络就可能出现了拥塞。

1. 慢开始算法

（1）当主机开始发送数据时，把大量数据注入网络，有可能引发网络拥塞，需要由小到大逐渐增大拥塞窗口值。

（2）慢开始算法的工作原理如图 8-7 所示。

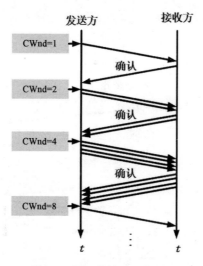

图 8-7 慢开始算法工作原理

2. 拥塞避免算法

（1）为了防止拥塞窗口 CWnd 增长过大引起网络拥塞，还需要设置一个慢开始门限（ssthresh）状态变量，ssthresh 的用法如下：

1）当 CWnd < ssthresh 时，使用慢开始算法；

2）当 CWnd > ssthresh 时，停止使用慢开始算法而改用拥塞避免算法；

3）当 CWnd = ssthresh 时，既可使用慢开始算法，也可使用拥塞避免算法。

（2）慢开始和拥塞避免的流程如图 8-8 所示。

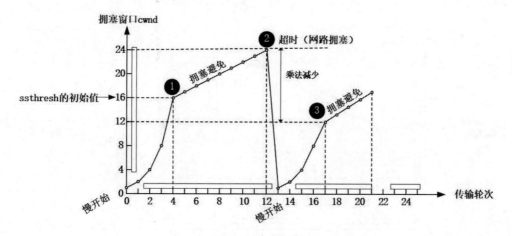

图 8-8 慢开始和拥塞避免的流程

3. 快重传算法

（1）采用快重传算法可以让发送方尽早知道发生了个别报文段的丢失。快重传算法要求接收方不要等待自己发送数据时才进行捎带确认,而是要立即发送确认。使用快重传提高了网络的吞吐量。快重传算法的示意如图8-9所示。

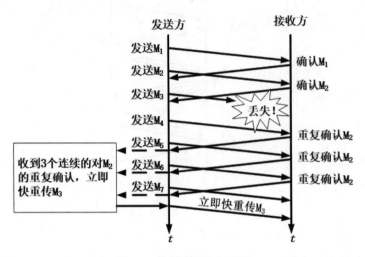

图8-9 快重传算法示意图

(2)快重传算法规定,发送方只要连续收到3个重复确认,表明现在并未出现网络拥塞,而是接收方少收到前面的一个报文段,因而立即进行重传。

4. 快恢复算法

发送方知道现在只是丢失了某个报文,于是不启动慢开始,而是执行快恢复算法,调整门限值ssthresh,同时设置CWnd=ssthresh=8,开始拥塞避免算法,如图8-10所示。

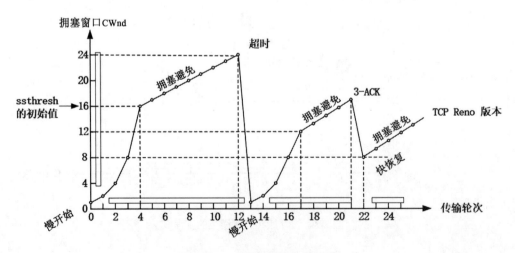

图8-10 TCP拥塞控制示意图

8.6 练习题

1. TCP 采用拥塞窗口（CWnd）进行拥塞控制。以下关于 CWnd 的说法中正确的是（　　）。
   A．首部中的窗口段存放 CWnd 的值
   B．每个段包含的数据只要不超过 CWnd 值就可以发送了
   C．CWnd 值由对方指定
   D．CWnd 值存放在本地

   解析：TCP 拥塞窗口 CWnd 存放在本地，不包含在首部中。每个 TCP 段的大小受接收窗口（rwnd）和 CWnd 的约束。

   答案：D

2. 以下关于 TCP 拥塞控制机制的说法中，错误的是（　　）。
   A．慢启动阶段，将拥塞窗口值设置为 1
   B．慢启动算法执行时拥塞窗口指数增长，直到拥塞窗口值达到慢启动门限值
   C．在拥塞避免阶段，拥塞窗口线性增长
   D．当网络出现拥塞时，慢启动门限值恢复为初始值

   解析：出现拥塞，拥塞窗口恢复为初始值，门限值设置为发生拥塞时的一半。

   答案：D

3. TCP 伪首部不包含的字段为（　　）。
   A．源地址　　　B．目的地址　　　C．标识符　　　D．协议

   解析：伪首部包含了源地址、目的地址、协议和 TCP/UDP 长度等字段。

   答案：C

4. SNMP 采用 UDP 提供的数据报服务，这是由于（　　）。
   A．UDP 比 TCP 更加可靠
   B．UDP 报文可以比 TCP 报文大
   C．UDP 是面向连接的传输方式
   D．采用 UDP 实现网络管理不会太多增加网络负载

   解析：UDP 头部的大小为 8 个字节，采用 UDP 效率较高，这样实现网络管理不会增加太多的网络负载。

   答案：D

5. 建立 TCP 连接时，被动打开一端在收到对端 SYN 前所处的状态为（　　）。
   A．LISTEN　　　B．CLOSED　　　C．SYN RECEIVD　　D．LAST ACK

   解析：建立 TCP 连接时，对端被动打开后（即收到对端 SYN 前）状态从 CLOSED 变为 LISTEN 状态，在收到对端 SYN 后所处的状态为 SYN RECEIVD。

   答案：A

6. TCP 和 UDP 协议均提供了（　　）能力。
   A．连接管理　　　B．差错校验和重传　　C．流量控制　　　D．端口寻址

解析：TCP 和 UDP 协议均提供了端口寻址功能，连接管理、差错校验和重传以及流量控制均为 TCP 的功能。

答案：D

7. TCP 使用三次握手协议建立连接，以防止___（1）___；当请求方发出 SYN 连接请求后，等待对方回答___（2）___以建立正确的连接；当出现错误连接时，响应___（3）___。

   (1) A．出现半连接　　　　　　　　　B．无法连接
       C．产生错误的连接　　　　　　　D．连接失效
   (2) A．SYN，ACK　　　　　　　　　B．FIN，ACK
       C．PSH，ACK　　　　　　　　　D．RST，ACK
   (3) A．SYN，ACK　　　　　　　　　B．FIN，ACK
       C．PSH，ACK　　　　　　　　　D．RST，ACK

解析：TCP 在数据传输使用三次握手协议建立连接，目的是防止产生错误的连接，其间会出现半连接，但无法连接或者连接失效三次握手不能防止。当请求方发出 SYN 连接请求后，等待对方回答 ACK 以及 SYN 来建立正确的连接。当出现错误连接时，响应 RST、ACK。

答案：(1) C　(2) A　(3) D

8. TCP 使用的流量控制协议是___（1）___，TCP 段头中指示可接收字节数的字段是___（2）___。

   (1) A．固定大小的滑动窗口协议　　　B．可变大小的滑动窗口协议
       C．后退 N 帧 ARQ 协议　　　　　D．停等协议
   (2) A．偏置值　　　　　　　　　　　B．窗口
       C．校验和　　　　　　　　　　　D．接收顺序号

解析：TCP 的流量控制机制是可变大小的滑动窗口协议，固定大小的滑动窗口协议应用在数据链路层的 HDLC 中。可变大小的滑动窗口协议应用于长距离通信过程中线路延迟不确定的情况，而固定大小的滑动窗口协议则适合链路两端点之间通信延迟固定的情况。

答案：(1) B　(2) B

9. 以太网可以传送最大的 TCP 段为（　　）字节。
   A．1480　　　　B．1500　　　　C．1518　　　　D．2000

解析：传统以太网的最大帧长为 1518 字节，里面封装的 IP 数据报为 1500 字节；IP 数据报最小首部为 20 字节，因此 TCP 段长为 1480 字节。

答案：A

第9小时 网络层

9.0 本章思维导图

网络层思维导图如图 9-1 所示。

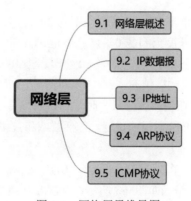

图 9-1 网络层思维导图

9.1 网络层概述

【基础知识点】

网络层负责将分组报文从源主机发送到目的主机。网络层主要为网络中的设备提供逻辑地址以及负责数据包的寻径和转发。网络层的 PDU 为包（Packet）。

常见网络层协议有互联网协议（Internet Protocol，IP）（IPv4 和 IPv6）、地址解析协议（Address Resolution Protocol，ARP）和控制报文协议（Internet Control Message Protocol，ICMP）等。

9.2 IP 数据报

【基础知识点】

IP 头部报文格式如图 9-2 所示。

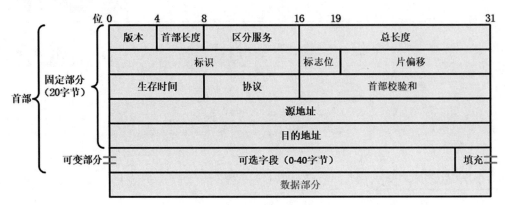

图 9-2　IP 协议的数据格式

主要字段含义如下：

（1）首部长度：4bit，如果不带 Option 字段，则为 20，最长为 60，IP 首部长度的单位是 32 位字长（4 字节）。4bit 可表示的长度范围是 0～15，但是 TCP/IP 规定最小值为 5，所以首都长度的范围就是（5～15）×4，即最小 20 字节，最多 60 字节。当 IP 分组的首部长度不是 4 字节的整数倍时，必须利用最后的填充字段加以填充。

（2）区分服务：8 bit，只有在使用区分服务时才起作用。

（3）总长度：16 bit，整个 IP 数据报的长度，包括首部和数据，单位为字节，最长 65535，总长度不超过最大传输单元 MTU。

（4）标识：16 bit，每产生一个数据报，计数器加 1，作用于分片重组中。

（5）标志位：3 bit，IP Flag 格式如图 9-3 所示，字段含义如下：

1）Bit 0：保留位，必须为 0。

2）Bit 1：DF（Don't Fragment），表示能否分片位，0 表示可以分片，1 表示不能分片。

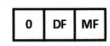

图 9-3　IP Flag 字段格式

3）Bit 2：MF（More Fragment），表示该报文是否为最后一片，0 表示最后一片，1 代表后面还有。

（6）分片偏移（Fragment Offset，FO）：12 bit，片偏移，作用于分片重组中。表示较长的分组在分片后，某片在原分组中的相对位置。以 8 个字节为偏移单位。

（7）生存时间（Time to Live，TTL）：8 bit，生存时间。可经过的最多路由数，即数据包在网络中可通过的路由器数的最大值。一旦经过一个路由器，TTL 值就会减 1，当该字段值为 0 时，数据包将被丢弃。

（8）协议（Protocol）：8 bit，下一层协议。指出此数据包携带的数据使用何种协议，以便目的主机的 IP 层将数据部分上交给哪个进程处理。常见值如下：

1）1 代表了 ICMP。

2）6 代表了 TCP。

3）17 代表了 UDP。

（9）首部校验和（Header Checksum）：16 bit。

9.3 IP 地址

【基础知识点】

IP 地址在网络中用于标识一个节点（接口），用于 IP 报文在网络中的寻址。一个 IPv4 地址有 32 bit，通常采用"点分十进制"表示。IP 地址由网络部分（用来标识一个网络，代表 IP 地址所属网络）和主机部分（用来区分一个网络内的不同主机，能唯一标识网段上的某台设备）组成。

网络掩码，又称子网掩码，与 IP 地址的位数一样都是 32bit，也以点分十进制数来表示。网络掩码是由一串连续的"1"、后面接一串连续的"0"组成，将子网掩码中"1"的个数称为这个网络掩码的长度。如子网掩码 255.255.0.0 的长度是 16。网络掩码与 IP 地址结合使用，网络掩码中"1"的个数就是 IP 地址的网络号的位数，0 的个数就是 IP 地址的主机号的位数。

1. IP 地址分类

A、B、C 三类地址是单播 IP 地址（除一些特殊地址外），只有这三类地址才能分配给主机接口使用。D 类地址属于组播 IP 地址。E 类地址用于研究。IP 地址分类如下：

（1）A 类：第一个字节最高位固定是 0，地址范围是 1.0.0.0～127.255.255.255。

（2）B 类：第一个字节最高位固定是 10，地址范围是 128.0.0.0～191.255.255.255。

（3）C 类：第一个字节最高位固定是 110，地址范围是 192.0.0.0～223.223.255.255。

（4）D 类：第一个字节最高位固定是 1110，地址范围是 224.0.0.0～239.255.255.255。

（5）E 类：第一个字节最高位固定是 1111，地址范围是 240.0.0.0～255.255.255.255。

2. 默认网络掩码

A 类是 255.0.0.0；B 类是 255.255.0.0；C 类是 255.255.255.0。

3. IP 地址计算

（1）计算网络地址、广播地址以及可用地址数。

例如 192.168.1.100/25，求网络地址、广播地址以及可用地址数。

解析：网络地址是主机位全为"0"的地址，广播地址是主机位全为"1"的地址。可用地址范围就是网络地址和广播地址之间的地址。将 192.168.1.100/25 转化成二进制如下所示：

IP 地址：11000000.10101000.00000001.0**1100100**

子网掩码：11111111.11111111.11111111.1**0000000**

我们将主机位全部置为"0"得网络地址：11000000.10101000.00000001.0**0000000**，十进制是 192.168.1.0；我们将主机位全部置为"1"得广播地址：11000000.10101000.00000001.0**1111111**，十进制是 192.168.1.127；可用地址范围是 192.168.1.1～192.168.1.126，可用地址数是 126 个，或者 $2^{32-25}-2=126$ 个（网络地址和广播地址不能作为可用地址）。

（2）子网划分。

1）"有类编址"的地址划分过于死板，会有大量的主机号不能被充分利用，从而造成了大量的 IP 地址资源浪费。

2）利用子网划分来减少地址浪费，即 VLSM，可变长子网掩码。将一个大的有类网络，划分成若干个小的子网，使得 IP 地址的使用更为科学，这样广播域的规模变小、网络规划更加合理。

3）将原有的 N 位网络位向主机位去"借"1 位，这样网络位就扩充到了 $N+1$ 位，相对的主机位就减少到了"32-($N+1$)"位，而借过来的这 1 位就是子网位，此时网络掩码就变成了 $N+1$ 位。

4）例如某校园网的地址是 202.115.192.0/19，要把该网络分成 30 个子网，求子网掩码最少为多少位？

解析：分成 30 个子网最少需要 5 比特（$2^n \geq 30$），故划分后子网掩码长度最少为 19+5=24，即子网掩码为 255.255.255.0。

4. CIDR

（1）无分类域间路由选择（Classless Inter-Domain Routing，CIDR）消除了传统的 A 类、B 类和 C 类地址以及划分子网的概念，可以更加有效地分配 IPv4 的地址空间，但无法解决 IP 地址枯竭的问题。

（2）CIDR 记法：斜线记法。

X.X.X.X/N：二进制 IP 地址的前 N 位是网络前缀。例如：100.100.100.45/20，表示前 20 位是网络前缀。

（3）CIDR 地址块。CIDR 把网络前缀都相同的所有连续的 IP 地址组成一个 CIDR 地址块。具体计算见"第 21 小时 计算专题"。

5. 私网地址

私有地址是指内部网络或主机地址，这些地址只能用于某个内部网络，不能用于公共网络。私有地址见表 9-1。

表 9-1 A、B、C 类私有地址

类别	范围
A 类	10.0.0.0～10.255.255.255
B 类	172.16.0.0～172.31.255.255
C 类	192.168.0.0～192.168.255.255

6. 特殊 IP 地址

IP 地址空间中，有一些特殊的 IP 地址，其含义和作用见表 9-2。

表 9-2 特殊 IP 地址

特殊 IP 地址	地址范围	含义
有限广播地址	255.255.255.255	不可以作为源地址,可作为目的地址,只在本网络上进行广播,如 dhcp discover 的源地址是 0.0.0.0,目的地址是 255.255.255.255
任意地址	0.0.0.0	可以作为源地址,不可以作为目的地址,如 dhcp discover 的源地址是 0.0.0.0,目的地址是 255.255.255.255
环回地址	127.0.0.0/8	用作测试地址
本地链路地址	169.254.0.0/24	当主机自动获取 IP 地址失败后,可使用该网段中的某个地址进行临时通信,可当源地址也可当目的地址使用

9.4 ARP 协议

【基础知识点】

ARP 主要功能是将 IP 地址解析为 MAC 地址。而 RARP 协议是根据 MAC 地址查 IP 地址。

1. ARP 工作原理

(1) 首先,每个主机都会在自己的 ARP 缓冲区中建立一个 ARP 列表,以表示 IP 地址和 MAC 地址之间的对应关系。

(2) 当源主机要发送数据时,首先检查 ARP 列表中是否有对应关系,如果有,则直接发送数据;如果没有,就向本网段的所有主机发送 ARP 请求(广播)。

(3) 当本网络的所有主机收到该 ARP 数据包时,首先检查数据包中的 IP 地址是不是自己的 IP 地址,如果不是,则忽略该数据包;如果是,则首先从数据包中取出源主机的 IP 和 MAC 地址写入到 ARP 列表中;如果已经存在,则覆盖,然后将自己的 MAC 地址写入 ARP 响应包(单播)中,告诉源主机自己是它想要找的 MAC 地址。

(4) 源主机收到 ARP 响应包后。将目的主机的 IP 和 MAC 地址写入 ARP 列表,并利用此信息发送数据。

2. ARP 报文格式和各字段含义

(1) ARP 协议数据单元被封装在以太帧中传输,ARP 数据报格式如图 9-4 所示。

Hardware Type		Protocol Type	
Hardware Length	Protocol Length	Operation Code	
Checksum(16)		Urgent(16)	
Source Hardware Address			
Source Protocol Address			
Destination Hardware Address			
Destination Protocol Address			

图 9-4 ARP 数据报格式

（2）ARP 各字段含义如下所示。

1）Hardware Type 表示硬件地址类型，一般为以太网。

2）Protocol Type 表示三层协议地址类型，一般为 IP。

3）Hardware Length 和 Protocol Length 为 MAC 地址和 IP 地址的长度，单位是字节。

4）Operation Code 指定了 ARP 报文的类型，1 代表 ARP 请求；2 代表 ARP 应答；3 代表 RARP 请求；4 代表 RARP 应答。

5）Source Hardware Address 指的是发送 ARP 报文的设备 MAC 地址。

6）Source Protocol Address 指的是发送 ARP 报文的设备 IP 地址。

7）Destination Hardware Address 指的是接收者 MAC 地址，在 ARP Request 报文中，该字段值为"0"。

8）Destination Protocol Address 指的是接收者的 IP 地址。

3. 免费 ARP

设备主动使用自己的 IP 地址作为目的 IP 地址发送 ARP 请求，称为免费 ARP。免费 ARP 的作用如下：

（1）用于 IP 地址冲突检测。

（2）用于通告一个新的 MAC 地址。

（3）在 VRRP 备份组中用来通告主备发生变换。

9.5 ICMP 协议

【基础知识点】

Internet 控制消息协议（ICMP）作为 IP 数据报中的数据，封装在 IP 数据包中发送。ICMP 协议用来在网络设备间传递各种差错和控制信息，收集相应的网络信息、诊断和排除各种网络故障。

ICMP 报文格式和各字段含义如下：

（1）ICMP 报文格式如图 9-5 所示。

Type	Code	Checksum
ICMP 的报文内容		

图 9-5　ICMP 报文格式

（2）ICMP 各字段含义见表 9-3。

表 9-3　ICMP 各字段含义

Type	Code	描述
0	0	Echo Reply
3	0	网络不可达

续表

Type	Code	描述
3	1	主机不可达
3	2	协议不可达
3	3	端口不可达
5	0	网络重定向
8	0	Echo Request

ICMP 重定向报文是 ICMP 控制报文中的一种。当路由器检测到一台机器使用非最优路由的时候，它会向该主机发送一个 ICMP 重定向报文，请求主机改变路由。

因特网包探索器（Packet Internet Groper，PING）使用了 ICMP 回送请求与回送回答报文，用来测试两台主机之间的连通性。

Tracert 基于报文头中的 TTL 值来逐跳跟踪报文的转发路径。Tracert 是检测网络丢包和时延的有效手段，可以帮助管理员发现网络中的路由环路。

9.6 练习题

1. 当站点收到"在数据包组装期间生存时间为 0"的 ICMP 报文，说明（　　）。
   A．回声请求没有得到响应
   B．IP 数据报目的网络不可达
   C．因为拥塞丢弃报文
   D．因 IP 数据报部分分片丢失，无法组装

   解析：IP 分组在进行重组时，由于某些分片丢失，会在规定的时间内不能重组完成，会将所有的分组丢弃，并向源站回应一个"在数据包组装期间生存时间为 0"的 ICMP 报文。

   答案：D

2. IP 数据报的分段和重装配要用到报文头部的报文 ID、数据长度、段偏置值和 M 标志等四个字段，其中___(1)___的作用是指示每一分段在原报文中的位置；若某个段是原报文最后一个分段，其___(2)___值为"0"。

   （1）A．段偏置值　　　B．M 标志　　　C．报文 ID　　　D．数据长度
   （2）A．段偏置值　　　B．M 标志　　　C．报文 ID　　　D．数据长度

   解析：IP 数据报的分段和重装配要用到报文头部的报文 ID（Identification）、数据长度、片偏移（Fragment Offset）和 M 标志等四个字段。其中报文 ID 字段的作用是原始报文和分段后的报文统一的标识；段偏置值的作用是指示每一分段在原报文中的位置；M 标志指示是不是最后一个分段，若某个段是原报文最后一个分段，其 M 标志值为"0"。

   答案：(1) A　(2) B

3. ARP 的协议数据单元封装在___(1)___中传送；ICMP 的协议数据单元封装在___(2)___中传送。

(1) A. 以太帧　　　　B. IP 数据报　　　　C. TCP 段　　　　D. UDP 段

(2) A. 以太帧　　　　B. IP 数据报　　　　C. TCP 段　　　　D. UDP 段

解析：ARP 的协议数据单元将 IP 地址与 MAC 地址的对应关系，封装在以太帧中传送；ICMP 的协议数据单元封装在 IP 数据报中传送。

答案：(1) A　(2) B

4. ARP 协议用于查找 IP 地址对应的 MAC 地址，若主机 hostA 的 MAC 地址为 aa-aa-aa-aa-aa-aa，主机 hostB 的 MAC 地址为 bb-bb-bb-bb-bb-bb。

由 hostA 发出的查询 hostB 的 MAC 地址的帧格式如下图所示，则此帧中的目标 MAC 地址为___(1)___，ARP 报文中的目标 MAC 地址为___(2)___。

目标 MAC 地址	源 MAC 地址	协议类型	ARP 报文	CRC

(2) A. aa-aa-aa-aa-aa-aa　　　　B. bb-bb-bb-bb-bb-bb

　　C. 00-00-00-00-00-00　　　　D. ff-ff-ff-ff-ff-ff

(2) A. aa-aa-aa-aa-aa-aa　　　　B. bb-bb-bb-bb-bb-bb

　　C. 00-00-00-00-00-00　　　　D. ff-ff-ff-ff-ff-ff

解析：主机向整个网络发送广播报文，由于是广播报文，故报文中目标 MAC 地址为 ff-ff-ff-ff-ff-ff；该广播报文中封装了 ARP 报文，由于此时不知道目的主机的 MAC 地址，所以报文中的目标 MAC 地址为 00-00-00-00-00-00。

答案：(1) D　(2) C

5. 下列 IP 地址中，不能作为源地址的是（　　）。

A. 0.0.0.0　　　　B. 127.0.0.1　　　　C. 190.255.255.255/24　　　　D. 192.168.0.1/24

解析：0.0.0.0 可以在 DHCP DISCOVER IP 报文中作为源地址；127.0.0.1 是环回地址，既可以作为源地址，又可作为目的地址；190.255.255.255/24 是 190.255.255.255/24 网络内的广播地址，只能作为目的地址，不能作为源地址；192.168.0.1/24 是私网地址，既可以作为源地址，又可作为目的地址。

答案：C

6. ICMP 差错报告报文格式中，除了类型、代码和校验和外，还需加上（　　）。

A. 时间戳以表明发出的时间

B. 出错报文的前 64 比特以便源主机定位出错报文

C. 子网掩码以确定所在局域网

D. 回声请求与响应以判定路径是否畅通

解析：ICMP 差错报告报文格式中，除了类型、代码和校验和外，还需加上出错报文的前 64 比特以便源主机定位出错报文。

答案：B

第10小时 物理层和数据链路层

10.0 本章思维导图

物理层和数据链路层思维导图如图 10-1 所示。

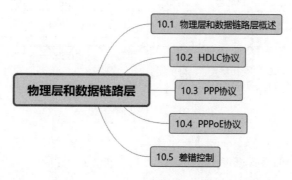

图 10-1 物理层和数据链路层思维导图

10.1 物理层和数据链路层概述

【基础知识点】

物理层主要是在链路上透明地传输比特，定义了建立、维护和拆除物理链路所具备的机械特性、电气特性、功能特性以及规程特性。物理层的 PDU 为比特（bit）。

物理层的主要协议包括 RS-232、FDDI、IEEE 802.3、IEEE 802.4 和 IEEE 802.5 等。

数据链路层位于网络层和物理层之间，将比特组成帧，在链路上提供点到点的帧传输，并进行差错控制、流量控制等。数据链路层的 PDU 为帧（Frame）。

数据链路层的主要协议包括以太网、HDLC、PPPoE、PPP 等。

10.2 HDLC 协议

【基础知识点】

高级数据链路控制（High Level Data Link Control，HDLC）协议是面向比特的同步链路控制协议。HDLC 只支持同步传输。HDLC 既适用于半双工线路，也适用于全双工线路。主要利用"0 比特插入法"来实现数据的透明传输，通过硬件实现。

HDLC 采用"01111110"作为帧的边界标志，在接收帧的过程中如果发现标志位，则认为帧结束。帧中间出现"01111110"也会被当作标志位，所以要用位填充技术。发送站数据位序列中发现"0"后有 5 个"1"，第 7 位要插入"0"。对于接收站，接收的序列中发现"0"后有 5 个"1"，第 7 位是"0"则删除；若第 7 位是"1"且第 8 位是"0"，认为是帧尾标志；若第 7 位和第 8 位都是"1"，则认为是发送站的停止信号。

HDLC 帧由 6 个字段组成。包括标志字段（F）、地址字段（A）、控制字段（C）、信息字段（I）、帧校验序列字段（FCS），如图 10-2 所示。

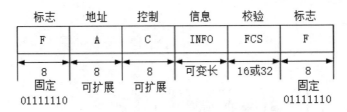

图 10-2 HDCL 帧结构

控制字段 C 表述如下。

（1）根据控制字段的格式来定义区分 HDLC 的 3 种帧：

1）信息帧（I 帧）承载着要传送的数据，此外还捎带着流量控制和差错控制的应答信号。

2）监控帧（S 帧）用于提供 ARQ 控制信息，当不使用捎带机制时要用管理帧控制传输过程。

3）无编号帧（U 帧）提供建立、释放等链路控制功能，以及少量信息的无连接传送功能。控制字段第 1 位或前两位用于区别 3 种不同格式的帧，见表 10-1。基本的控制字段是 8 位长，扩展的控制字段为 16 位长。

表 10-1 HDLC 控制字段三种帧

位编号	1	2	3	4	5	6	7	8
信息帧（I 帧）	0		N(S)		P/F		N(R)	
监控帧（S 帧）	1	0	S1	S2	P/F		N(R)	
无编号帧（U 帧）	1	1	M1	M2	P/F	M3	M4	M5

（2）监控帧（S 帧）不带信息字段（只有 I 帧和某些 U 帧含有信息字段），它的第 3 位（S1）、第 4 位（S2）为 S 帧类型编码，共有 4 种不同的编码，见表 10-2。

表 10-2 监控（S）帧 4 种类型

S1S2	帧名	作用
00	接收就绪（RR）	准备好接收 N(R)帧，确认 N(R)以前各帧
01	拒绝（REJ）	否认 N(R)起的各帧，要求对方从 N(R)开始全部重发，同时表明确认 N(R)以前各帧
10	接收未就绪（RNR）	确认 N(R)以前各帧，但还未准备好接收下一帧 N(R)，要求对方暂停发送
11	选择拒绝（SREJ）	只否认 N(R)一帧（要求对方选择重发），同时表明确认 N(R)以前各帧

10.3 PPP 协议

【基础知识点】

1．点对点协议（Point to Point，PPP）

PPP 是一种数据链路层协议，主要用于在全双工的链路上进行点到点的数据传输封装。

2．PPP 的三大组件

（1）数据封装组件：定义封装多协议数据包的方法，定义了如何封装多种类型的上层协议数据包。

（2）链路控制协议（Link Control Protocol，LCP）：定义建立、协商和测试数据链路层连接的方法。LCP 中配置参数有 MRU、认证协议和魔术字。MRU 参数使用接口上配置的 MTU 值来表示。PPP 认证协议有 PAP 和 CHAP。LCP 使用魔术字来检测链路环路和其他异常情况。

（3）网络层控制协议（Network Control Protocol，NCP）：包含一组协议，用于对不同的网络层协议进行连接建立和参数协商。NCP 用于对不同的网络层协议进行连接建立和参数协商，IPCP 用于协商控制 IP。

3．PPP 报文格式和主要字段含义

PPP 是面向字节的，使用字节填充技术，所有帧的长度均是字节的整数倍，PPP 支持的网络结构只能是点对点。

（1）PPP 报文格式见表 10-3。

表 10-3 PPP 报文格式

Flag	Address	Control	Protocol	Information	FCS	Flag
0X7E	0XFF	1Byte	2Byte	0-1500Byte	2Byte	0X7E

（2）主要字段含义。

1）Flag：标识了一个物理帧的起始和结束，该字节为 0x7E。

2）Address：协议规定填充为全 1 广播地址。

3）Control：规定值为 0x03。

4）Protocol：标识不同类型的 PPP 报文。如 0x0021 是 IP 报文、0x8021 是 IPCP 报文、0xC021 是 LCP 报文、0xC023 是 PAP 报文、0xC223 是 CHAP 报文。

5）Information：包含 Protocol 字段中指定协议的内容，该字段的最大长度被称为最大接收单元 MRU，缺省值为 1500。

4．两种认证模式

PPP 提供了密码验证协议（Password Authentication Protocol，PAP）和挑战握手认证协议（Challenge Handshake Authentication Protocol，CHAP）两种认证模式。

（1）PAP 认证是两次握手，密码以明文方式在链路上发送，被认证方将配置的用户名和密码信息用 Authenticate-Request 报文以明文方式发送给认证方。

（2）PAP 认证过程如图 10-3 所示。

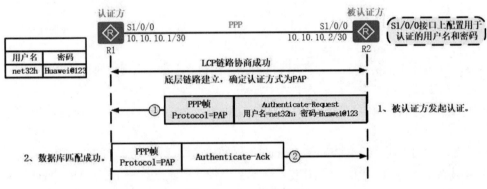

图 10-3　PAP 认证过程

（3）CHAP 是三次握手，认证方主动发起认证请求。CHAP 认证过程如图 10-4 所示。

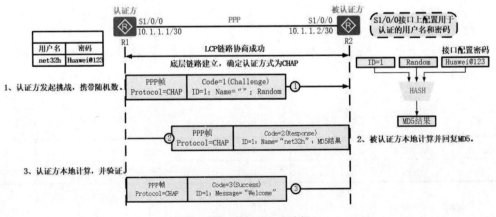

图 10-4　CHAP 认证过程

（4）CHAP 认证过程如下：

1）认证方向被认证方发送 Challenge 报文，收到 Challenge 报文（随机数和 ID）之后，进行加密运算，将 ID、随机数和密码三部分连成字符串，对此字符串做 MD5 运算，得到一个 16 字节长的摘要信息，然后将此摘要信息和端口上配置的 CHAP 用户名一起封装在 Response 报文中发回认证方。

2）认证方接收到被认证方发送的 Response 报文之后，找到用户名对应的密码信息，得到密码信息之后，进行一次加密运算，然后将加密运算得到的摘要信息和 Response 报文中封装的摘要信息做比较，相同则认证成功。

10.4 PPPoE 协议

【基础知识点】

以太网承载 PPP 协议（PPP over Ethernet，PPPoE）是一种把 PPP 帧封装到以太网帧中的协议。PPPoE 可以使多台主机连接到远端的宽带接入服务器。PPPoE 组网有灵活的优势，可以利用 PPP 协议实现认证、计费。

PPPoE 帧格式如图 10-5 所示。

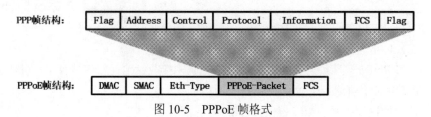

图 10-5　PPPoE 帧格式

10.5 差错控制

【基础知识点】

1. 奇偶校验

奇偶校验是最常用的检错方法，在 7 位的 ASCII 代码后增加一位，使码字中"1"的个数成奇数（奇校验）或偶数（偶校验）。经过传输后，如果其中一位（甚至奇数个位）出错，则接收端按同样的规则就能发现错误。这种方法简单实用，但只能对付少量的随机性错误。

2. 海明码

（1）码距是两个码字中不同的二进制位的个数。

（2）检测 d 个错误，编码系统码距≥$d+1$；纠正 d 个错误，编码系统码距＞$2d$。

（3）海明研究了用冗余数据位来检测和纠正代码差错的理论和方法，可以在数据代码上添加若干冗余位组成码字。m 为数据位，k 为冗余位，则组成 $m+k+1 \leq 2^k$ 的关系。对于给定的数据位 m，

关系式给出了 k 的下界，即要纠正单个错误，k 取最小值。

3. 循环冗余校验码

（1）数据链路层广泛使用具有检错能力的循环冗余校验码（Cyclic Redundancy Check，CRC），也称多项式编码，对于偶尔出现的错误采用差错检测和重传的处理方式更加有效。循环冗余校验码有很强的检错能力，容易用硬件实现，CRC-32 被用在许多局域网中。

（2）循环冗余校验码的基本思想是将位串看成是系数为"0"或者"1"的多项式，一个 k 位帧看作是一个 $k-1$ 次多项式的系数列表，从 x^{k-1}，x^{k-2}，…到 x^0。例如：数据码字 101011 可以组成的多项式是 $1×x^5+0×x^4+1×x^3+0×x^2+1×x^1+1×x^0$，即 x^5+x^3+x+1。

（3）发送方和接收方必须预先商定一个生成多项式 G(x)。若一帧有 m 位，它对应于多项式 M(x)，为了计算它的循环冗余校验码，该帧必须比生成多项式长。用模 2 减法运算，其规则是 1-1=0，0-1=1，1-0=1，0-0=0，无进位，无借位。相当于二进制中的逻辑异或运算，也就是比较后，两者对应位相同则结果为"0"，不同则结果为"1"（具体计算详见第 21 小时 计算专题）。

（4）G(x)生成多项式最高次是 N，得到 CRC 校验码就是 N 位，不足 N 位需要在 CRC 校验码前用"0"补充。计算的时候需要在信息码字后面增加 N 个"0"。

10.6　练习题

1．以下关于 HDLC 协议的说法中，错误的是（　　）。
　　A．HDLC 是一种面向比特计数的同步链路控制协议
　　B．应答 RNR5 表明编号为 4 之前的帧均正确，接收站忙，暂停接收下一帧
　　C．信息帧仅能承载用户数据，不得做他用
　　D．传输的过程中采用无编号帧进行链路的控制
解析：RNR5 表明下一个接收的帧编号应为 5，但接收器未准备好，暂停接收。
答案：B

2．采用 HDLC 协议进行数据传输时，监控帧（S）的作用是＿＿(1)＿＿；无编号帧的作用＿＿(2)＿＿。
　　（1）A．传输数据并对对端信息帧进行捎带应答
　　　　B．进行链路设置、连接管理等链路控制
　　　　C．采用后退 N 帧或选择性重传进行差错控制
　　　　D．进行介质访问控制
　　（2）A．传输数据并对对端信息帧进行捎带应答
　　　　B．进行链路设置、连接管理等链路控制
　　　　C．采用后退 N 帧或选择性重传进行差错控制
　　　　D．进行介质访问控制
解析：HDLC 协议中的帧分为信息帧（I）、监控帧（S）和无编号帧（U）。其中，信息帧的作用是传输数据，并对对端信息帧进行捎带应答；监控帧的作用是采用后退 N 帧或选择性重传进行

差错控制；无编号帧的作用是进行链路设置、连接管理等链路控制。

答案：(1) C (2) B

3．采用 HDLC 协议进行数据传输，帧 0-7 循环编号，当发送站发送了编号为 0、1、2、3、4 的 5 帧时，收到了对方应答帧 REJ3，此时发送站应发送的后续 3 帧为___(1)___。若收到的对方应答帧为 SREJ3，则发送站应发送的后续 3 帧为___(2)___。

(1) A. 2、3、4　　B. 3、4、5　　C. 3、5、6　　D. 5、6、7

(2) A. 2、3、4　　B. 3、4、5　　C. 3、5、6　　D. 5、6、7

解析：REJ 是否认 N(R) 起的各帧，要求对方从 N(R) 开始全部重发，同时表明确认 N(R) 以前各帧。收到 REJ3 表明，3 之前的 0、1、2 都正确，需要重新发送 3 及 3 以后的帧，所以发送的后续 3 帧为 3、4、5。

SREJ 是只否认 N(R) 一帧（要求对方选择重发），同时表明确认 N(R) 以前各帧。SREJ3 表示 3 需要重发，其他的 0、1、2、4 都正确，所以后续发送的 3 帧为 3、5、6。

答案：(1) B (2) C

4．HDLC 协议中，帧的编号和应答号存放在（　　）字段中。

A．标志　　　　B．地址　　　　C．控制　　　　D．数据

解析：HDLC 帧格式包括帧头（标志字段）、地址字段、控制字段、信息（数据）字段、FCS 字段、帧尾（标志字段）6 个字段。信息帧的发送编号（3 位）和应答编号（3 位）存放在控制字段，信息（数据）字段用于承载数据。

答案：C

5．在（　　）校验方法中，采用模 2 运算来构造校验位。

A．水平奇偶　　B．垂直奇偶　　C．海明码　　D．循环冗余

解析：CRC 校验用的模 2 除法运算。

答案：D

6．已知数据信息为 16 位，最少应附加（　　）位校验位，才能实现海明码纠错。

A．3　　　　　　B．4　　　　　　C．5　　　　　　D．6

解析：m 为数据位，k 为冗余位，则组成 $m+k+1 \leq 2^k$ 的关系。若 $m=16$，则 $k=5$ 或者 6 都满足 $16+k+1 \leq 2^k$。对于给定的数据位 m，关系式给出了 k 的下界，即要纠正单个错误，k 取最小值，所以 $k=5$。

7．使用 ADSL 接入电话网采用的认证协议是（　　）。

A．802.1x　　　B．802.5　　　　C．PPPoA　　　D．PPPoE

解析：PPPoE，以太网上的点对点协议，是将 PPP 封装在以太网（Ethernet）框架中的一种网络隧道协议。在 ADSL 中所使用的认证协议是基于 PPPoE 实现的。

答案：D

第 11 小时 网工新技术

11.0 本章思维导图

网工新技术思维导图如图 11-1 所示。

图 11-1 网工新技术思维导图

11.1 SDN

【基础知识点】

软件定义网络（Software Defined Network，SDN）核心理念通过将网络设备控制平面与数据平面分离，从而实现了网络控制平面的集中控制，为网络应用的创新提供了良好的支撑。

SDN 的三个特征是"转控分离""集中控制"和"开放可编程接口"。

SDN 的本质诉求是让网络更加开放、灵活和简单。它的实现方式是为网络构建一个集中的大脑，通过全局视图集中控制，实现业务快速部署、流量调优或网络业务开放等目标。

SDN 的价值是：

（1）集中管理，简化网络管理与运维。

（2）屏蔽技术细节，降低网络复杂度，降低运维成本。

（3）自动化调优，提高网络利用率。

（4）快速业务部署，缩短业务上线时间。

（5）网络开放，支撑开放可编程的第三方应用。

SDN 网络架构表述如下：

SDN 网络架构分为协同应用层、控制器层和设备层。不同层次之间通过开放接口连接。以控制器层为主要视角，区分面向设备层的南向接口和面向协同应用层的北向接口。OpenFlow 属于南向接口协议的一种。SDN 网络架构图如图 11-2 所示。

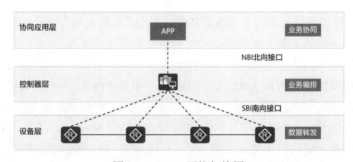

图 11-2　SDN 网络架构图

华为 SDN 网络架构表述如下：

（1）华为 SDN 网络架构支持丰富的南北向接口，包括 OpenFlow、OVSDB、NETCONF、PCEP、RESTful、SNMP、BGP、JsonRPC、RESTCONF 等。华为 SDN 网络架构图如图 11-3 所示。

图 11-3　华为 SDN 网络架构图

（2）iMaster NCE，自动驾驶网络管理与控制系统，是华为集管理、控制、分析和 AI 智能功能于一体的网络自动化与智能化平台。

11.2 NFV

【基础知识点】

网络功能虚拟化（Network Function Virtualization，NFV）是运营商为了解决电信网络硬件繁多、部署运维复杂、业务创新困难等问题而提出的。虚拟化之后的网络功能被称为虚拟网络功能（Virtualised Network Function，VNF）。

NFV 关键技术是虚拟化和云化，其中虚拟化是基础，云计算是关键。

（1）虚拟化具有分区、隔离、封装和相对于硬件独立的特征，能够很好地匹配 NFV 的需求。

（2）云计算是一种模型，它可以实现随时随地、便捷地、随需应变地从可配置计算资源共享池中获取所需的资源，资源能够快速供应并释放，使管理资源的工作量和与服务提供商的交互减小到最低限度。

（3）运营商网络中网络功能的云计算更多的是利用了资源池化和快速弹性伸缩两个特征。除此之外云计算的特征还有：按需自助服务、广泛网络接入和可计量服务。

NFV 的架构如下：

（1）NFV 标准架构由 NFVI、VNF 以及 MANO 主要组件组成。NFVI 包括通用的硬件设施及其虚拟化，VNF 使用软件实现虚拟化网络功能，MANO 实现 NFV 架构的管理和编排。

（2）华为 NFV 架构中，虚拟化层及 VIM 的功能由华为云 Stack NFVI 平台实现。华为云 Stack 可以实现计算资源、存储资源和网络资源的全面虚拟化，并能够对物理硬件虚拟化资源进行统一的管理、监控和优化。华为 NFV 架构如图 11-4 所示。

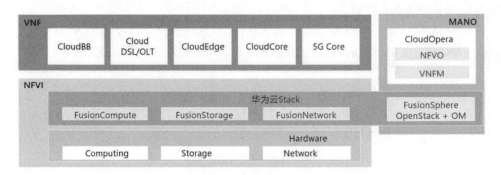

图 11-4　华为 NFV 架构

11.3 SD-WAN

【基础知识点】

软件定义广域网（SD-WAN）技术能较好地解决云计算时代企业广域互联网络面临的挑战。

SD-WAN 是将软件定义网络（Software Defined Network，SDN）的架构和理念应用于广域网（Wide Area Network，WAN），并重塑 WAN。

SD-WAN 特征如下所述：

（1）通过零配置开局等方式，实现分支的快速部署和上线，提高部署效率。

（2）基于不同的应用类型，动态调整流量的路径，实现灵活便捷的调度方式。

（3）集中管控，全网状态可视化；提供自动化、智能化运维能力。

（4）提供广域优化、安全等增值业务，实现业务快速发放等。

华为 SD-WAN 解决方案架构如图 11-5 所示。

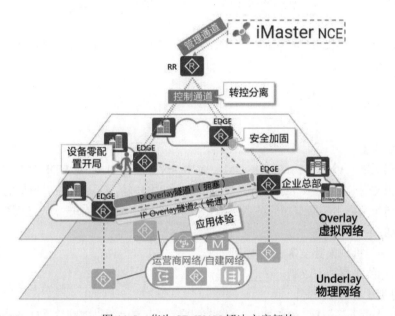

图 11-5　华为 SD-WAN 解决方案架构

SD-WAN 解决方案的总体架构主要包含网络层、控制层以及管理层。各层次之间，通过标准接口和通信协议相互关联。

（1）管理层：控制器对企业互联业务全流程精细管理，南向通过 NETCONF 实现对网络设备的接纳与管理，北向提供标准 RESTful 接口与第三方应用对接。

（2）控制层：控制器与分布式控制组件配合，负责区域内不同站点间的路由传递，实现区域间网络的互联互通。

（3）网络层：分支、总部和云平台之间通过高性价比的网络设备，采用 Overlay 技术，按需构建基于 Internet、传统专线等任意链路的全网络联接。

企业 SD-WAN 网络可以分为 Underlay 物理网络和 Overlay 虚拟网络两层，物理网络和虚拟网络完全解耦。

（1）物理网络：主要是指运营商提供或企业自建的 Underlay WAN，包括专线 MPLS 等网络。

（2）虚拟网络：又称为 Overlay 网络，SD-WAN 通过引入 IP Overlay 虚拟化技术，在物理网络上构建出一张或者多张虚拟的 Overlay 网络。业务策略被部署在虚拟网络上，与物理网络解耦，从而将业务和 WAN 互联分离。

华为 SD-WAN 通过 SA 识别应用，并通过智能策略路由 SPR 实现智能选路。

华为 SD-WAN 通过层次化服务质量（Hierarchical Quality of Service，HQoS）实现带宽控制与调度，通过前向纠错（Forward Error Correction，FEC）/自适应前向纠错（Adaptive-Forward Error Correction，A-FEC）实现流量的广域优化。

（1）HQoS 基于多级队列实现层次化调度，不仅区分了业务，也区分了用户，实现了精细化的 QoS 服务。

（2）FEC/A-FEC 优化根据网络的丢包情况调整相关参数生成冗余包，并由对端设备对数据报文进行校验和重组。

11.4 VXLAN

【基础知识点】

虚拟扩展局域网（Virtual Extensible LAN，VXLAN）采用 MAC in UDP 封装方式来延伸二层网络，将以太报文封装在 IP 报文之上，通过路由在网络中传输，无需关注虚拟机的 MAC 地址。

为了应对传统数据中心网络对服务器虚拟化技术的限制，VXLAN 技术应运而生，其能够很好地解决如下问题：

（1）针对虚拟机规模受设备表项规格限制。

（2）针对网络隔离能力限制。

（3）虚拟机迁移范围受限。

VXLAN 在本质上是一种 VPN 技术，能够在任意路由可达的物理网络（Underlay 网络）上叠加二层虚拟网络（Overlay 网络），通过 VXLAN 网关之间的 VXLAN 隧道实现 VXLAN 网络内部的互通，同时，也可以实现与传统的非 VXLAN 网络的互通。具备大规模扩展能力，通过路由网络，虚拟机迁移不受网络架构限制。

11.5 NETCONF 协议

【基础知识点】

网络配置协议（NETCONF），提供一套管理网络设备的机制。用户可以使用这套机制增加、修改、删除网络设备的配置，获取网络设备的配置和状态信息。

NETCONF 有三个对象：NETCONF 客户端、NETCONF 服务器和 NETCONF 消息。

NETCONF 协议架构表述如下：

（1）NETCONF 协议层次如图 11-6 所示。

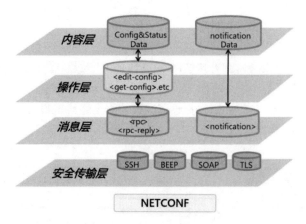

图 11-6　NETCONF 协议层次

（2）NETCONF 可以划分为 4 层：安全传输层、消息层、操作层、内容层。

11.6　YANG 建模语言

【基础知识点】

YANG 是一种数据建模语言。YANG 模型定义了数据的层次化结构，可用于基于网络配置管理协议（如 NETCONF）的操作，包括配置、状态数据、远程过程调用和通知。它可以对 NETCONF 客户端和服务器端之间发送的所有数据进行一个完整的描述。YANG 相对于 SNMP 的模型 MIB，更有层次化，能够区分配置和状态，可扩展性强。

YANG 有以下特点：

（1）基于层次化的树状结构建模。
（2）数据模型以模块和子模块呈现。
（3）可以和基于 XML 的语法的 YIN（YANG Independent Notation）模型无损转换。
（4）定义内置的数据类型和允许可扩展类型。

11.7　Telemetry

【基础知识点】

Telemetry 是新一代从设备上远程高速采集数据的网络监控技术，设备通过"推模式（Push Mode）"周期性地主动向采集器上发送设备信息，提供更实时、更高速、更精确的网络监控功能。具体来说，Telemetry 按照 YANG 模型组织数据，利用 GPB 格式编码，并通过 gRPC 协议传输数据，使得数据获取更高效，智能对接更便捷。

相对传统的"拉模式（Pull Mode）"，即采集器与设备之间是一问一答的交互，Telemetry 优点如下：

（1）采用"推模式"主动推送数据，降低设备压力。

（2）以亚秒级的周期推送数据，避免网络延时造成数据不准确。

（3）可以监控大量网络设备，弥补传统网络由于采用"拉模式"造成监控方式的不足。

Telemetry 网络模型分广义和狭义两种。广义 Telemetry 包括采集器、分析器、控制器和设备共同构成的一个自闭环系统。狭义 Telemetry 指设备采样数据上送给采集器的功能。

Telemetry 协议栈如图 11-7 所示。

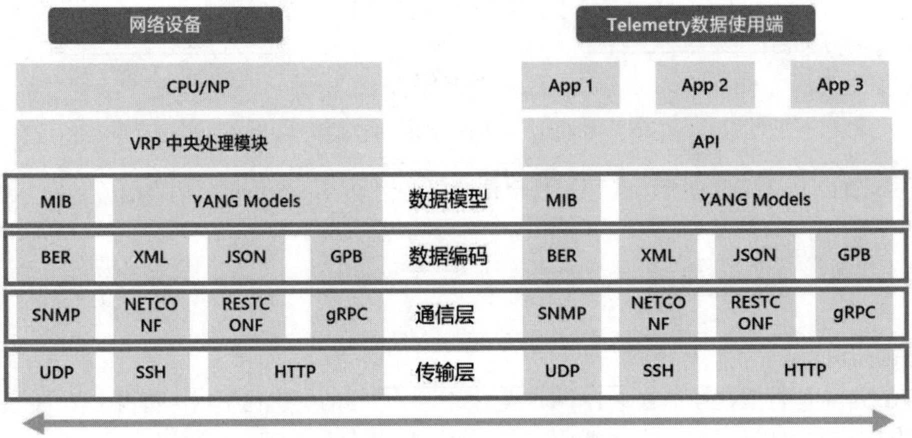

图 11-7　Telemetry 协议栈

11.8　练习题

1. 在 5G 关键技术中，将传统互联网控制平面与数据平面分离，使网络的灵活性、可管理性和可扩展性大幅提升的是（　　）。

　　A．软件定义网络（SDN）

　　B．大规模多输入多输出（MIMO）

　　C．网络功能虚拟化（NFV）

　　D．长期演进（LTE）

解析：SDN 的三个特征是"转控分离""集中控制"和"开放可编程接口"。

答案：A

2. 以下对于华为 SDN 解决方案的说法错误的是（　　）。

　　A．SDN 的本质诉求是让网络更加开放、灵活和简单

　　B．支持 OpenFlow 作为南向接口协议

C．开放可编程网络接口，支持第三方应用开发和系统对接

D．支持丰富的南向接口协议，例如 RESTful、NETCONF 等

解析：南向接口为控制器与设备交互的协议，包括 NETCONF、SNMP、OpenFlow、OVSDB 等，北向接口为控制器对接协同应用层的接口，主要为 RESTful。

答案：D

3．关于 SDN 和 NFV 的说法错误的是（　　）。

A．SDN 会取代 NFV　　　　　　　B．SDN 主要影响网络架构

C．NFV 主要影响网元的部署形态　　D．SDN 和 NFV 是 Network 相关的变革

解析：两者都是 Network 相关的变革，且 NFV 概念在 SDN 和 OpenFlow 世界大会上提出，但是两者彼此独立，没有必然关系。SDN 主要影响网络架构，NFV 主要影响网元的部署形态。

答案：A

4．NFV 是电信网络设备部署形态的革新，以（　　）为基础，（　　）为关键，实现电信网络的重构。

A．虚拟化，大数据　　　　　　　B．大数据，物联网

C．元宇宙，人工智能　　　　　　D．虚拟化，云计算

解析：NFV 是电信网络设备部署形态的革新，以虚拟化为基础，云计算为关键，实现电信网络的重构。

答案：D

5．以下属于 Telemetry 数据推送方式的是（　　）。

A．TCP　　　　B．HTTPS　　　　C．gRPC　　　　D．HTTP

解析：Telemetry 数据推送方式有 UDP、gRPC。

答案：C

6．华为 NETCONF 的传输层使用（　　）协议。

A．HTTP　　　　B．SSL　　　　C．SSH　　　　D．HTTPS

解析：NETCONF 使用 SSH 作为承载协议，在使用前必须配置 SSH。

答案：C

第 12 小时 专业英语

12.1 真题演练

【基础知识点】

1. Network security is the protection of the underlying networking infrastructure ___（1）___ access, misuse, or theft. It involves creating a secure infrastructure for device and applications to work in a ___（2）___ manner. Network security combines multiple defenses at the edge and in the network. Each network security layer implements ___（3）___ controls. Authorized users gain access to network resources. A ___（4）___ is a network device that monitors incoming and outgoing network traffic and decides whether block specific traffic based on a defined set of security rules. A virtual ___（5）___ encrypts the connection from an cndpoint to a network, often over the internet remote-access VPN uses IPSec or Secure Sockets Layer to authenticate the between device and network.

（1）A. unauthorized   B. authorized   C. normal   D. frequent
（2）A. economical   B. secure   C. fair   D. efficient
（3）A. computing   B. translation   C. policies   D. simulations
（4）A. firewall   B. router   C. gateway   D. switch
（5）A. public   B. private   C. personal   D. political

参考译文：网络安全是保护底层网络基础设施免受未经授权的访问、误用或盗窃。它涉及为设备和应用程序提供一个安全的基础设施，并以安全的方式工作。网络安全结合了边缘和网络中的多层防御。每个网络安全层实现策略控制。授权用户可以访问网络资源。防火墙是一种网络安全设备，它监视传入和传出的网络流量，并根据定义的一组安全规则决定是否分配阻止特定流量。虚拟专用网络通常通过网络对端点到网络的连接进行加密。典型的远程访问 VPN 使用 IPSec 或安全套接字层来验证设备和网络之间的通信。

答案：（1）A （2）B （3）C （4）A （5）B

2. Network Address Translation(NAT) is an Internet standard that enables a local-area network to use one set of IP addresses for internal traffic and another set of ___(1)___ IP addresses for external traffic. The main use of NAT is to limit the number of public IP address that an organization or company must use, for both economy ___(2)___ purposes. NAT remaps an IP address space into another by modifying network address information in the ___(3)___ header packets while they are in transit across a traffic rooting device. It has become an essential tool in conserving global address space in the face of ___(4)___ address exhaustion. When a packet traverses outside the local network, NAT converts the private IP address to a public IP address. If NAT runs out of public address, the packets will be dropped and "___(5)___ host unreachable" packets will be sent.

（1）A．local　　　　　B．private　　　　C．public　　　　　D．dynamic
（2）A．political　　　　B．fairness　　　　C．efficiency　　　 D．security
（3）A．MAC　　　　　 B．IP　　　　　　　C．TCP　　　　　　D．UDP
（4）A．IPv4　　　　　 B．IPv6　　　　　　C．MAC　　　　　　D．logical
（5）A．BGP　　　　　 B．IGMP　　　　　 C．ICMP　　　　　 D．SNMP

参考译文：网络地址转换（NAT）是一种因特网标准，它使局域网能够将一组 IP 地址转换为用于内部通信的 IP 地址，并将另一组公共 IP 地址转换为用于最终通信的 IP 地址。NAT 的主要用途是确定应用程序或公司必须使用的公共 IP 地址的数量，为了经济和安全目的，NAT 通过在流量路由设备上处理数据包时修改数据包 IP 报头中的网络地址信息，将一个 IP 地址空间重新映射到另一个 IP 地址空间，在 IPv4 地址耗尽的情况下，它已成为保护全局地址空间的重要工具。当数据包在本地网络之外传输时，NAT 将私有 IP 地址转换为公共 IP 地址。如果 NAT 用完公共地址，数据包将被丢弃，并且发送"ICMP 主机不可访问报文"。

答案：（1）C　（2）D　（3）B　（4）A　（5）C

3. The Address Resolution Protocol (ARP) was developed to enable communications on an internet work and perform a required function in IP routing. ARP lies between layers ___(1)___ of the OSI model, and allows computers to introduce each other across a network prior to communication. ARP finds the ___(2)___ address of a host from its known ___(3)___ address. Before a device sends a datagram to another device, it looks in its ARP cache to see if there is a MAC address and corresponding IP address for the destination device. If there is no entry, the source device sends a ___(4)___ message to every device on the network. Each device compares the IP address to its own. Only the device with the matching IP address replies with a packet containing the MAC address for the device (except in the case of "proxy ARP"). The source device adds the ___(5)___ device MAC address to its ARP table for future reference.

（1）A．1 and 2　　　　B．2 and 3　　　　C．3 and 4　　　　D．4 and 5
（2）A．IP　　　　　　B．logical　　　　　C．hardware　　　　D．network
（3）A．IP　　　　　　B．physical　　　　C．MAC　　　　　　D．virtual
（4）A．unicast　　　　B．multicast　　　　C．broadcast　　　　D．point-to-point

(5) A. source B. destination C. gateway D. proxy

参考译文：地址解析协议（ARP）的开发是为了实现互联网上的通信，并在 IP 路由中执行所需的功能。ARP 位于 OSI 模型的第 2 层和第 3 层之间，允许计算机在通信之前通过网络相互介绍。ARP 从主机的已知 IP 地址中查找其硬件地址。在一个设备向另一个设备发送数据报之前，它会在其 ARP 缓存中查找目标设备是否有 MAC 地址和相应的 IP 地址。如果没有条目，则源设备向网络上的每个设备发送广播消息。每个设备将 IP 地址与自己的 IP 地址进行比较。只有 IP 地址匹配的设备才会回复包含设备 MAC 地址的数据包（代理 ARP 除外）。源设备将目标设备 MAC 地址添加到其 ARP 表中以供将来参考。

答案：（1）B （2）C （3）A （4）C （5）B

4. Network security consists of policies and practices to prevent and monitor ___(1)___ access, misuse, modification, or denial of a computer network and network-accessible resources. Network security involves the authorization of access to data in a network, which is controlled by the network ___(2)___. Users choose or are assigned an ID and password or other authenticating information that allows them to access to information and programs within their authority. Network security secures the network, as well as protecting and overseeing operations being done. The most common and simple way of protecting a network resource is by assigning it a ___(3)___ name and a corresponding password. Network security starts with authentication. Once authenticated, a ___(4)___ enforces policies such as what services are allowed to be accessed by the network users. Though effective to prevent unauthorized access, this component may fail to check potentially harmful content such as computer ___(5)___ or Trojans being transmitted over the network.

(1) A. unauthorized B. harmful C. dangerous D. frequent
(2) A. user B. agent C. server D. administrator
(3) A. complex B. unique C. catchy D. long
(4) A. firewall B. proxy C. gateway D. host
(5) A. spams B. malwares C. worms D. programs

参考译文：网络安全包含各种策略和条例，来阻止和监控对计算机网络和网络可访问资源的未授权访问、误用、修改、拒绝等操作。网络安全涉及对一个网络内数据的访问授权，由网络管理员来控制。用户选择或被赋予一个 ID 和密码，或别的授权信息，以便允许他们访问授权范围内的信息和程序。网络安全保护着网络，同时也保护和监控着正在执行的操作。最普遍、简单的保护网络资源的方式是赋予它唯一的名字和对应的密码。网络安全始于授权。一旦被授权，防火墙就会强制执行访问策略，例如允许网络用户访问哪些服务。尽管可以有效阻止未授权访问，防火墙可能会检测不出潜在的有害内容，如正在网络上传播的计算机蠕虫、特洛伊木马。

答案：（1）A （2）D （3）B （4）A （5）C

12.2 练习题

1. The TTL field was originally designed to hold a time stamp, which was decremented by each visited router. The datagram was ___(1)___ when the value became zero. However, for this scheme, all the machines must have synchronized clocks and must know how long it takes for a datagram to go from one machine to another. Today, this field is used mostly to control the ___(2)___ number of hops (routers) visited by the datagram. When a source host sends the datagram, it ___(3)___ a number in this field. Each router that processes the datagram decrements this number by 1. If this value, after being decremented, is zero, the router discards the datagram. This field is needed because routing tables in the internet can become corrupted. A datagram may travel between two or more routers for a long time without ever getting delivered to the ___(4)___. This field limits the ___(5)___ of a datagram.

（1）A. received   B. discarded   C. rejected   D. transferred
（2）A. maximum   B. minimum   C. exact   D. certain
（3）A. controls   B. transmits   C. stores   D. receives
（4）A. switch   B. router   C. source host   D. destination host
（5）A. lifetime   B. moving time   C. receiving time   D. transmitting time

参考译文：TTL 字段最初设计用于保存时间戳，每次访问路由器时间戳则递减。当时间戳的值变为零时，数据报就被丢弃。然而这个方案要求所有的机器都必须与时钟同步，并且必须知道数据报从一台机器到另一台机器需要多长时间。现在，这个字段主要用于控制数据报访问的最大跳数（路由器）。当源主机发送数据报时，它在此字段中存储一个数字。处理这个数据报的每一个路由器都将这个数字递减 1。如果该值在递减后为零，路由器则将数据报丢弃。此字段是必需的，因为网络中路由表可能会被损坏，数据报就会在两个或多个路由器之间长时间传输，而不传送到目的主机。此字段限制了数据报的生存时间。

答案：（1）B   （2）A   （3）C   （4）D   （5）A

第 3 篇
网络工程师进阶知识

第13小时 无线通信网

13.0 本章思维导图

无线通信网思维导图如图 13-1 所示。

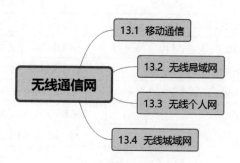

图 13-1 无线通信网思维导图

13.1 移动通信

【基础知识点】

1. 4G

2013 年 12 月,中华人民共和国工业和信息化部正式发放 4G 牌照,宣告我国移动通信行业进入第四代(4G)。4G 的传输速率至少达到 100Mb/s,采用正交频分复用(OFDM)和多进多出(MIMO)。4G 包含时分双工(TDD-LTE)和频分双工(FDD-LTE)两种制式。国际电信联盟在 2012 年无线电通信全会全体会议上,正式审议通过将 LTE-Advanced 和 WirelessMAN-Advanced(802.16m)技术规范确立为 4G 标准。我国主导制定的 TD-LTE-Advanced 和 FDD-LTE-Advanced 同时并列成为 4G 国际标准。

2. 5G

（1）5G 是具有高速率、低时延和大连接特点的新一代宽带移动通信技术，是实现人机物互联的网络基础设施。与 4G 相比，5G 可以提供小于 1ms 的端到端时延以及 99.9999%的可靠性。

（2）5G 的关键技术包括：超密集异构无线网络、大规模多输入多输出、毫米波通信、软件定义网络和网络功能虚拟化等。

（3）2019 年 6 月 6 日，中华人民共和国工业和信息化部向中国移动、中国电信、中国联通、中国广电发放 5G 商用牌照，标志着中国 5G 正式进入商用阶段。

13.2 无线局域网

【基础知识点】

1. 无线局域网标准

无线局域网 IEEE 802.11 标准，见表 13-1。

表 13-1 无线局域网 IEEE 802.11 标准

标准	别名	工作频段	调制技术	最高数据速率
802.11b	Wi-Fi 1	2.4GHz，与 802.11g 互通	扩频	11Mb/s
802.11a	Wi-Fi 2	5GHz，与 802.11b/g 不兼容	OFDM 调制技术	54Mb/s
802.11g	Wi-Fi 3	2.4GHz	OFDM 调制技术	54Mb/s
802.11n	Wi-Fi 4	2.4/5GHz，兼容 802.11a/b/g	MIMO 和 OFDM	600Mb/s
802.11ac	Wi-Fi 5	5GHz	MIMO 和 OFDM	7Gb/s
802.11ax	Wi-Fi 6	2.4/5GHz	MIMO 和 OFDM	9.6Gb/s

2. 网络拓扑结构

（1）IEEE 802.11 定义了两种无线网络拓扑结构，一种是基础设施网络（Infrastructure Networking），另一种是无固定基础设施的无线局域网，又叫自组网络（Ad Hoc Networking）。

（2）基础设施网络是预先建立起来的、能够覆盖一定地理范围的一批固定基站。在基础设施网络中，无线终端可以通过接入点（Access Point，AP）访问骨干网络设备。AP 工作在数据链路层，接入点如同一个网桥，负责在 802.11 和 802.3 MAC 协议之间进行转换。一个接入点覆盖的区域叫作一个基本服务区（Basic Service Area，BSA），接入点控制的所有终端组成一个基本服务集（Basic Service Set，BSS）。把多个基本服务集互相连接就形成了分布式系统（Distributed System，DS）。DS 支持的所有服务叫作扩展服务集（Extended Service Set，ESS），它由两个以上的 BSS 组成。

（3）Ad Hoc 网络是一种点对点连接，不需要有线网络和接入点的支持，终端设备之间通过无线网卡可以直接通信。这种拓扑结构适合在移动情况下快速部署网络。802.11 支持单跳的 Ad Hoc 网络和多跳的 Ad Hoc 网络。

3. AP 的分类

从工作原理和功能上将 AP 分为：胖 AP 和瘦 AP。

（1）胖 AP：一般指无线路由，多用于家庭和小型网络，功能比较全，一般一台设备就能实现接入、认证、路由、VPN、地址转换、防火墙等功能。

（2）瘦 AP：一般指无线网关或网桥，多用于要求较高的中大型网络，需结合无线控制器（AC）一起使用，要实现认证一般需要认证服务器或者支持认证功能的交换机配合。在大型无线网络中，通常采用 AC+AP 的网络结构。为了让 AC 和 AP 通信，常用的方式是通过 DHCP 的 option43 向 AP 通告 AC 的 IP 地址。

4. 无线网通信技术

无线网主要使用红外线、扩展频谱和窄带微波技术三种通信技术。

（1）红外线（Infrared Radiation，IR）：IR 通信技术可以用来建立 WLAN。包括三种技术：定向红外光束（可以用于点对点链路）、全方向广播红外线和漫反射红外线。

（2）扩展频谱通信技术：将信号散布到更宽的带宽上以减少发生阻塞和干扰的机会。包括频率跳动扩展频谱（FHSS）和直接序列扩展频谱（DSSS）。

（3）窄带微波通信技术：使用微波无线电频带进行数据传输，其带宽刚好能容纳传输信号。

5. WLAN 协议模型

WLAN 协议模型如图 13-2 所示。

数据链路层	LLC		站管理
	MAC	MAC 管理	
物理层	PLCP	PHY 管理	
	PMD		

图 13-2 WLAN 协议模型

（1）物理层。

1）IEEE 802.11 分别定义三种 PLCP 帧来对应 3 种不同的 PMD 子层通信技术。分别是 FHSS、DSSS、DFIR。

2）2.4GHz 无线网络信道划分是按照每 5MHz 划分一个信道，每个信道 22MHz，将 2.4GHz 频段划分出 13 个信道，而这 13 个信道中有相互覆盖和相互重叠的情况，为了无线网络能够互不干扰地工作，在 13 个信道中，只有 1、6、11 号信道这三个信道可用。

补充：在中国，5.8GHz 频段内有 5 个非重叠信道，分别为：149、153、157、161、165 号信道。

（2）MAC 子层。MAC 子层的功能是提供访问控制机制，它定义了三种访问控制机制：CSMA/CA 支持竞争访问，RTS/CTS 和点协调功能支持无竞争访问。

（3）IEEE 802.11 采用了 CSMA/CA（载波侦听多路访问/冲突避免）协议，之所以不采用 CSMA/CD 协议的原因是：①无线网络中，接收信号的强度往往远小于发送信号，因此实现碰撞的花费过大；②存在隐蔽终端和暴露站的问题。CSMA/CD 的作用是减少碰撞发生的概率，而不是检测碰撞。在使用 CSMA/CA 的同时，还使用停止等待协议。隐蔽终端和暴露站如图 13-3 所示。

1）图 13-3（a）表示站点 A 和 C 都想和 B 通信。但 A 和 C 相距较远，彼此都听不见对方。当 A 和 C 检测到信道空闲时，就都向 B 发送数据，结果发生了碰撞。这种未能检测出信道上其他站点信号的问题叫作隐蔽站问题。当移动站之间有障碍物时也有可能出现隐蔽站的问题。

2）图 13-3（b）给出了另一种情况。站点 B 向 A 发送数据，而 C 又想和 D 通信，但 C 检测到信道忙，于是就不敢向 D 发送数据，其实 B 向 A 发送数据并不影响 C 向 D 发送数据。这就是暴露站问题。在无线局域网中，在不发生干扰的情况下，可允许同时有多个移动站进行通信。

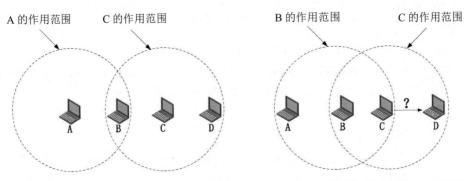

(a) A 和 C 同时向 B 发送信号，发生碰撞　　(b) B 向 A 发送信号，使 C 不敢向 D 发送信号

图 13-3　隐蔽终端和暴露站

6．CSMA/CA 协议

采用冲突避免的方法可以解决隐蔽终端的问题。IEEE 802.11 定义了一个帧间隔（Inter Frame Space，IFS）时间，还有一个后退计数器，初始值随机设置，递减计数直到 0。载波监听多路访问/冲突避免（CSMA/CA）的基本过程如下：

（1）如果一个站有数据要发送并且监听到信道忙，则产生一个随机数设置自己的后退计数器并坚持监听。

（2）听到信道空闲后等待 IFS 时间，然后开始计数。最先计数完的站开始发送。

（3）其他站在听到有新的站开始发送后暂停计数，在新的站发送完成后再等待一个 IFS 时间继续计数，直到计数完成开始发送。

7．分布式协调功能

（1）802.11 MAC 层定义的分布式协调功能（Distributed Coordination Function，DCF）利用了 CSMA/CA 协议，在此基础上又定义了点协调功能（Point Coordination Function，PCF）。

（2）DCF 是数据传输的基本方式，作用于信道竞争期。PCF 工作于非竞争期。两者总是交替出现，先由 DCF 竞争介质使用权，然后进入非竞争期，由 PCF 控制数据传输。

（3）为了使各种 MAC 层操作互相配合，IEEE 802.11 推荐使用以下三种帧间隔（IFS），以便提供基于优先级的访问控制。

1）分布式协调 IFS（DIFS）：最长的 IFS，优先级最低，用于异步帧竞争访问的时延。

2）点协调 IFS（PIFS）：中等长度的 IFS，优先级居中，在 PCF 操作中使用。

3）短 IFS（SIFS）：最短的 IFS，优先级最高，用于需要立即响应的操作，也用在请求发送（RTS）/允许发送（CTS）机制中。

8．点协调功能（PCF）

（1）PCF 是在 DCF 之上实现的一个可选功能。点协调功能就是由 AP 集中轮询所有终端，为其提供无竞争的服务，这种机制适用于时间敏感的操作。点协调能够优先 CSMA/CA 获得信道，并把所有的异步帧都推后传送。

（2）在极端情况下，点协调功能可以用连续轮询的方式排除所有的异步帧。为了防止这种情况的发生，IEEE 802.11 定义了一个超级帧的时间间隔。在此时段的开始部分，由点协调功能向所有配置成轮询的终端发出轮询。随后在超级帧余下的时间允许异步帧竞争信道。

9．WLAN 安全

在无线局域网中可以采取的安全措施有 SSID 访问控制、物理地址过滤、WEP/WPA/WPA2 和 IEEE 802.11i 等。

（1）SSID 访问控制：个性化设置 SSID，也可以隐藏 SSID。

（2）物理地址过滤：设置 MAC 地址列表，用于实现物理地址过滤功能。

（3）有线等效保密协议（Wired Equivalent Privacy，WEP）是 IEEE 802.11 标准的一部分。WEP 使用 RC4 协议进行加密，RC4 是一种流加密技术。使用 CRC-32 校验保证数据的正确性。密钥长度 64 位或 128 位，存在被破译的安全风险。

（4）WPA 是 IEEE 802.11i 标准确定之前代替 WEP 的无线安全标准协议，是 IEEE 802.11i 的一个子集。WPA 包含认证、加密和数据完整性校验三个组成部分。首先使用 802.1x 对用户的 MAC 地址进行认证；其次增大密钥和初始向量的长度，以 128 位密钥和 48 位的初始向量用于 RC4 加密；采用临时密钥完整性协议 TKIP；强化数据完整性保护。WPA 使用报文完整性编码来检测伪造的数据包，并且在报文认证码中包含有帧计数器，防止重放攻击。

（5）WPA2 采用 CCMP 来代替 TKIP，采用 AES 加密算法。

（6）IEEE 802.11i 三个方面的安全部件包括：

1）TKIP：使用 RC4 加密算法，需升级固件和驱动程序来实现。

2）CCMP：使用 AES 加密和 CCM 认证，硬件要求高，需要更换硬件来实现。

3）WARP：使用 AES 加密和 OCB 加密，已被 CCMP 替代。

除此之外预共享密钥 PSK 适用于小型办公室和家庭，可以省去 802.1x 认证和密钥交换过程。

10．WLAN 漫游

（1）WLAN 漫游是 STA 在不同 AP 覆盖范围之间移动且保持用户业务不中断的行为。其中 STA 在 WLAN 中一般为客户端或者叫终端，可以是装有无线网卡的计算机，也可以是有 Wi-Fi 模块的智能手机。

（2）实现 WLAN 漫游的两个 AP 必须使用相同的 SSID 和安全模板（安全模板名称可以不同，但是安全模板下的配置必须相同），认证模板的认证方式和认证参数也要配置相同。

（3）漫游分类。漫游分为二层漫游和三层漫游，只有当 VLAN 相同且漫游域也相同的时候才是二层漫游，否则是三层漫游。

1）二层漫游：1 个无线客户端在 2 个（或多个）AP 之间来回切换连接无线，漫游切换的过程中，无线客户端的接入属性不会有任何变化，直接平滑过渡，在漫游的过程中不会有丢包和断线重连的现象。

2）三层漫游：漫游前后 SSID 的业务 VLAN 不同，AP 所提供的业务网络为不同的三层网络，对应不同的网关。

13.3　无线个人网

【基础知识点】

IEEE 802.15 工作组负责制定无线个人网（Wireless Personal Area Networks，WPAN）的技术规范。这是一种小范围的无线通信系统，覆盖半径仅 10m 左右，可用来代替计算机、手机、数码相机等智能设备的通信电缆，或者构成无线传感器网络和智能家庭网络等。

无线个人网包括：蓝牙技术、ZigBee 技术。

（1）蓝牙技术：采用 IEEE 802.15.1 标准，设备之间的互操作通过核心系统协议实现，主要的协议有 RF 协议、链路控制协议（LCP）、链路管理协议（LMP）和 L2CAP 协议。数据速率为 1Mb/s。

（2）ZigBee：基于 IEEE 802.15.4 开发的一组关于组网、安全和应用软件的技术标准。

13.4　无线城域网

【基础知识点】

无线城域网标准有标准 IEEE 802.16d，支持无线固定接入，也叫作固定 WiMAX；另一个是 IEEE 802.16e，在 IEEE 802.16d 标准的基础上增加了对移动性的支持，所以也称为移动 WiMAX。移动 WiMAX（IEEE 802.16e）向下兼容 IEEE 802.16d。

WiMAX 技术主要有两个应用领域：一个是作为蜂窝网络、Wi-Fi 热点和 Wi-Fi Mesh 的回程链路，回程链路是指从接入网络到达交换中心的连接。另一个是作为最后一千米的无线宽带接入链路。

IEEE 802.16 协议模型由物理层和 MAC 层构成。MAC 层分为面向服务的汇聚子层、公共部分子层和安全子层三个子层。

无线城域网关键技术有正交频分复用技术（OFDM）/正交频分多址（OFDMA）、多输入多输出（MIMO）、频分双工（FDD）、时分双工（TDD）。

13.5　练习题

1. 下列 IEEE 802.11 系列标准中，WLAN 的传输速率达到 300Mb/s 的是（　　）。

A．802.11a　　　　B．802.11b　　　　C．802.11g　　　　D．802.11n

解析：802.11n 是在 802.11g 和 802.11a 之上发展起来的一项技术，可以工作在 2.4GHz 和 5GHz 两个频段，最大速率可到 600Mb/s。

答案：D

2．WLAN 接入安全控制中，采用的安全措施不包括（　　）。

A．SSID 访问控制　　　　　　　　B．CA 认证

C．物理地址过滤　　　　　　　　D．WPA2 安全认证

解析：WLAN 接入安全控制中，采用的安全措施包括 SSID 访问控制、物理地址过滤、WEP/WPA/WPA2 和 IEEE 802.11i 等。

答案：B

3．下面无线网络技术中，覆盖范围最小的是（　　）。

A．802.15.1 蓝牙　　　　　　　　B．802.11n 无线局域网

C．802.15.4 ZigBee　　　　　　　D．802.16m 无线城域网

解析：蓝牙，传输距离 2～30m，速率为 1Mb/s。

答案：A

4．无线局域网 AP 中的轮询会锁定异步帧，在 IEEE 802.11 网络中定义了（　　）机制来解决这一问题。

A．RTS/CTS 机制　　　　　　　　B．二进制指数退

C．超级帧　　　　　　　　　　　D．无争用服务

解析：无线局域网中 AP 的轮询会锁定异步帧，在 IEEE 802.11 网络中定义了超级帧机制，在一个超级帧内只允许轮询一次，从而解决了异步帧被锁定的问题。

答案：C

5．无线局域网中采用不同帧间间隔划定优先级，通过冲突避免机制来实现介质访问控制。其中 RTS/CTS 帧（　　）。

A．帧间间隔最短，具有较高优先级

B．帧间间隔最短，具有较低优先级

C．帧间间隔最长，具有较高优先级

D．帧间间隔最长，具有较低优先级

解析：IEEE 802.11 推荐使用以下三种帧间间隔（IFS），以便提供基于优先级的访问控制。

（1）分布式协调 IFS（DIFS）：最长的 IFS，优先级最低，用于异步帧竞争访问的时延。

（2）点协调 IFS（PIFS）：中等长度的 IFS，优先级居中，在 PCF 操作中使用。

（3）短 IFS（SIFS）：最短的 IFS，优先级最高，用于需要立即响应的操作，也用在 RTS/CTS 机制中。

故 RTS/CTS 帧间隔最短，具有较高优先级。

答案：A

6. 企业无线网络规划的拓扑如下所示，使用无线协议是 802.11b/g/n，根据 IEEE 规定，如果 AP1 使用 1 号信道，AP2 可使用的信道有 2 个，是（   ）。

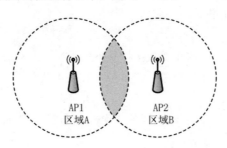

  A．2 和 3   B．11 和 12   C．6 和 11   D．7 和 12

解析：2.4GHz 无线网络信道划分是按照每 5MHz 一个信道划分，每个信道 22MHz，将 2.4GHz 频段划分出 13 个信道，为了无线网络能够互不干扰地工作，在 13 个信道中，只有 3 个信道可用，分别是 1、6、11 号信道。

答案：C

7. 以下关于无线漫游的说法中，错误的是（   ）。

  A．漫游是由 AP 发起的

  B．漫游分为二层漫游和三层漫游

  C．三层漫游必须在同一个 SSID

  D．客户端在 AP 间漫游，AP 可以处于不同的 VLAN

解析：漫游通常是终端发起的。

答案：A

第14小时 下一代互联网技术

14.0 本章思维导图

下一代互联网技术思维导图如图14-1所示。

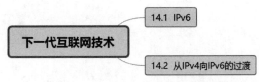

图14-1 下一代互联网技术思维导图

14.1 IPv6

【基础知识点】

1. IPv6概述

（1）IPv4协议逐渐暴露出的问题有网络地址短缺、路由速度慢、缺乏安全功能、不支持新的业务模式，IETF定义了新的协议数据单元IPv6。

（2）IPv6地址总长度为128比特，分为8组，每组为4个十六进制数的形式，每组十六进制数间用冒号分隔，如8000:0000:0000:0000:0123:4567:89AB:CDEF。每个字段前面的"0"可以省去，例如0123可以简写为123；一个或多个全"0"字段，如"0000"可以用一对冒号代替。上述地址可简写为8000::123:4567:89AB:CDEF。

（3）IPv6地址的格式前缀，用于表示地址类型或子网地址，用类似于IPv4 CIDR的方法可表示为"IPv6地址/前缀长度"的形式。如：4321:0:0:CD30::/60。

2. IPv6分组格式和主要字段含义

（1）IPv6协议数据单元的通用格式如图14-2（a）所示。整个IPv6分组由一个固定头部和若干个扩展头部以及上层协议的负载组成，IPv6的固定头部如图14-2（b）所示。

图 14-2　IPv6 分组

（2）主要字段含义如下：

1）通信类型（8位）：用于区分不同的 IP 分组，相当于 IPv4 中的服务类型字段。

2）流标记（20位）：原发主机用该字段来标识某些需要特别处理的分组，例如特别的服务质量或者实时数据传输等。

3）负载长度（16位）：表示除了 IPv6 固定头部 40 个字节之外的负载长度，扩展头包含在负载长度之中。

4）下一头部（8位）：指明下一个头部的类型，可能是 IPv6 的扩展头部，也可能是高层协议的头部。

5）跳数限制（8位）：用于检测路由循环，每个转发路由器对这个字段减 1，如果变成 0，分组被丢弃。类似 IPv4 中的 TTL。

3. IPv6 扩展头部

（1）IPv6 有六种扩展头部，这六种扩展头部都是任选的。扩展头部的作用是保留 IPv4 某些字段的功能，但只能由特定的网络设备来检查处理，而不是每个设备都要处理。见表 14-1。

表 14-1　IPv6 的扩展头部

报头类型	下一头部的字段值	解释
逐跳选项报头	0	逐跳选项报头目前主要用于巨型载荷、用于设备提示，使设备检查该选项的信息，而不是简单的转发出去、用于资源预留（RSVP）
目的选项报头	60	选项中的信息由目标节点检查处理，目的选项报文头主要应用于移动 IPv6
路由报头	43	该报头能够被 IPv6 源节点用来强制数据包经过特定的设备
分段报头	44	分段发送使用分段报头
认证报头	51	该报头由 IPSec 使用，提供认证、数据完整性以及重放保护，保护 IPv6 基本报头中的字段
封装安全净载报头	50	该报头由 IPSec 使用，提供认证、数据完整性以及重放保护和 IPv6 数据报的保密，类似于认证报头

（2）IPv6 扩展报头出现的顺序如下：

1）如果一个 IPv6 分组包含了多个扩展头部，报头必须按照下列顺序出现：IPv6 基本报头、逐跳选项扩展报头、目的选项扩展报头、路由报头、分段报头、认证报头、封装安全净载报头、目的选项扩展报头和上层协议数据报头。

2）路由设备转发时根据基本报头中 Next Header 值来决定是否要处理扩展报头，并不是所有的扩展报头都需要被转发路由设备查看和处理的。

3）除了目的选项扩展报头可能出现一次或两次（一次在路由报头之前，另一次在上层协议数据报文之前），其余扩展报头只能出现一次。

4. IPv6 地址分类

IPv6 地址分为单播地址、任意播地址和组播地址。

（1）单播地址。

目前常用的单播地址有：未指定地址、环回地址、全球单播地址、链路本地地址、唯一本地地址。

1）未指定地址。IPv6 中的未指定地址即 0:0:0:0:0:0:0:0/128 或者::/128。该地址可以表示某个接口或者节点还没有 IP 地址，可以作为某些报文的源 IP 地址，不能用作目标地址，也不能用于 IPv6 路由头中。

2）环回地址。IPv6 中的环回地址即 0:0:0:0:0:0:0:1/128 或者::1/128。环回与 IPv4 中的 127.0.0.1 作用相同，主要用于设备给自己发送报文。该地址通常用来作为一个虚接口的地址（如 Loopback 接口）。实际发送的数据包中不能使用环回地址作为源 IP 地址或者目的 IP 地址。

3）全球单播地址。全球单播地址是带有全球单播前缀的 IPv6 地址，其作用类似于 IPv4 中的公网地址。全球单播地址由全球路由前缀（全球路由前缀至少为 48 位，目前已经分配的全球路由前缀的前 3bit 为 001）、子网 ID（子网 ID 和 IPv4 中的子网号作用相似）和接口标识（用来标识一个设备）组成。

4）链路本地地址表述如下。

- 链路本地地址只能在连接到同一本地链路的节点之间使用。它使用了特定的本地链路前缀 FE80::/10（前 10 位为 1111111010），同时将接口标识添加在后面作为地址的低 64 比特。
- 当一个节点启动 IPv6 协议栈时，启动时节点的每个接口会自动配置一个链路本地地址（其固定的前缀+EUI-64 规则形成的接口标识）。
- 两个连接到同一链路的 IPv6 节点不需要配置就可以通信，广泛应用于邻居发现、无状态地址配置等应用。以链路本地地址为源地址或目的地址的 IPv6 报文不会被路由设备转发到其他链路。

5）唯一本地地址。唯一本地地址仅能在一个站点内使用，唯一本地地址的作用类似于 IPv4 中的私网地址，任何没有申请到提供商分配的全球单播地址的组织机构都可以使用的唯一本地地址。唯一本地地址只能在本地网络内部被路由转发而不会在全球网络中被路由转发。前缀固定为 FC00::/7。

（2）任意播地址。

1）任意播地址表示一组接口（可属于不同节点）的标识符。发往任意播地址的分组被送给该地址标识的接口之一，通常是路由距离最近的接口。

2）任意播地址设计用来在给多个主机或者节点提供相同服务时，提供冗余功能和负载分担功能，如 DNS 等。任意播地址和单播地址使用相同的地址空间，目前 IPv6 中任意播主要应用于移动 IPv6。

3）任意播地址不能用作源地址，而只能作为目标地址；任意播地址不能指定给 IPv6 主机，只能指定给 IPv6 路由器。

（3）组播地址。

IPv6 的组播与 IPv4 相同，用来标识一组接口，一般这些接口属于不同的节点。一个节点可能属于 0 到多个组播组。发往组播地址的报文被组播地址标识的所有接口接收。例如组播地址 FF02::1 表示链路本地范围的所有节点，组播地址 FF02::2 表示链路本地范围的所有路由器。IPv6 组播地址的前缀是 FF00::/8。

5．IPv6 地址配置

IPv6 有两种自动配置功能，一种是"全状态自动配置"，另一种是"无状态自动配置"。

（1）在 IPv4 中，动态主机配置协议（DHCP）实现了 IP 地址的自动设置。IPv6 继承了 IPv4 的这种自动配置服务，并将其称为全状态自动配置。

（2）IPv6 地址可以支持无状态的自动配置，即主机通过某种机制获取网络前缀信息，然后主机自己生成地址的接口标识部分。路由器发现功能是 IPv6 地址自动配置功能的基础，主要通过以下两种报文实现：

1）路由器通告（Router Advertisement，RA）报文：每台设备为了让二层网络上的主机和设备知道自己的存在，定时都会组播发送 RA 报文，RA 报文中会带有网络前缀信息，及其他一些标志位信息。RA 报文的 Type 字段值为 134。

2）路由器请求（Router Solicitation，RS）报文：很多情况下主机接入网络后希望尽快获取网络前缀进行通信，此时主机可以发送 RS 报文，网络上的设备将回应 RA 报文。RS 报文的 Type 字段值为 133。

（3）无状态自动配置即自动生成链路本地地址，主机根据 RA 报文的前缀信息，自动配置全球单播地址等，并获得其他相关信息。无状态自动配置过程是：

- 根据接口标识产生链路本地地址。
- 发出邻居请求，进行重复地址检测，如地址冲突，则停止自动配置，需要手工配置。
- 如不冲突，链路本地地址生效，节点具备本地链路通信能力。
- 主机会发送 RS 报文（或接收到设备定期发送的 RA 报文）。
- 根据 RA 报文中的前缀信息和接口标识得到 IPv6 地址。

14.2 从 IPv4 向 IPv6 的过渡

【基础知识点】

1．目前提出的过渡技术可以归纳为以下 3 种：
（1）隧道技术：解决 IPv6 节点之间通过 IPv4 网络进行通信的问题。
（2）双栈技术：同时运行 IPv4 和 IPv6。
（3）翻译技术：使得纯 IPv6 结点与纯 IPv4 结点之间进行通信。

2．6to4 固定地址格式：2002::/16 即必须是 2002 开头格式。ISATAP 固定地址格式：3003:1:2:3:0000:5EFE:0909:0909 对应 IPv4：9.9.9.9，其中 0000:5EFE 为固定部分，0909:0909 对应 IPv4 地址 9.9.9.9。

14.3 练习题

1．在从 IPv4 向 IPv6 过渡期间，为了解决 IPv6 主机之间通过 IPv4 网络进行通信的问题，需要采用___(1)___，为了使得纯 IPv6 主机能够与纯 IPv4 主机通信，必须使用___(2)___。

（1）A．双协议栈技术　　　　　　B．隧道技术
　　　C．多协议栈技术　　　　　　D．协议翻译技术
（2）A．双协议栈技术　　　　　　B．隧道技术
　　　C．多协议栈技术　　　　　　D．协议翻译技术

解析：目前提出的过渡技术可以归纳为以下 3 种：
（1）隧道技术：用于解决 IPv6 结点之间通过 IPv4 网络进行通信的问题。
（2）双协技术：使得 IPv4 和 IPv6 可以共存于同一设备和同一网络中。
（3）翻译技术：使得纯 IPv6 结点与纯 IPv4 结点之间可以进行通信。

答案：（1）B　（2）D

2．IPv6 协议数据单元由一个固定头部和若干个扩展头部以及上层协议提供的负载组成。如果有多个扩展头部，第一个扩展头部为（　　）。

　　　A．逐跳头部　　　B．路由选择头部　　　C．分段头部　　　D．认证头部

解析：IPv6 协议数据单元如果有多个扩展头部，第一个扩展头部为逐跳头部。

答案：A

3．IPv6 链路本地单播地址的前缀为___(1)___，可聚集全球单播地址的前缀为___(2)___。

（1）A．001　　　B．1111 1110 10　　　C．1111 1110 11　　　D．1111 1111
（2）A．001　　　B．1111 1110 10　　　C．1111 1110 11　　　D．1111 1111

解析：链路本地单播地址的格式前缀为 1111111010，可聚集全球单播地址的前缀为 001。

答案：（1）B　（2）A

4. 以下关于在 IPv6 中任意播地址的叙述中，错误的是（   ）。
   A．只能指定给 IPv6 路由器   B．可以用作目标地址
   C．可以用作源地址   D．代表一组接口的标识符

解析：任意播地址代表一组接口的标识符；任意播地址不能用作源地址，而只能作为目标地址；任意播地址不能指定给 IPv6 主机，只能指定给 IPv6 路由器。

答案：C

5. IPv6 的链路本地地址是在地址前缀 11111110 10 之后附加（   ）形成的。
   A．IPv4 地址   B．MAC 地址
   C．主机名   D．随机产生的字符串

解析：IPv6 的链路本地地址是在前缀 1111 111010 之后附加 MAC 地址形成的，用于同一链路的相邻结点间通信。链路本地地址相当于 IPv4 中的自动专用 IP 地址，可用于邻居发现，并且总是自动配置的。

答案：B

6. 在 IPv6 首部中有一个"下一头部"字段，若 IPv6 分组没有扩展首部，则其"下一头部"字段中的值为（   ）。
   A．TCP 或 UDP   B．IPv6
   C．逐跳选项首部   D．空

解析：若 IPv6 分组没有扩展首部，则其"下一头部"字段中的值为 TCP 或 UDP。

答案：A

7. 以下关于 IPv6 的论述中，正确的是（   ）。
   A．IPv6 数据包的首部比 IPv4 复杂
   B．IPv6 的地址分为单播、广播和任意播三种
   C．IPv6 地址长度为 128 比特
   D．每个主机拥有唯一的 IPv6 地址

解析：IPv6 数据包的首部比 IPv4 简单，IPv6 的地址分为单播、组播和任意播三种，一个接口可以被赋予任何类型的多个地址（单播、任意播、组播）或地址范围，故 C 项正确。

答案：C

第 15 小时 网络管理技术

15.0 本章思维导图

网络管理技术思维导图如图 15-1 所示。

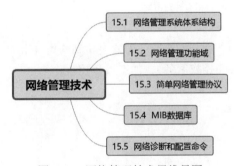

图 15-1 网络管理技术思维导图

15.1 网络管理系统体系结构

【基础知识点】

网络管理站中最下层是操作系统和硬件,操作系统之上是支持网络管理的协议簇,如 OSI、TCP/IP 等通信协议,以及专用于网络管理的 SNMP 协议等。协议栈上面是网络管理框架,这是各种网络管理应用工作的基础结构。

15.2 网络管理功能域

【基础知识点】

1. 网络管理五大功能

网络管理有五大功能,分别是故障管理、配置管理、计费管理、性能管理和安全管理。传统上归类，性能、故障和计费管理属于网络监视功能，配置和安全管理属于网络控制功能。

2. 性能管理

（1）性能管理包括两类性能指标：面向服务的性能指标和面向效率的性能指标，其中面向服务的性能指标具有较高的优先级。

（2）面向服务的性能指标包括可用性、响应时间和正确性。面向效率的性能指标包括吞吐率和利用率。

3. 故障管理

故障管理是要尽快发现故障，找出故障原因，以便及时采取补救措施。故障管理分为故障检测和报警功能、故障预测功能、故障诊断和定位功能三个模块。

4. 计费管理

计费管理是跟踪和控制用户对网络资源的使用，并把有关信息存储在运行日志数据库中，为收费提供依据。

5. 配置管理

配置管理负责监测和控制网络的配置状态。

6. 安全管理

系统或网络的安全设施由一系列安全服务和安全机制的集合组成。主要包括安全信息的维护、资源访问控制（包括认证服务和授权服务）、加密过程控制。

15.3 简单网络管理协议

【基础知识点】

1. SNMP 的典型架构

SNMP 管理的网络关键组件包括网络管理进程、被管理设备、代理者三部分。SNMP 典型架构如图 15-2 所示。

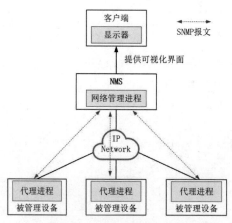

图 15-2　SNMP 典型架构

（1）在基于 SNMP 进行管理的网络中，NMS 是整个网络的网管中心，在它之上运行管理进程。每个被管理设备需要运行代理（Agent）进程。管理进程和代理进程利用 SNMP 报文进行通信，报文由 3 部分组成：版本号、团体名、协议数据单元（PDU）。

（2）NMS 是一个采用 SNMP 协议对网络设备进行管理/监控的系统，运行在 NMS 服务器上。

（3）被管理设备是网络中接受 NMS 管理的设备。

（4）代理进程运行于被管理设备上，用于维护被管理设备的信息数据并响应来自 NMS 的请求，把管理数据汇报给发送请求的 NMS。

2. SNMP 协议

（1）管理站使用 UDP 端口 162 接收 Trap 报文，代理使用 UDP 端口 161 接收 Get 或 Set 报文。

（2）对 SNMP 实现的建议是对每个管理信息要装配成单独的数据报独立发送，报文要简短，不要超过 484 字节。

3. SNMP 规定的协议数据单元

SNMP 规定五种协议数据单元（PDU），用来在管理进程和代理之间的交换。

（1）GetRequest（由管理站发出）：从代理进程处提取一个或多个参数值。

（2）GetNextRequest（由管理站发出）：从代理进程处提取紧跟当前参数值的下一个参数值。

（3）SetRequest（由管理站发出）：设置代理进程的一个或多个参数值。

（4）GetResponse（由代理站发出）：返回的一个或多个参数值，是上述三种操作的响应操作。

（5）Trap（由代理站发出）：当被监控段出现特定事件，可能是性能问题，甚至是网络设备接口故障等，代理端会给管理站发告警事件。通过告警事件，管理站可以通过定义好的方法来处理告警。

4. SNMP 版本

（1）SNMP 有三个版本：SNMPv1、SNMPv2、SNMPv3。

（2）SNMPv1 采用团体明文认证，是一种分布式应用，SNMPv1 有五种报文 GetRequest、GetNextRequest、SetRequest、GetResponse、Trap。SNMPv1 适用于组网简单、安全性要求不高或网络环境比较安全且比较稳定的小型网络。

（3）SNMPv2 新增了两种协议操作：GetBulkRequest 和 InformRequest。支持完全集中和分布式两种网络管理。GetBulkRequest 可以以最少的交换次数检索最大量的管理信息，相当于连续执行多次 GetNext 操作。在 NMS 上可以设置被管理设备在一次 GetBulk 报文交互时，执行 GetNext 操作的次数。InformRequest 允许一个 NMS 向另一个 NMS 发送 Trap 信息/接收响应消息。SNMPv2，适用于大中型网络，安全性要求不高或者网络环境比较安全，但业务比较繁忙，有可能发生流量拥塞的网络。

（4）SNMPv3 达到商业级安全要求，提供了数据源标识、报文完整性认证、提供重放攻击防护、报文机密性、授权和访问控制、远程配置和高层管理等功能。SNMP 管理站和代理在 SNMPv3 中被统一称作 SNMP 实体。SNMPv3 适用于各种规模的网络，尤其是对网络的安全性要求较高，确保合法的管理员才能对网络设备进行管理的网络。

5. SNMP 轮询监控

SNMP 采用轮询监控方式，管理者按一定时间间隔向代理获取管理信息。假设在 SNMP 网络管理中，轮询周期为 N，单个设备轮询时间为 T，网络没有拥塞，则支持的设备数 $X=N/T$。详见"第 21 小时 计算专题"。

15.4 MIB 数据库

【基础知识点】

MIB 是一个数据库，指明了被管理设备所维护的变量。MIB 在数据库中定义了被管理设备的一系列属性如对象标识符（Object Identifier，OID）、对象的状态、对象的访问权限、对象的数据类型等。

MIB 文件中的变量使用的名字取自 ISO 和 ITU 管理的对象标识符名字空间，是一种分级树的结构。

被管理对象可以用从树的根结点开始的一条路径来无二义性地进行识别，因此 MIB 又称为对象命名树，例如 tcp 的 OID 是 1.3.6.1.2.1.6，如图 15-3 所示。

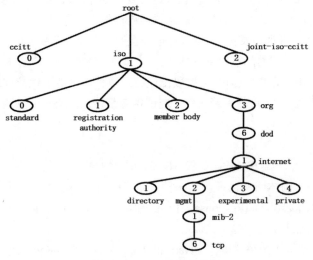

图 15-3 MIB 对象命名树

15.5 网络诊断和配置命令

【基础知识点】

Windows 的网络管理命令通常以 exe 文件的形式存储在 system32 目录中，输入"WIN"+"R"键，输入"cmd"，点击"确定"，进入 DOS 命令窗口，可以执行相关命令。

1. ipconfig 命令

ipconfig 命令可以显示所有网卡的 TCP/IP 配置参数，可以刷新 DHCP 和域名系统的设置。

ipconfig 的命令参数如图 15-4 所示。

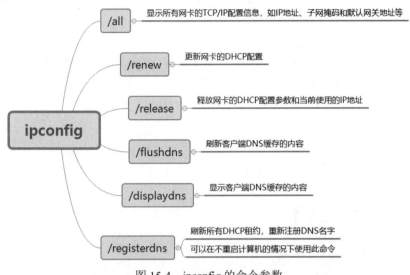

图 15-4　ipconfig 的命令参数

2．ping、tracert 和 pathing 命令

（1）ping 命令通过发送 ICMP 回声请求报文来检验与另外一个计算机的连接，是一个用于排除连接故障的测试命令。ping 的命令参数如图 15-5 所示。

图 15-5　ping 的命令参数

（2）tracert 命令可以确定到达目标的路径，并显示通路上每一个中间路由器的 IP 地址。通过多次向目标发送 ICMP 回声（echo）请求报文，每次增加 IP 头中 TTL 字段的值，就可以确定到达各个路由器的时间。

tracert 命令的执行过程如下：

1）发送一个 TTL 为 1 的数据包，TTL 超时，第一跳发送回一个 ICMP 错误消息并指出此数据包不能被发送。

2）发送一个 TTL 为 2 的数据包，TTL 超时，第二跳发送回一个 ICMP 错误消息并指出此数据包不能被发送。

3）发送一个 TTL 为 3 的数据包，TTL 超时，第三跳发送回一个 ICMP 错误消息并指出此数据包不能被发送。

4）上述过程不断进行，直到到达目的地。

（3）pathping 命令结合了 ping 和 tracert 两个命令的功能，可以显示通信线路上每个子网的延迟和丢包率。pathping 命令显示了每个路由器（或链路）丢失数据包的程度，用户可以据此确定哪些路由器或者子网存在通信问题。

3．arp 命令

arp 命令用于显示和修改地址解析协议缓存表的内容，缓存表项是 IP 地址与网卡地址对应关系。arp 的命令参数如图 15-6 所示。

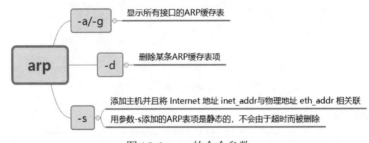

图 15-6　arp 的命令参数

4．netstat 命令

（1）netstat 命令用于显示 TCP 连接、计算机正在监听的端口、IPv4 统计信息（包括 IP、ICMP、TCP 和 UDP 等协议）和 IPv6 统计信息（包括 IPv6、ICMPv6、TCP over IPv6 和 UDP over IPv6 等协议）等。如果不使用参数，则显示活动的 TCP 连接。

（2）netstat 的命令语法如下：

1）-a：显示所有活动的 TCP 连接，以及正在监听的 TCP 和 UDP 端口。

2）-n：显示活动的 TCP 连接，地址和端口号以数字形式表示。

3）-r：显示 IP 路由表的内容，其作用等价于路由打印命令 route print。

5．route 命令

（1）route 命令的功能是显示和修改本地的 IP 路由表，如果不带参数，则给出帮助信息。

（2）route 的命令语法如下：

1）-f：删除路由表中的网络路由（子网掩码不是 255.255.255.255）、本地环路路由（目标地址为 127.0.0.0，子网掩码为 255.0.0.0）和组播路由（目标地址为 224.0.0.0，子网掩码为 240.0.0.0）。如果与其他命令（例如 add、change 或 delete）联合使用，在运行这个命令前先清除路由表。

2）-p：与 add 命令联合使用时后面接了-p，表示添加的是永久路由。例如添加一条到达目标 10.1.0.0（子网掩码为 255.2550.0）的永久路由，下一跳地址是 10.45.0.254。

route -p add 10.1.0.0 mask 255.255.0.0 10.45.0.254

6. nslookup 命令

nslookup 命令用于显示 DNS 查询信息，诊断和排除 DNS 故障。nslookup 有非交互式和交互式两种工作方式。

（1）非交互式工作：使用一次 nslookup 命令后又返回到 cmd.exe 提示符下。如果只查询一项信息，可以进入这种工作方式。

1）应用默认的 DNS 服务器根据域名查找 IP 地址。

```
C:\>nslookup ns1.isi.edu
Server:ns1.domain.com
Address:202.30.19.1

Non-authoritative answer:                 //给出应答的服务器不是该域的权威服务器
Name:ns1.isi.edu
Address:128.9.0.107                       //查出的 IP 地址
```

2）nslookup 命令后面可以跟随一个或多个命令行选项（option）。如要把默认的查询类型改为主机信息，把超时间隔改为 5s，查询的域名为 ns1.isi.edu，则使用下面的命令：

```
C:\>nslookup -type=hinfo -timeout=5 ns1.isi.edu
Server:ns1.domain.com
Address:202.30.19.1

isi.edu                                           //给出了 SOA 记录
    primary name server = isi.edu                 //主服务器
    responsible mail addr = action.isi.edu        //邮件服务器
    serial = 2009010800                           //查询请求的序列号
    refresh = 7200 <2 hours>                      //刷新时间间隔
    retry = 1800<30 mins>                         //重试时间间隔
    Expire = 604800 <7 days>                      //辅助服务器更新有效期
    default TTL = 86400 <1 days>                  //资源记录在 DNS 缓存中的有效期
```

（2）交互式工作。

1）如果需要查找多项数据，可以使用 nslookup 的交互工作方式。在 cmd.exe 提示符下输入 nslookup 后按 Enter 键，就进入了交互工作方式，命令提示符变成 ">"。可以用 set 命令设置选项，满足指定的查询需要。

2）set type=mx：这个命令可查询本地域的邮件交换器信息。

```
C:\> nslookup
Default Server:ns1.domain.com
Address:202.30.19.1
> set type = mx
> 163.com.cn
Server:ns1.domain.com
Address:202.30.19.1

Non-authoritative answer:
163.com.cn   MX preference = 10, mail exchanger =mx1.163.com.cn
163.com.cn   MX preference = 20, mail exchanger =mx2.163.com.cn
mx1.163.com.cn internet address = 61.145.126.68
mx2.163.com.cn internet address = 61.145.126.30
```

3）server NAME：由当前默认服务器切换到指定的名字服务器 NAME。

```
C:\> nslookup
Default Server:ns1.domain.com
Address:202.30.19.1
>server 202.30.19.2
Default Server:ns2.domain.com
Address:202.30.19.2
```

4）set type：该命令的作用是设置查询的资源记录类型。DNS 服务器中主要的资源记录有 A（域名到 IP 地址的映射）、PTR（IP 地址到域名的映射）、MX（邮件服务器及其优先级）、CNAM（别名）和 NS（区域的授权服务器）等类型。

5）set type = any：对查询的域名显示各种可用的信息资源记录（A、CNAME、MX、NS、PTR、SOA 等）。

15.6 练习题

1．Windows 系统中的 SNMP 服务程序包括 SNMP Service 和 SNMP Trap 两个。其中 SNMP Service 接收 SNMP 请求报文，根据要求发送响应报文；而 SNMP Trap 的作用是（   ）。

  A．处理本地计算机上的陷入信息

  B．被管对象检测到差错，发送给管理站

  C．接收本地或远程 SNMP 代理发送的陷入信息

  D．处理远程计算机发来的陷入信息

解析：SNMP 采用 UDP 协议在管理端和 Agent 之间传输信息。SNMP Trap 是 SNMP 的一部分，被管对象检测到差错，发送给管理站。SNMP 采用 161 端口接收和发送请求，采用 162 端口接收 Trap。

答案：B

2．SNMP 代理收到一个 GET 请求时，如果不能提供该对象的值，代理以（   ）响应。

  A．该实例的上个值　B．该实例的下个值　　C．Trap 报文　　　D．错误信息

解析：SNMP 代理收到一个 GET 请求时，如果不能提供该对象的值，代理以该实例的下个值响应。

答案：B

3．在下图的 SNMP 配置中，能够响应 Manager2 的 GetRequest 请求的是（   ）。

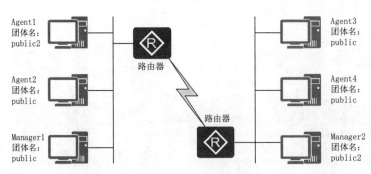

A．Agent1　　　　　　　　　　　　B．Agent2

C．Agent3　　　　　　　　　　　　D．Agent4

解析：在 SNMP 管理中，管理站和代理之间进行信息交换时要通过团体名认证，这是一种简单的安全机制，管理站与代理必须具有相同的团体名才能互相通信。Manager2 和 Agent1 的团体名都是 public2，所以二者可以互相通信。

答案：A

4．SNMPv3 新增了（　　）功能。

A．管理站之间通信　　　　　　　　B．代理

C．认证和加密　　　　　　　　　　D．数据块检索

解析：SNMPv3 主要提供了安全性的加强，其中包括认证和加密功能。

答案：C

5．网络管理员调试网络，使用（　　）命令来持续查看网络连通性。

A．ping 目标地址 -g　　　　　　　B．ping 目标地址 -t

C．ping 目标地址 -r　　　　　　　D．ping 目标地址 -a

解析：网络管理员调试网络，使用"ping 目标地址 -t"命令来持续查看网络连通性。

答案：B

6．当发现主机受到 ARP 攻击时需清除 ARP 缓存，使用的命令是（　　）。

A．arp -a　　　　　　　　　　　　B．arp -s

C．arp -d　　　　　　　　　　　　D．arp -g

解析：ARP 协议的功能是进行 IP 地址与 MAC 地址的映射，清除 ARP 缓存，使用的命令是 arp -d。

答案：C

7．在 Windows 命令提示符运行 nslookup 命令，结果如下所示。为 www.waterpub.com.cn 提供解析的 DNS 服务器 IP 地址是（　　）。

```
C:\Documents and Settings\user>nslookup www.softwaretest.com
Server：Unknown
Address：192.168.1.1

Non-authoritative answer:
Name：www.waterpub.com.cn
Address：114.255.61.14
```

A．192.168.1.1　　　　　　　　　　B．114.255.61.14

C．192.168.1.2　　　　　　　　　　D．114.255.61.0

解析：nslookup 用于查询 DNS 的记录，查询域名解析是否正常，在网络故障时用来诊断网络问题。"Server：Unknown"是当前提供 DNS 服务的服务器，"Address：192.168.1.1"是提供解析服务的 DNS 服务器的 IP 地址，"www.waterpub.com.cn"表示解析的域名，"Address: 114.255.61.14"是解析出的 IP 地址。

答案：A

8. 使用 tracert 命令进行网络检测，结果如下所示，那么本地默认网关地址是（　　）。

   C:\>tracert 110.150.0.66
   Tracing route to 110.150.0.66 over a maximum of 30 hops
   1 2s 3s 2s 10.10.0.1
   2 75ms 80ms 100ms 192.168.0.1
   3 77ms 87ms 54ms 110.150.0.66
   Trace complete

   A．110.150.0.66　　　　　　　　　　B．10.10.0.1
   C．192.168.0.1　　　　　　　　　　 D．127.0.0.1

   解析：tracert 命令的功能是确定到达目标的路径，并显示通路上每一个中间路由器的 IP 地址。结果中第一个为本地网关，最后一个为目的主机地址，所以最先遇到的 10.10.0.1，就是本地默认网关的地址。

   答案：B

第16小时 网络安全

16.0 本章思维导图

网络安全思维导图如图 16-1 所示。

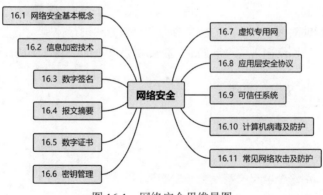

图 16-1 网络安全思维导图

16.1 网络安全基本概念

【基础知识点】

1. 网络安全威胁的类型

网络安全威胁的类型有窃听、假冒、重放、流量分析、数据完整性破坏、拒绝服务、资源的非授权使用、陷门和特洛伊木马、病毒、诽谤等。

2. 网络攻击类型

（1）被动攻击：攻击者通过监视所有信息流以获得某些秘密。被动攻击是最难被检测到的，对付这种攻击的重点是预防，主要手段有数据加密等。

（2）主动攻击：攻击者试图突破网络的安全防线，主要攻击形式有假冒、重放、欺骗、消息篡改和拒绝服务等。这种攻击无法预防但却易于检测，对付的重点是测而不是防，主要手段有防火墙、入侵检测技术等。

（3）物理临近攻击。

（4）内部人员攻击。

（5）分发攻击：在软件和硬件开发出来之后和安装之前这段时间，或当它从一个地方传到另一个地方，攻击者恶意修改软/硬件。

3．安全措施的目标

安全措施的目标是访问控制、认证、完整性、审计和保密。

4．基本安全技术

基本安全技术有数据加密、数字签名、身份认证、防火墙和入侵检测等。

5．网络安全五大要素

（1）机密性：确保信息不暴露给未经授权的人或应用进程。

（2）完整性：只有得到允许的人或应用进程才能修改数据，并且能够判别出数据是否已被更改。

（3）可用性：只有得到授权的用户在需要时才可以访问数据，即使在网络被攻击时也不能阻碍授权用户对网络的使用。

（4）可控性：能够对授权范围内的信息流向和行为方式进行控制。

（5）可审查性：当网络出现安全问题时，能够提供调查的依据和手段。

16.2　信息加密技术

【基础知识点】

1．经典加密算法

（1）替换加密。用一个字母去替换另一个字母。

（2）换位加密。按照一定的规律重排字母的顺序。

（3）一次性填充加密。把明文变为位串（例如用 ASCII 编码），选择一个等长的随机位作为密钥，对二者进行按位异或得到明文。

2．现代加密技术

现代密码体制使用的基本方法仍然是替换和换位。包括对称加密（共享密钥算法）和非对称加密（公钥加密）。非对称加密的加密和解密密钥不一样，非对称加密解决了密码配送问题，不适合对很长的消息进行加密。

3．对称加密算法

对称加密算法的加密和解密使用相同密钥，优点是加密速度快，适合大量数据加密，缺点是密钥传输比较麻烦。常见的对称加密算法有 DES、3DES、IDEA、AES 和 RC4。

（1）DES：分组加密算法，支持 64 位的明文块加密，密钥长度是 56 位。

（2）3DES：密钥长度 112 位，采用 2 个密钥进行三重加密操作。算法步骤如下：

1）用密钥 K1 进行 DES 加密。

2）用 K2 对步骤 1）的结果进行 DES 解密。

3）对步骤 2）的结果使用密钥 K1 进行 DES 加密。

（3）IDEA：密钥长度 128 位，把明文分成 64 位的块，进行 8 轮迭代。由硬件或者软件实现，速度比 DES 快。

（4）AES：分组加密算法，支持 128、192、256 三种长度的密钥。通过硬件或者软件实现。

（5）流加密算法和 RC4：所谓流加密，就是将数据流与密钥生成二进制比特流进行异或运算的加密过程。RC4 的密钥长度为 64 位或者 128 位。

4．公钥加密算法

公钥加密算法中加密和解密是互逆的。公钥加密，私钥解密，可实现保密通信；私钥加密，公钥解密，可实现数字签名。优点是密钥传输方便，缺点是加密速度慢，适合小量数据加密。常见非对称密钥算法有 RSA（RSA 算法的安全性是基于大素数分解的困难性）、ECC、ElGamal、背包加密和 Rabin。

5．国产密码算法

国产密码算法主要有 SM1 分组密码算法、SM2 椭圆曲线公钥密码算法、SM3 密码杂凑算法、SM4 分组算法、SM9 标识密码算法。

（1）SM1：对称加密，分组长度和密钥长度都为 128 比特。

（2）SM2：非对称加密，用于公钥加密算法、密钥交换协议、数字签名算法。国家标准推荐使用素数域 256 位椭圆曲线。

（3）SM3：杂凑算法，杂凑值长度为 256 比特。

（4）SM4：对称加密，分组长度和密钥长度都为 128 比特。加密算法与密钥扩展算法都采用 32 轮非线性迭代结构。

（5）SM9：标识密码算法。SM9 可支持实现公钥加密、密钥交换、数字签名等安全功能。

16.3　数字签名

【基础知识点】

数字签名是指签名者使用私钥对待签名数据的杂凑值做密码运算得到的结果。该结果只能用签名者的公钥进行验证，用于确认待签名数据的完整性、签名者身份的真实性和签名行为的抗抵赖性。

一个数字签名方案一般由签名算法和验证算法组成。签名算法密钥是秘密的，只有签名的人掌握；而验证算法则是公开的，以便他人验证。典型的数字签名方案有 RSA 签名体制、Rabin 签名体制、ElGamal 签名体制和 DSS 标准。

签名与加密很相似，一般是签名者利用秘密密钥（私钥）对需签名的数据进行加密，验证方利用签名者的公开密钥（公钥）对签名数据做解密运算。签名与加密的不同之处在于，加密的目的是保护信息不被非授权用户访问，而签名是使消息接收者确信信息的发送者是谁，信息是否被他人篡改。

基于公钥的数字签名表述如下：

利用公钥加密算法的数字签名系统如图 16-2 所示。如果 A 方否认了，B 可以拿出 $D_A(P)$，并用 A 的公钥 E_A 解密得到 P，从而证明 P 是 A 发送的。如果 B 把消息 P 篡改了，当 A 要求 B 出示原来的 $D_A(P)$ 时，B 拿不出来。

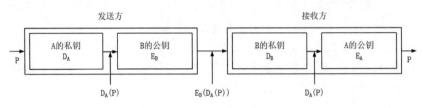

图 16-2 基于公钥的数字签名

16.4 报文摘要

【基础知识点】

1. Hash 函数

杂凑函数简称 Hash 函数，它能够将任意长度的信息转换成固定长度的哈希值（又称数字摘要或消息摘要），并且任意不同消息或文件所生成的哈希值是不一样的。令 h 表示 Hash 函数，则 h 满足下列条件：

（1）h 的输入可以是任意长度的消息或文件 M。

（2）h 的输出的长度是固定的。

（3）给定 h 和 M，计算 h(M) 是容易的。

（4）给定 h 的描述，找两个不同的消息 M_1 和 M_2，使得 $h(M_1)=h(M_2)$ 在计算上是不可行的。

2. Hash 函数的安全性

Hash 函数的安全性，是指在现有的计算资源下，找到一个碰撞是不可能的。Hash 函数在网络安全应用中，不仅能用于保护消息或文件的完整性，而且也能用作密码信息的安全存储。

3. Hash 特点

（1）不可逆性（单向）：几乎无法通过 Hash 结果推导出原文。

（2）无碰撞性：几乎没有可能找到一个 X，使得 X 的 Hash 值等于 Y 的 Hash 值。

（3）雪崩效应：输入发生轻微变化，Hash 输出值产生巨大变化。

4. Hash 算法

Hash 算法能够将一个任意长的比特串映射到一个固定长的比特串。常见的 Hash 算法有 MD5、SHA 和 SM3。

（1）MD5：明文分组长度 512 位，产生 128 位报文摘要。

（2）SHA：SHA-1 产生 160 位报文摘要。SHA 算法的缺点是速度比 MD5 慢，但是 SHA 的报文摘要长，有利于对抗野蛮攻击。

（3）SM3：杂凑算法，杂凑值长度为 256 比特。

5. Hash 应用

（1）网页防篡改。网页文件管理者先用网页文件生成系列 Hash 值，将 Hash 值备份存放在安全的地方。然后定时再计算这些网页文件的 Hash 值，如果新产生的 Hash 值与备份的 Hash 值不一样，则说明网页文件被篡改了。

（2）HMAC 是利用对称密钥生成报文认证码的散列算法，可以提供数据完整性、数据源身份认证，可以消除中间人攻击。

16.5　数字证书

【基础知识点】

数字证书采用公钥体制，即利用一对相互匹配的密钥进行加密和解密。数字证书是由证书认证机构（CA）签名的包含公开密钥拥有者信息、公开密钥签发者信息、有效期以及扩展信息的一种数据结构。

在 X.509 标准中，数字证书的一般格式包括的数据域如下：

（1）版本号：用于区分 X.509 的不同版本。

（2）序列号：由同一发行者（CA）发放的每个证书的序列号是唯一的。

（3）签名算法：签署证书所用的算法及参数。

（4）发行者：指建立和签署证书的 CA 的 X.509 的名字。

（5）有效期：包括证书有效期的起始时间和终止时间。

（6）主体名：指证书持有者的名称及有关信息。

（7）公钥：有效的公钥以及使用方法，证书所有人的公钥。

（8）发行者 ID：任选的名字唯一地标识证书的发行者。

（9）主体 ID：任选的名字唯一地标识证书的持有者。

（10）扩展域：添加的扩充信息。

（11）认证机构的签名：用 CA 私钥对证书的签名。

证书的获取表述如下：

（1）CA 为用户产生的证书应具有以下特性。①只要得到 CA 的公钥，就能由此得到 CA 为用户签署的公钥。②除 CA 外，其他任何人都不能以不被察觉的方式修改证书的内容。

（2）用户证书除了能放在公共目录中供他人访问，还可以由用户直接把证书转发给其他用户。得到用户的证书，就得到了该用户的公钥。

（3）如果用户数量很多，通常有多个 CA，每个 CA 为一部分用户发行和签署证书。

（4）设用户 A 已从证书发放机构 X_1 处获得证书，用户 B 已从 X_2 处获得证书，如果用户 A 不知道 X_2 的公钥，他虽然能读取用户 B 的证书，但是无法验证用户 B 证书中 X_2 的签名，因此用户 B 的证书对用户 A 来说是没用的。如果两个证书发放机构 X_1 和 X_2 之间已经安全地交换了公钥，则用户 A 可以通过以下过程获取用户 B 的公钥：①用户 A 从目录中获取由 X_1 签署的 X_2 的证书 X_1《X_2》，因为用户 A 知道 X_1 的公开密钥，所以能验证 X_2 的证书，并从中得到 X_2 的公开密钥。用户 A 再从目录中获取由 X_2 签署的用户 B 的证书 X_2《B》，并由 X_2 的公开密钥对此加以验证，然后从中得到用户 B 的公开密钥。在以上过程中，用户 A 是通过一个证书链来获取用户 B 的公开密钥的，证书链可以表示为：X_1《X_2》X_2《B》。②如果有 N 个证书的证书链，可以表示为：X_1《X_2》X_2《X_3》…X_N《B》。

关于证书的吊销表述如下：

从证书的格式上可以看到，每个证书都有一个有效期，然而有些证书还未到截止日期就会被发放该证书的 CA 吊销，这可能是由于用户的私钥已被泄露，或者该用户不再由该 CA 来认证。每个 CA 维护一个证书吊销列表（Certificate Revocation List，CRL），其中存放所有未到期而被提前吊销的证书，包括该 CA 发放给用户和发放给其他 CA 的证书。CRL 还必须由该 CA 签字，然后存放于目录中以供他人查询。

16.6 密钥管理

【基础知识点】

在采用加密技术保护的信息系统中，安全性取决于密钥的保护，而不是算法或硬件的保护。密钥管理指处理密钥自产生到最终销毁的整个过程中的有关问题，包括系统的初始化，密钥的产生、存储、备份、恢复、装入、分配、保护、更新、控制、丢失、吊销和销毁。

密钥管理体制表述如下：

密钥管理体制主要有 3 种：一是适用于封闭网的技术，以传统的密钥分发中心为代表的 KMI 机制；二是适用于开放网的 PKI 机制；三是适用于规模化专用网的 SPK 技术。

（1）KMI 技术。KMI 经历了从静态分发到动态分发，目前仍然是密钥管理的主要手段。无论静态分发还是动态分发，都是基于秘密的物理通道进行。①静态分发是预配置技术，包括：点对点配置、一对多配置、格状网配置。②动态分发是"请求—分发"机制，包括：基于单钥的单钥分发、基于单钥的双钥分发。

（2）PKI 技术。公钥基础结构（Public Key Infrastructure，PKI）是运用公钥的概念和技术来提供安全服务的、普遍适用的网络安全基础设施，是由 PKI 策略、软/硬件系统、认证中心、注册机构（RA）、证书签发系统和 PKI 应用等构成的安全体系。

16.7 虚拟专用网

【基础知识点】

1. VPN 概述

虚拟专用网（VPN）是建立在公网上、给某一组织或某一群用户专用的通信网络。虚拟表示在任意一对 VPN 用户之间没有专用的物理连接；专用性表示在 VPN 之外的用户无法访问 VPN 内部的网络资源，VPN 内部用户之间可以安全通信。

2. 实现 VPN 的关键技术

实现 VPN 的关键技术有隧道技术、加解密技术、密钥管理技术、身份认证技术。

3. VPN 的解决方案

（1）内联网 VPN。用于实现企业内部各个 LAN 之间的安全互联。

（2）外联网 VPN。用于实现企业与客户、供应商和其他相关团体之间的互联互通。

（3）远程接入 VPN。如果企业内部人员有移动或远程办公的需要，或者商家要提供 B2C 的安全访问服务，可以采用 Access VPN。

4. VPN 分类

VPN 分类如图 16-3 所示。

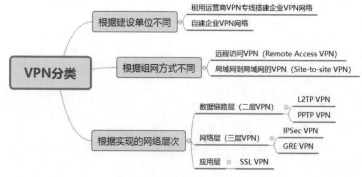

图 16-3　VPN 分类

5. 安全套接子层

（1）安全套接层（Secure Socket Layer，SSL）是传输层安全协议。SSL 的基本目标是实现两个应用实体之间安全可靠地通信。

（2）SSL 协议分为两层，底层是 SSL 记录协议，运行在传输层协议 TCP 之上，用于封装各种上层协议。一种被封装的上层协议是 SSL 握手协议，由服务器和客户端用来进行身份认证，并且协商通信中使用的加密算法和密钥。SSL 协议栈如图 16-4 所示。

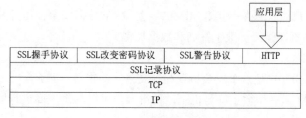

图 16-4　SSL 协议栈

（3）SSL 对应用层是独立的，高层协议都可以透明地运行在 SSL 协议之上。SSL 提供的安全连接具有以下特性：

1）连接是保密的。用握手协议定义了对称密钥（如 DES、RC4 等）之后，所有通信都被加密传送。

2）对等实体可以利用对称密钥算法（如 RSA、DSS 等）相互认证。

3）连接是可靠的。报文传输期间利用安全散列函数（如 SHA、MD5 等）进行数据的完整性检验。

（4）传输层安全性 TLS：IETF 将 SSL 作了标准化后称为 TLS，与 SSL 差别不大，提供客户机与服务器之间的安全连接，为高层协议数据提供机密性。

（5）SSL/TLS 在 Web 安全通信中被称为 HTTPS。SSL/TLS 也可以用在其他非 Web 的应用（如 SMTP、POP、IMAP 和 TELNET）中。在虚拟专用网中，SSL 可以承载 TCP 通信，也可以承载 UDP 通信。由于 SSL 工作在传输层，所以 SSL VPN 的控制更加灵活，既可以对传输层进行访问控制，也可以对应用层进行访问控制。

16.8 应用层安全协议

【基础知识点】

1. S-HTTP 和 HTTPS

（1）安全的超文本传输协议（S-HTTP）是一个面向报文的安全通信协议，是 HTTP 协议的扩展。

（2）HTTPS：在 HTTP 的基础上加入 SSL，HTTPS 的安全基础是 SSL。使用 TCP 的 443 端口进行传输。

2. PGP

优良保密协议（PGP）是目前使用最广泛的电子邮件加密软件。PGP 提供数据加密和数字签名。数据加密机制用于本地存储的文件，也可用于网络上传输的电子邮件。数字签名机制用于数据源身份认证和报文完整性验证。PGP 使用 RSA 公钥证书进行身份认证，使用 IDEA 进行数据加密，使用 MD5 进行数据完整性验证。

3. S/MIME

安全多用途互联网邮件扩展协议（S/MIME），是 RSA 数据安全公司开发的软件。S/MIME 提供的安全服务有报文完整性验证、数字签名和数据加密。

4. SET

安全的电子交易（SET）是一个安全协议和报文格式的集合。融合了 SSL、STT、S-HTTP 以及 KPI 技术，通过数字证书和数字签名机制，使得客户可以与供应商进行安全的电子交易。SET 主要用于电子商务，它提供以下 3 种服务：

（1）在交易涉及的各方之间提供安全信道。

（2）使用 X.509 数字证书实现安全的电子交易。

（3）保证信息的机密性。

5．Kerberos

（1）Kerberos 是一项认证服务，其功能是实现应用服务器与用户之间的相互认证。可以防止偷听和重放攻击，保护数据的完整性。Kerberos 的主要术语如下：

1）AS（Authentication Server）：认证服务器，是为用户发放 TGT 的服务器。

2）TGS（Ticket Granting Server）：票据授予服务器，负责发放访问应用服务器时需要的票据。认证服务器和票据授予服务器组成密钥分发中心（Key Distribution Center，KDC）。

3）V：用户请求访问的应用服务器。

4）TGT（Ticket Granting Ticket）：用户向 TGS 证明自己身份的初始票据，即 $K_{TGS}(A,K_S)$。

（2）Kerberos 的认证过程如图 16-5 所示。

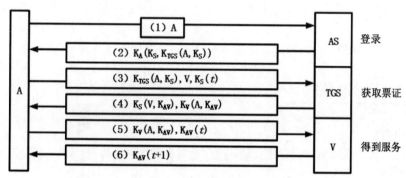

图 16-5　Kerberos 的认证过程

1）用户向 KDC 申请初始票据。

2）KDC 向用户发放 TGT 会话票据。

3）用户向 TGS 请求会话票据。

4）TGS 验证用户身份后发放给用户会话票据 K_{AV}。

5）用户向应用服务器请求登录。

6）应用服务器向用户验证时间戳。

（3）Kerberos 的安全机制分析如下：

1）K_A 是用户的工作站根据输入的口令字导出的 Hash 值，最容易受到攻击，但是 K_A 的使用是很少的。

2）系统的安全是基于对 AS 和 TGS 的绝对信任，实现软件是不能修改的。

3）时间戳 t 可以防止重放攻击。

4）认证过程中第 2）～6）步使用加密手段，实施了连续认证机制。

5）AS 存储所有用户的 K_A，以及 TGS、V 的标识和 K_{TGS}，TGS 要存储 K_{TGS}，服务器要存储 K_V。

16.9 可信任系统

【基础知识点】

可信任系统是一个由完整的硬件及软件所组成的系统,在不违反访问权限的情况下,它能同时服务于不限定个数的用户,并处理从一般机密到最高机密等不同范围的信息。安全性由高到低分为 A、B、C、D,共 4 个大等级。

(1) A 级是可验证保护。A 等级的系统拥有正式的分析及数学方法。

(2) B 级是强制式保护。该级特点在于系统强制的安全保护。B 级又分为 B1(标记安全保护级)、B2(结构化保护级)、B3(安全域级)三个等级,其中 B3 最高,B1 最低。

(3) C 级是自定式保护。该等级特点是系统的对象(如目录、文件)可由系统的主题(如系统管理员、用户和应用程序)自定义访问权。C 级又分为 C1(自主安全保护级)和 C2 级(受控存取保护级)。

(4) D 级是最低保护。没有通过其他安全等级测试项目的系统都属于该级。

16.10 计算机病毒及防护

【基础知识点】

计算机病毒是指一段可执行的程序代码,通过对其他程序进行修改,可以感染这些程序,使其含有该病毒程序的一个副本。

计算机病毒的四个阶段:潜伏阶段、繁殖阶段、触发阶段、执行阶段。

计算机病毒的命名规则及常见病毒类型如下所述。

(1) 计算机病毒命名格式一般为<病毒前缀>.<病毒名>.<病毒后缀>。病毒前缀指的是病毒的种类,如木马病毒前缀 "Trojan",蠕虫病毒前缀 "Worm"。病毒名是指一个病毒的家族特征,例如 CIH 病毒的家族名是 "CIH",振荡波蠕虫病毒的家族名是 "Sasser"。病毒后缀是用来区别某个家族病毒的不同变种的,一般都采用英文字母来表示,如 Worm.Sasser.b 就是指振荡波蠕虫病毒的变种 b。

(2) 常见的病毒类型如下:

1) 系统病毒:前缀是 Win32、PE、W95 等。特征是感染操作系统的 exe 和 dll 文件。如 CIH 病毒。

2) 蠕虫病毒:前缀是 Worm。特征是通过网络或者系统漏洞进行传播,大部分蠕虫病毒都有向外发送带毒邮件、阻塞网络的特性。如冲击波病毒(阻塞网络)、小邮差病毒(发送带毒邮件)。

3) 木马病毒和黑客病毒:木马病毒的前缀是 Trojan,黑客病毒的前缀是 Hack。木马病毒的特征是通过网络或系统漏洞进入用户系统并隐藏起来,然后向外界泄露用户的解密信息。黑客病毒有一个可视的界面,能对用户的计算机进行远程控制。木马病毒负责侵入用户计算机,黑客病毒则通过木马病毒进行远程控制,两者是成对出现的。木马病毒有 QQ 消息尾巴木马(Trojan.QQ3344),

针对网络游戏的木马（Trojan.LMir.PSW.60）。当病毒名中有 PSW 或者 PWD 时，表示这种病毒有盗取密码的功能，黑客程序有网络枭雄（Hack.Nether.Client）。

4）脚本病毒：前缀是 Script、VBS、JS。特性是使用脚本语言编写，通过网页进行传播。如红色代码（Script.Redlof）、欢乐时光病毒（VBS.Happytime）、十四日病毒（Js.Fortnight.c.s）。

5）宏病毒：是一种脚本病毒，前缀是 Macro，第二前缀是 Word、Word97、Excel、Excel97 等。如 Macro.Melissa。

6）后门病毒：前缀是 Backdoor。特性是通过网络传播，给系统开后门，给用户的计算机带来安全隐患。

7）病毒种植程序：特征是运行时会释放出一个或几个新的病毒，存放在系统目录下，并由释放出来的新病毒产生破坏作用。如冰河播种者（Dropper.BingHe2.2C）、MSN 射手病毒（Dropper.Worm.Smibag）。

8）破坏性程序病毒：前缀是 Harm。特性是本身具有好看的图标来诱惑用户点击，病毒便会对用户的计算机产生破坏。如格式化 C 盘的病毒（Harm.formatC.f）、杀手命令病毒（Harm.Command.Killer）等。

9）玩笑病毒：前缀是 Joke。特征是具有好看的图标来诱惑用户点击。当用户点击时，病毒会呈现出各种破坏性画面来吓唬用户，本身没有对计算机进行任何破坏。如女鬼病毒（Joke.Girlghost）。

10）捆绑机病毒：其前缀是 Binder。特征是病毒作者使用特定的捆绑程序将病毒与一些应用程序（如 QQ、IE 等）捆绑起来，表面上看是一个正常文件。当用户运行捆绑了病毒的程序时，实际上也运行了捆绑在一起的病毒，从而给用户造成危害。如捆绑 QQ 病毒（Binder.QQPass.QQBin）、系统杀手病毒（Binder.killsys）等。

计算机病毒防护应做到：

（1）安装杀毒软件及网络防火墙（或者断开网络），及时更新病毒库。
（2）及时更新操作系统的补丁。
（3）不去安全性得不到保障的网站。
（4）从网络下载文件后及时杀毒。
（5）关闭不必要的端口，保证电脑在合理的使用范围之内。
（6）不要使用修改版的软件，如果一定要用，在使用前查杀病毒和木马，以确保安全。

反病毒软件经历了四个阶段：简单的扫描程序（第一代）、启发式的扫描程序（第二代）、行为陷阱（第三代）、全方位的保护（第四代）。先进的反病毒技术有类属解密和数字免疫系统。

16.11 常见网络攻击及防护

【基础知识点】

1. SQL 注入攻击

（1）SQL 注入式攻击，就是攻击者把 SQL 命令插入到 Web 表单的输入域或页面请求的查询字符串，欺骗服务器执行恶意的 SQL 命令。如 www.xxx.com/news/html/?0'union select 1 from (select count(*),concat(floor(rand(0)*2),0x3a,(select concat(user,0x3a,password) from pwn_base_admin limit 0,1),0x3a)a from information_schema.tables group by a)b where'1'='1.htm。

（2）防范手段：尽量采用参数化语句、部署数据库防火墙、部署 WAF、部署 IPS 等。

2. 跨站脚本攻击

（1）跨站脚本攻击（Cross Site Scripting，XSS），为不和层叠样式表（CSS）的缩写混淆，故将跨站脚本攻击缩写为 XSS。

（2）跨站脚本针对的是网站的用户，而不是 Web 应用本身。恶意攻击者往 Web 页面里插入恶意 Script 代码，当用户浏览该页之时，嵌入其中 Web 里面的 Script 代码会被执行，从而达到恶意攻击用户的目的。

（3）防范手段：对输入进行过滤、部署 WAF、部署 IPS、对输出的数据进行编码等。

3. 零日攻击

（1）在两种情况下，恶意黑客能够从零日攻击中获利。第一种情况是，如果能够获得关于即将到来的安全更新的信息，攻击者就可以在更新上线前分析出漏洞的位置，发动攻击。第二种情况是，网络罪犯获取补丁信息，然后攻击尚未更新系统的用户。

（2）第二种情况可能更为普遍，系统、应用软件更新不及时，已成我国企业级用户受到攻击的一大因素。

（3）防范手段：保护自身不受零日攻击影响最简便的方法，就是在新版本发布后及时更新。

4. DoS 和 DDoS

（1）拒绝服务攻击（Denial of Service，DoS）是一种通过耗尽 CPU、内存、带宽或磁盘空间等系统资源，来阻止或削弱对网络、系统或者应用程序的授权使用的攻击行为。拒绝服务攻击破坏系统的可用性。

（2）分布式拒绝服务（Distributed Denial of Service，DDoS）将多台计算机联合起来作为攻击平台，通过远程连接，利用恶意程序，对一个或多个目标发起 DDoS 攻击，消耗目标服务器性能或网络带宽，从而造成服务器无法正常地提供服务。

（3）常见攻击方式有：SYN Flood 攻击（利用三次握手）、UDP Flood 攻击、ACK Flood 攻击、Ping of Death 攻击、teardrop 攻击、TCP Land 攻击（攻击中的数据包源地址和目标地址是相同的）、Smurf 攻击、Fraggle 攻击。

（4）防范手段：部署内容分发网络（Content Delivery Network，CDN）、部署负载均衡器、部署 WAF、购买流量清洗服务或设备等。

5. APT 攻击

（1）高级持续性威胁（Advanced Persistent Threat，APT），是一种复杂的、持续的网络攻击，包含三个要素：高级、长期、威胁。

（2）高级是指执行 APT 攻击需要比传统攻击更高的定制程度和复杂程度，需要花费大量时间和资源；长期是为了达到特定目的，持续监控目标，对目标保有长期的访问权；威胁强调的是人为参与策划的攻击，攻击目标是高价值的组织，攻击一旦得手，往往会给攻击目标造成巨大的经济损失或政治影响，乃至于毁灭性打击。

（3）APT 特点是攻击者组织严密、针对性强、手段高超、隐蔽性强和持续时间长。

（4）防范：部署 APT 防护设备如华为 FireHunter6000 沙箱、部署 HiSec Insight 安全态势感知系统、部署邮件过滤系统、终端设备安装防病毒软件等。

16.12　练习题

1．攻击者通过发送一个目的主机已经接收过的报文来达到攻击目的，这种攻击方式属于（　　）攻击。

  A．重放　　　　　B．拒绝服务　　　C．数据截获　　　D．数据流分析

解析：攻击者通过发送一个目的主机已经接收过的报文来达到攻击目的，这种攻击方式属于重放攻击。

答案：A

2．以下关于三重 DES 加密算法的描述中，正确的是（　　）。

  A．三重 DES 加密使用两个不同密钥进行三次加密

  B．三重 DES 加密使用三个不同密钥进行三次加密

  C．三重 DES 加密的密钥长度是 DES 密钥长度的三倍

  D．三重 DES 加密使用一个密钥进行三次加密

解析：三重 DES 加密（3DES）使用两个不同的密钥进行三次加密，密钥长度为 112 位。

答案：A

3．Kerberos 系统中可以通过在报文中加入（　　）来防止重放攻击。

  A．会话密钥　　　B．时间戳　　　　C．用户 ID　　　　D．私有密钥

解析：重放攻击，是攻击者通过发送一个目的主机已接收过的数据包，达到欺骗系统的目的。防止重放攻击的手段是采用时间戳。

答案：B

4．与 HTTP 相比，HTTPS 协议将传输的内容进行加密，更加安全。HTTPS 基于　（1）　安全协议，其默认端口是　(2)　。

  (1) A．RSA　　　　B．DES　　　　　C．SSL　　　　　D．SSH

  (2) A．1023　　　　B．443　　　　　C．80　　　　　　D．8080

解析：HTTPS 协议是经过使用 SSL 技术将所要传输的数据进行加密之后进行传输的安全超文本传输协议，使用 TCP 协议 443 号端口。HTTP 协议使用明文来传输超文本数据，安全性较差。

答案：(1) C　(2) B

5．震网（Stuxnet）病毒是一种破坏工业基础设施的恶意代码，利用系统漏洞攻击工业控制系统，是一种危害性极大的（　　）。

  A．引导区病毒　　B．宏病毒　　　　C．木马病毒　　　D．蠕虫病毒

解析：震网是一种蠕虫病毒。

答案：D

6．SHA-256 是（　　）算法。

  A．加密　　　　　B．数字签名　　　　C．认证　　　　D．报文摘要

解析：单向散列函数的主要作用是报文摘要，典型的有 MD5 和 SHA 系列。

答案：D

7．根据国际标准 ITU-T X.509 规定，数字证书的一般格式中会包含认证机构的签名，该数据域的作用是（　　）。

  A．用于标识颁发证书的权威机构 CA

  B．用于指示建立和签署证书的 CA 的 X.509 名字

  C．用于防止证书的伪造

  D．用于传递 CA 的公钥

解析：数字证书中包含认证机构的签名，用于防止证书的伪造。

答案：C

8．以下措施中，不能加强信息系统身份认证安全的是（　　）。

  A．信息系统采用 https 访问

  B．双因子认证

  C．设置登录密码复杂度要求

  D．设置登录密码有效期

解析：加强信息系统身份认证安全的基本手段可以是进行双因子认证、给用户传送的账户、密码信息进行加密、设置用户登录密码复杂度。设信息系统采用 https 访问是对传输的内容进行加密，不能加强信息系统的身份认证安全。

答案：A

9．PKI 证书主要用于确保（　　）的合法性。

  A．主体私钥　　　B．CA 私钥　　　C．主体公钥　　　D．CA 公钥

解析：PKI 证书主要用于保证主体公钥的合法性，证书中有 2 个重要的信息就是主体的身份信息和主体的公钥，这些信息会被 CA 使用自己的私钥进行签名，确保主体的身份信息和主体的公钥是正确的对应关系。

答案：C

10．下列算法中，不属于公开密钥加密算法的是（　　）。

  A．ECC　　　　B．DSA　　　　C．RSA　　　　D．DES

解析：加密密钥和解密密钥采用不相同的算法，称为非对称加密算法，又称为公钥密码体制，解决了对称密钥算法的密钥分配与发送的问题。其中非对称密钥算法有 ECC、DSA、RSA 等，对称密钥算法有 IDEA、DES、3DES 等。

答案：D

11．用户 B 收到经 A 数字签名后的消息 M，为验证消息的真实性，首先需要从 CA 获取用户 A 的数字证书，该数字证书中包含＿＿（1）＿＿，可以利用＿＿（2）＿＿验证该证书的真伪，然后利用＿＿（3）＿＿验证 M 的真实性。

（1）A．A 的公钥　　B．A 的私钥　　C．B 的公钥　　D．B 的私钥

（2）A．CA 的公钥　B．B 的私钥　　C．A 的公钥　　D．B 的公钥

（3）A．CA 的公钥　B．B 的私钥　　C．A 的公钥　　D．B 的公钥

解析：CA 是认证中心的简称，为了能够在互联网上认证通信双方的身份，可以在相应的认证中心申请自己的数字证书。CA 为用户颁发的数字证书中包含用户的公钥信息、权威机构的认证信息和有效期等。用户收到经数字签名的消息后，须首先验证证书的真伪，即使用证书的公钥来验证，然后利用对方的公钥来验证消息的真实性。

答案：（1）A　（2）A　（3）C

12．以下关于 AES 加密算法的描述中，错误的是（　　）。

A．AES 的分组长度可以是 256 比特　　B．AES 的密钥长度可以是 128 比特

C．AES 所用 S 盒的输入为 8 比特　　　D．AES 是一种确定性的加密算法

解析：AES 是分组加密的算法，AES 每组明文的长度固定为 128 位即 16 个字节。密钥的长度有 128 位、192 位和 256 位。AES 所用的 S 盒，完成一个 8 比特输入到 8 比特输出的映射。AES 是一种确定性的加密算法。

答案：A

13．SQL 注入是常见的 Web 攻击，以下不能够有效防御 SQL 注入的手段是（　　）。

A．对用户输入做关键字过滤　　　　B．部署 Web 应用防火墙进行防护

C．部署入侵检测系统阻断攻击　　　D．定期扫描系统漏洞并及时修复

解析：防御 SQL 注入的手段是对用户输入做关键字过滤、部署入侵防护系统阻断攻击、定期扫描系统漏洞并及时修复等。入侵检测系统实时监视，一旦发现异常情况就发出警告，但是不能阻断攻击。

答案：B

14．某企业门户网站（www.xxx.com）被不法分子入侵，查看访问日志，发现存在大量入侵访问记录，如下所示。

www.xxx.com/news/html/?0'union select 1 from (select count(*),concat(floor(rand(0)*2),0x3a,(select concat(user,0x3a,password) from pwn_base_admin limit 0,1),0x3a)a from information_schema.tables group by a)b where'1'='1.htm

该入侵为＿＿（1）＿＿攻击，应配备＿＿（2）＿＿设备进行防护。

（1）A．DDoS　　　B．跨站脚本　　　C．SQL 注入　　D．远程命令执行

（2）A．WAF　　　B．IDS　　　　　C．漏洞扫描系统　D．负载均衡

解析：从入侵日志看，攻击者通过在 URL 地址中，注入 SQL 命令进行攻击，故该入侵为 SQL 注入攻击，应配备 WAF（Web 安全防护）设备进行防护。

答案：（1）C　（2）A

第 17 小时 网络存储技术

17.0 本章思维导图

网络存储技术思维导图如图 17-1 所示。

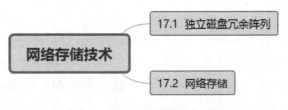

图 17-1 网络存储技术思维导图

17.1 独立磁盘冗余阵列

【基础知识点】

独立磁盘冗余阵列（Redundant Array of Independent Disks，RAID）技术将多个单独的物理硬盘以不同的方式组合成一个逻辑硬盘，从而提高了硬盘的读写性能和数据安全性。

RAID 的重要特性是所谓的 EDAP 概念，强调了这种系统的可扩充性和容错机制。RAID 在不停机的情况下可支持自动检测硬盘故障、重建硬盘的坏道信息、硬盘热备份、硬盘热替换、扩充硬盘容量。

RAID 基本概念表述如下：

（1）条带化。条带化就是将一块数据划分成一系列连续编号的 Data Block 存储到多个物理磁盘上，在多个进程同时访问数据的不同部分时不会造成磁盘冲突，特别是进行顺序访问的时候，可以获得最大程度上的 I/O 并行能力。RAID 0 系统示意图如图 17-2 所示。

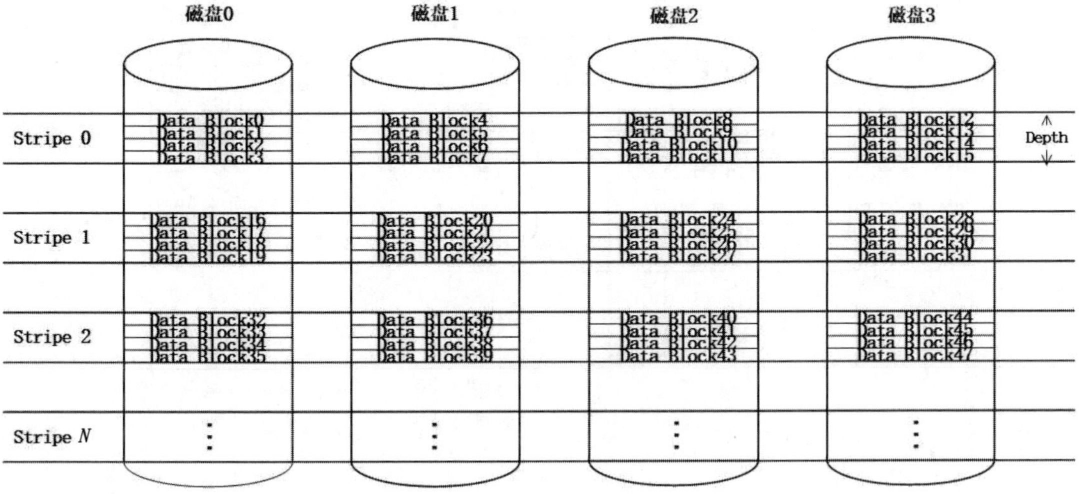

图 17-2　RAID 0 系统示意图

（2）扇区、块、段、条带、条带长度、条带深度。在图 17-2 中，磁盘组被划分成的一条条的、横跨各磁盘的每一条称为条带（Stripe）；一个条带在单块磁盘上所占的区域称为段（Segment）；每个段所包含的数据块（Data Block）的个数或者字节容量称为条带深度（Stripe Depth）；一个条带横跨过的所有磁盘的数据块（Data Block）的个数或者字节容量称为条带长度。如磁盘 0 上的数据块 Data Block6、Data Block7、Data Block8、Data Block9 组成的区域称为段（Segment），假设每个数据块大小为 4KB，则条带深度为 4KB×4=16KB，条带长度为 4×16KB=64KB。

（3）条带宽度。条带宽度是指同时可以并发读或写的条带数量，其值等于 RAID 中的物理硬盘数量。增加条带宽度，可以增加阵列的读写性能。

（4）单块磁盘时，因为一块磁盘同一时间只能进行一次 I/O，同时最多 1 个 I/O，无 I/O 并发；由 2 块磁盘组成的 RAID 0，同时最多 2 个 I/O，故最大 I/O 并发为 2；由 3 块磁盘组成的 RAID 5，由于争用校验盘的问题，同时最多 1 个 I/O，无 I/O 并发；由 4 块磁盘组成的 RAID 5，由于校验块分布在不同磁盘上，所以同时最多 2 个 I/O，故 I/O 并发为 2。

常见 RAID 形式包括：

（1）RAID 0。

RAID 0 又称为 Stripe 或 Striping（条带化），把连续的数据分散到多个磁盘上存储，系统有数据请求就可以被多个磁盘并行地执行，每个磁盘执行属于它自己的那部分数据请求。需要 2 个以上的硬盘驱动器，没有差错控制措施，一旦数据或者磁盘损坏，损坏的数据将无法得到恢复。磁盘利用率为 100%。RAID 0 特别适用于对性能要求较高，而对数据安全要求低的领域。RAID 0 系统示意图如图 17-3 所示。

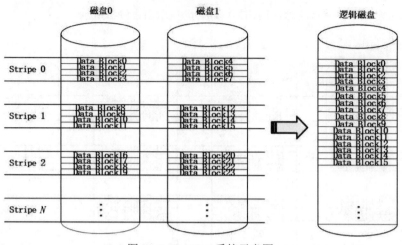

图 17-3　RAID 0 系统示意图

（2）RAID 1。

RAID 1 又称为 Mirror 或 Mirroring（镜像），它的宗旨是最大限度地保证用户数据的可用性和可修复性。RAID 1 的操作方式是把用户写入硬盘的数据百分之百地自动复制到另外一个硬盘上。在所有 RAID 级别中，RAID 1 提供最高的数据安全保障。RAID 1 需要 2 块磁盘，磁盘利用率为 50%。RAID 1 通过数据镜像加强了数据安全性，使其尤其适用于存放重要数据。RAID 1 系统示意图如图 17-4 所示。

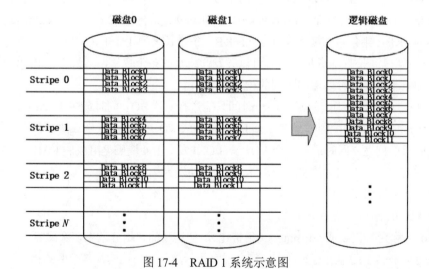

图 17-4　RAID 1 系统示意图

（3）RAID 2 和 RAID 3。

1）RAID 2 和 RAID 3 类似，都是将数据分块存储在不同的硬盘上实现多模块交叉存储，并在数据访问时提供差错校验功能。RAID 2 使用海明码进行差错校验，需要单独的磁盘存放与恢复信息。RAID 2 实现技术代价昂贵，商业环境中很少用。

2）RAID 3 采用奇偶校验方式，只能查错不能纠错。需要 3 个以上的磁盘驱动器，一个磁盘专门存放奇偶校验码，其他磁盘作为数据盘实现多模块交叉存取。RAID 3 主要用于图形图像处理等要求吞吐率比较高的场合，对于随机数据，奇偶校验盘会成为写操作的瓶颈。磁盘利用率为$(n-1)/n$。RAID 3 系统示意图如图 17-3 所示。

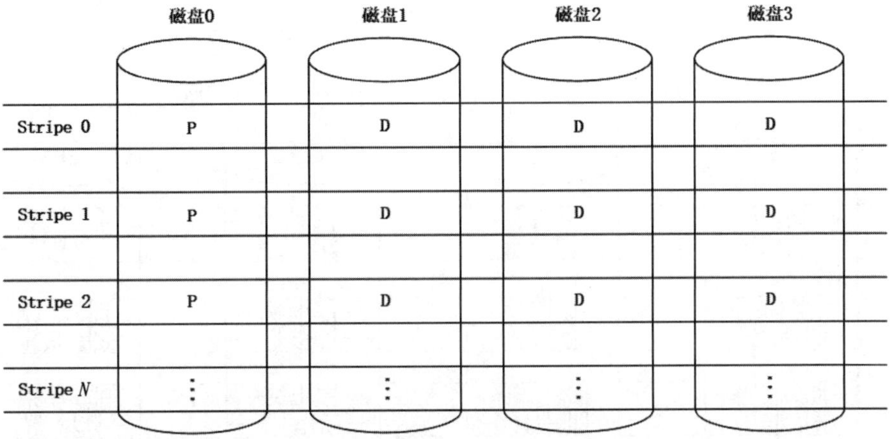

图 17-5　RAID 3 系统示意图

（4）RAID 5。

RAID 5 是分布式奇偶校验的独立磁盘结构。用来进行纠错的校验信息分布在各个磁盘上，没有专门的校验盘。读效率高，写效率一般，只能允许一块磁盘故障。需要 3 块以上磁盘，磁盘利用率为$(n-1)/n$。RAID 5 系统示意图如图 17-6 所示。

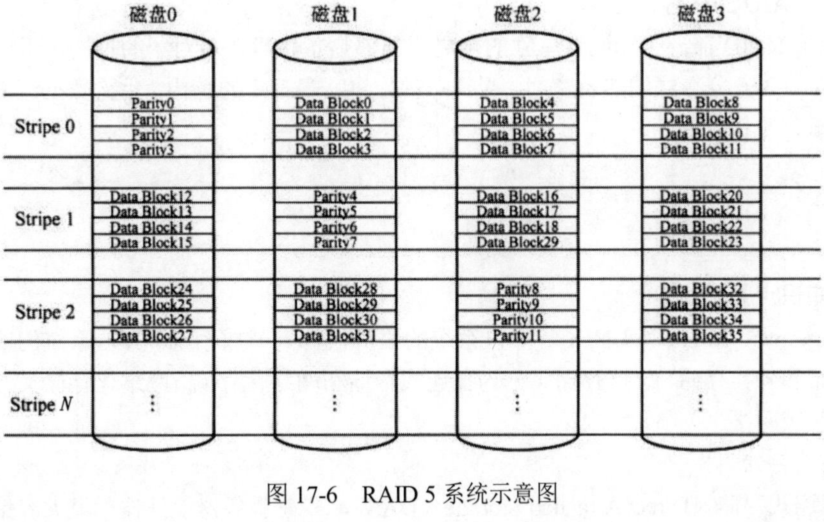

图 17-6　RAID 5 系统示意图

（5）RAID 0+1。

RAID 0+1 是 RAID 0 和 RAID 1 的组合形式，也称为 RAID 10。需要最少 4 块磁盘，磁盘利用率为为 50%。在提供与 RAID 1 同样的数据安全保障的同时也提供了与 RAID 0 近似的访问速率。RAID 0+1 特别适用于既有大量数据需要存取，同时又对数据安全性要求严格的领域，例如银行、金融、商业超市、仓储库房和各种档案管理等。RAID 0+1 系统示意图如图 17-7 所示。

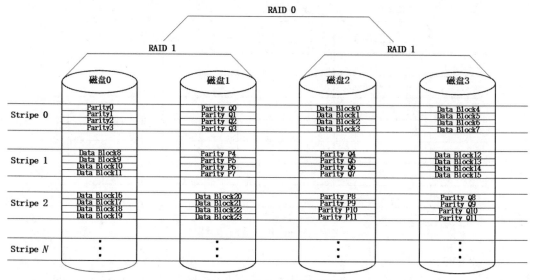

图 17-7　RAID 0+1 系统示意图

（6）RAID 6。

RAID 6 最少 4 块磁盘，最多可以允许坏 2 块，磁盘利用率为 $(n-2)/n$。

RAID 与 RAID 2.0+的对比：

（1）传统 RAID 需要手动配置单独的全局或局部热备磁盘，多对一的重构，重构时间长。

（2）RAID 2.0+分布式的热备空间，无需单独配置、多对多的重构，重构数据流并行写入多块磁盘负载均衡、重构时间短。

17.2　网络存储

【基础知识点】

基于 Windows、Linux 和 UNIX 等操作系统的服务器称为开放系统。开放系统的数据存储方式分为内置存储和外挂存储，外挂存储又分为直连式存储和网络化存储，网络化存储又分为网络接入存储和存储区域网络。

1. 直连式存储

（1）直连式存储（Direct Attached Storage，DAS），即在服务器上外挂一组大容量磁盘，存储设备与服务器主机之间采用 SCSI 通道连接。DAS 依赖于服务器，其本身是硬件的堆叠，不具有任何存储操作系统。这种方式难以扩展存储容量，而且不支持数据容错功能，当服务器出现异常时，会造成数据丢失。

（2）DAS 为服务器提供块级的存储服务（不是文件级）。DAS 不能提供跨平台文件共享功能，各系统平台下文件需分布存储。

（3）优点：磁盘与服务器分离，便于统一管理。

（4）缺点：①不支持数据容错功能，服务器出现异常时，会造成数据丢失；②连接距离短，连接数量有限；③数据分散，共享、管理困难；④存储资源利用率低，单位成本高；⑤扩展性差。

2. 网络接入存储

（1）网络接入存储（Network Attached Storage，NAS）是将存储设备连接到现有的网络上来提供数据存储和文件访问服务的设备。

（2）NAS 服务器是在专用主机上安装简化了的瘦操作系统（只具有访问权限控制、数据保护和恢复等功能）的文件服务器。NAS 服务器内置了与网络连接所需要的协议，可以直接联网，具有权限的用户都可以通过网络来访问 NAS 服务器中的文件。

（3）NAS 服务器直接连接磁盘阵列，它具备磁盘阵列的所有特征：高容量、高效能、高可靠性。NAS 是真正即插即用的产品，物理位置灵活。NAS 价格合理、便于管理、灵活且能实现文件共享。

3. 存储区域网络

（1）存储区域网络（Storage Area Network，SAN）是一种连接存储设备和存储管理子系统的专用网络，专门提供数据存储和管理功能。

（2）SAN 可以看作是负责数据传输的后端网络，而前端网络则负责正常的 TCP/IP 传输。SAN 主要采取数据块的方式进行数据和信息的存储。

（3）SAN 是一种特殊的高速网络，SAN 分为 FC-SAN 和 IP-SAN，具体区别见表 17-1。

表 17-1 FC-SAN 和 IP-SAN 的区别

内容	FC-SAN	IP-SAN
传输介质	光纤网络	以太网
传输协议	FC 协议	iSCSI 协议
成本	成本高	成本低，可基于现有以太网
扩展性	扩展能力差	扩展能力强
传输速度	传输速度快	传输速度较慢
适用场景	适用于企业关键应用存储	适用于企业关键应用存储，远程容灾

（4）SAN 与 NAS 二者通常相互补充以提供对不同类型数据的访问。SAN 针对海量的面向数据块的数据传输，而 NAS 则提供文件级的数据访问和共享服务。越来越多的数据中心通过

SAN+NAS 的方式实现数据整合、高性能访问以及文件共享服务。

4. 存储常用磁盘

（1）SATA 硬盘一般采用较低的转速（通常为 7200rpm），倾向于在事务性处理少、数据可用性不作为关键指标的应用中使用。

（2）SAS 硬盘为高性能、高可靠性应用而设计，SAS 硬盘具有更高的转速（10000～15000rpm），主要应用于在线、高可用性、随机读取的情况，适用于大、中型企业关键业务资料的存储，效能高而且可扩展性高。

（3）SSD 固态硬盘是用固态电子存储芯片阵列而制成的硬盘，由控制单元和存储单元（FLASH 芯片、DRAM 芯片）组成。固态硬盘在接口的规范和定义、功能及使用方法上与普通硬盘相同。SSD 固态硬盘最大的优点就是可以移动，而且数据保护不受电源控制，能适应于各种环境。SSD 具有擦写次数的限制，闪存完全擦写一次叫作 1 次 P/E，其寿命以 P/E 作单位。固态硬盘常见的接口有 SATA、PCIE、M.2 三大类型。

（4）磁盘的选型如下：

1）SATA 磁盘相对于 SAS 磁盘成本较低、转速低、传输速率慢。

2）备份存储对于数据传输速率要求相对低，一般采用 SATA 磁盘。

3）业务存储系统对于数据传输速率要求高，一般采用 SAS，降低磁盘 I/O 瓶颈。

4）配置少量 SSD 磁盘，作为高速缓存，可提高读数据的缓存命中率。

17.3 练习题

1．在冗余磁盘阵列中，以下不具有容错技术的是（　　）。

  A．RAID 0 B．RAID 1 C．RADI 5 D．RAID 10

解析：RAID 0 是把连续的数据分散存储到多个磁盘上进行存取，读写速度最快，但是不具有容错技术。

答案：A

2．RAID 技术中，磁盘容量利用率最低的是（　　）。

  A．RAID 0 B．RAID 1 C．RAID 5 D．RAID 6

解析：RAID 0 的利用率为 100%，RAID 1 的利用率为 50%，RAID 5 的利用率为 $(n-1)/n$，RAID 6 的利用率为 $(n-2)/n$。

答案：B

3．下列接口不适用 SSD 磁盘的是（　　）。

  A．SATA B．IDE C．PCIE D．M.2

解析：固态硬盘常见的接口有 SATA、PCIE、M.2 三大类型。

答案：B

4. 计算机上采用的 SSD（固态硬盘）实质上是（　　）存储器。
   A．FLASH　　　　B．磁盘　　　　　C．磁带　　　　　D．光盘

解析：SSD 是 FLASH 芯片作为存储介质。FLASH 是一种非易失性内存，是闪存的一种。

答案：A

5. 某数据中心做存储系统设计，从性价比角度考量，最合适的冗余方式是＿＿（1）＿＿，当该 RAID 配备 N 块磁盘时，实际可用数为＿＿（2）＿＿块。

（1）A．RAID 0　　B．RAID 1　　　C．RAID 5　　　D．RAID 10

（2）A．N　　　　B．N-1　　　　C．N/2　　　　D．N/4

解析：RAID 0 没有冗余功能，RAID 1 是镜像卷，能实现冗余，磁盘利用率为 50%，RAID 5 能实现冗余，磁盘利用率为 $(N-1)/N$，RAID 10 能实现冗余，磁盘利用率为 50%，综上所述，性价比最高的冗余方式为 RAID 5，配备 N 块磁盘可用磁盘数量为 N-1。

答案：（1）C　　（2）B

6. 某银行拟在远离总部的一个城市设立灾备中心，其中的核心是存储系统。该存储系统恰当的存储类型是＿＿（1）＿＿，不适于选用的磁盘是＿＿（2）＿＿。

（1）A．NAS　　　　　　　　　　B．DAS
　　　C．IP-SAN　　　　　　　　D．FC-SAN

（2）A．FC 通道磁盘　　　　　　B．SCSI 通道磁盘
　　　C．SAS 通道磁盘　　　　　D．固态盘

解析：SAN 是通过专用高速网络将一个或多个网络存储设备和服务器连接起来的专用存储系统，分为 IP-SAN 和 FC-SAN。SAN 主要采取数据块的方式进行数据存储。FC-SAN 成本高昂，又是远程灾备中心，所以使用 IP-SAN 结构最合适。固态硬盘存储容量不如磁盘大，写的次数有限制，低于磁盘，银行的灾备系统目前还不适合用固态盘。

答案：（1）C　　（2）D

第 18 小时 网络规划和设计

18.0 本章思维导图

网络规划和设计思维导图如图 18-1 所示。

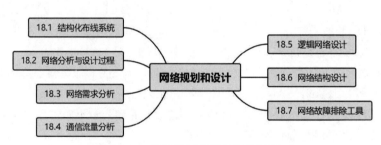

图 18-1 网络规划和设计思维导图

18.1 结构化布线系统

【基础知识点】

结构化综合布线系统包括建筑物综合布线系统(Premises Distribution System,PDS)、智能大厦布线系统(Intelligent Building System,IBS)和工业布线系统(Industry Distribution System,IDS)。

建筑物综合布线系统(PDS)能支持话音和数据通信、支持安全监控和传感器信号传输、支持多媒体和高速网络应用的电信系统,通过一次性布线提供各种通信线路,并且可以根据应用需求变化和技术发展趋势进行扩充,是一种技术先进、具有长远效益的解决方案。

结构化综合布线系统满足标准化、实用性、先进性、开放性、结构化、层次化的要求。

结构化布线系统分为六个子系统:工作区子系统、水平布线子系统、干线子系统、设备间子系统、管理子系统和建筑群子系统。结构化布线示意图如图 18-2 所示。

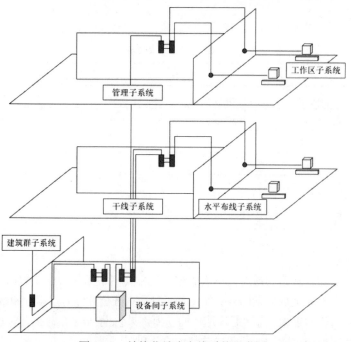

图 18-2　结构化综合布线系统示意图

结构化布线系统的六个子系统如下所述：

（1）工作区子系统是指由终端设备连接到信息插座的整个区域。根据终端设备的种类来选择信息插座的类型。信息插座的安装分为嵌入式（新建筑物）和表面安装（老建筑物）两种方式。信息插座通常安装在工作间四周的墙壁下方，距离地面 30cm。

（2）各个楼层接线间的配线架到工作区信息插座之间所安装的线缆属于水平布线子系统。水平布线子系统的作用是将干线子系统线路延伸到用户工作区。在进行水平布线时，传输介质中间不宜有转折点。水平布线的布线通道有两种：一种是暗管预埋、墙面引线方式，另一种是地下管槽、地面引线方式。前者适用于多数建筑系统，一旦铺设完成，不易更改和维护；后者适合于少墙多柱的环境，更改和维护方便。

（3）管理子系统设置在楼层的接线间内，由各种交连设备（双绞线跳线架、光纤跳线架）以及集线器和交换机等交换设备组成，交连方式取决于网络拓扑结构和工作区设备的要求。

（4）干线子系统是建筑物的主干线缆，实现各楼层设备间子系统之间的互连。

（5）建筑物的设备间是网络管理人员值班的场所，设备间子系统由建筑物的进户线、交换设备、电话、计算机、适配器以及保安设施组成，实现中央主配线架与各种不同设备之间的连接。

（6）建筑群子系统也叫园区子系统，它是连接各个建筑物的通信系统。大楼之间的布线方法有三种，一种是地下管道敷设方式，管道内敷设的铜缆或光缆应遵循电话管道和入孔的各种规定，安装时至少应预留一到两个备用管孔，以备扩充之用。第二种是直埋法，要在同一个沟内埋入通信和监控电缆，并应设立明显的地面标志。最后一种是架空明线，这种方法需要经常维护。

布线距离见表 18-1。

表 18-1 布线距离

子系统	光纤/m	屏蔽双绞线/m	非屏蔽双绞线/m
建筑群（楼栋间）	2000	800	700
主干（设备间到配线间）	2000	800	700
配线间到工作区信息插座	—	90	90
信息插座到网卡	—	10	10

18.2 网络分析与设计过程

【基础知识点】

一个网络系统从构思开始到最后被淘汰的过程被称为网络系统的生命周期。

网络系统的生命周期至少包括网络系统的构思计划、分析和设计、运行和维护等过程。网络生命周期是一个循环迭代的过程。每次循环迭代的动力都来自网络应用需求的变更，每次循环过程都存在需求分析、规划设计、实施调试和运营维护等阶段。

网络生命周期迭代模型的核心思想是网络应用驱动理论和成本评价机制。当网络系统无法满足用户的需求时，就必须进入到下一个迭代周期。成本评价机制决定是否结束网络系统的生命周期。网络生命周期的迭代模型如图 18-3 所示。

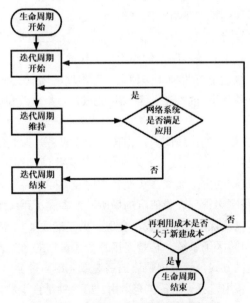

图 18-3 网络生命周期的迭代模型

1. 迭代周期构成方式

常见的迭代周期构成方式主要有四阶段周期、五阶段周期和六阶段周期三种。

（1）四阶段周期能够快速适应新的需求，强调网络建设周期中的宏观管理。四阶段周期的长处在于工作成本较低、灵活性好，适用于网络规模较小、需求较为明确、网络结构简单的工程项目。四阶段周期如图 18-4 所示。

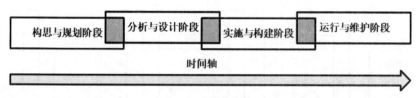

图 18-4　四阶段周期

（2）五阶段周期将一次迭代划分为需求规范、通信规范、逻辑网络设计、物理网络设计和实施阶段五个阶段。五阶段周期适用于网络规模较大、需求较为明确、需求变更较小的网络工程。五阶段周期如图 18-5 所示。

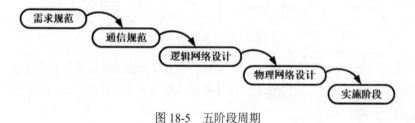

图 18-5　五阶段周期

（3）六阶段周期分别由需求分析、逻辑设计、物理设计、设计优化、实施及测试、监测及性能优化组成。六阶段周期如图 18-6 所示。

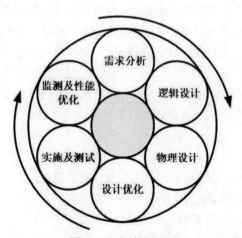

图 18-6　六阶段周期

2. 五阶段网络开发过程

(1) 根据五阶段迭代周期的模型，网络开发过程可以被划分为需求分析、通信规范分析（现有网络系统分析）、逻辑网络设计（确定网络逻辑结构）、物理网络设计（确定网络物理结构）、安装和维护五个阶段。

(2) 五阶段网络开发过程如图 18-7 所示。

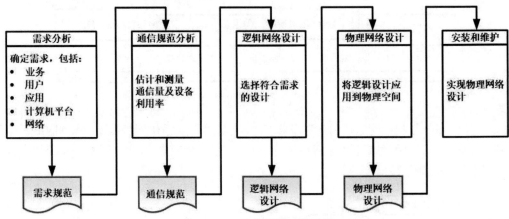

图 18-7　五阶段网络开发过程

(3) 在这五个阶段中，每个阶段都必须依据上一阶段的成果完成本阶段的工作，并形成本阶段的工作成果，作为下一阶段的工作依据。这些阶段成果分别为"需求规范""通信规范""逻辑网络设计""物理网络设计"。

(4) 五阶段网络开发过程之需求分析。

1) 不同的用户有不同的网络需求，收集需求需要考虑业务需求、用户需求、应用需求、计算机平台需求和网络需求。

2) 需求分析的输出是产生一份需求说明书，也就是需求规范。把需求记录在一份需求说明书中，清楚而细致地总结单位和个人的需要和愿望。并且建立起需求变更机制，明确允许的变更范围。在写完需求说明书后，管理者与网络设计者应该正式达成共识，并在文件上签字，这是规避网络建设风险的关键。

(5) 五阶段网络开发过程之通信规范分析（现有网络系统分析）。

在通信规范分析阶段，应给出一份正式的通信规范说明文档作为下一个阶段的输入。通信规范说明文档包含如下内容：

1) 现有网络的拓扑结构图。

2) 现有网络的容量，以及新网络所需的通信量和通信模式。

3) 详细的统计数据，直接反映现有网络性能的测量值。

4) Internet 接口和广域网提供的服务质量报告。

5) 限制因素列表，例如使用线缆和设备清单等。

（6）五阶段网络开发过程之逻辑网络设计（确定网络逻辑结构）。

逻辑网络设计是体现网络设计核心思想的关键阶段，最后应该得到一份逻辑设计文档，输出的内容包括以下几点：

1）网络逻辑设计图。
2）IP 地址分配方案。
3）安全管理方案。
4）具体的软/硬件、广域网连接设备和基本的网络服务。
5）招聘和培训网络员工的具体说明。
6）对软/硬件费用、服务提供费用以及员工和培训费用的初步估计。

（7）五阶段网络开发过程之物理网络设计（确定网络物理结构）。

物理网络设计是逻辑网络设计的具体实现。网络物理结构设计文档必须尽可能详细、清晰，输出的内容如下：

1）网络物理结构图和布线方案。
2）设备和部件的详细列表清单。
3）软/硬件和安装费用的估算。
4）安装日程表，详细说明服务的时间以及期限。
5）安装后的测试计划。
6）用户的培训计划。

（8）五阶段网络开发过程之安装和维护。

在安装开始前，所有的软/硬件资源必须准备完毕，并通过测试。安装阶段的输出如下：

1）逻辑网络结构图和物理网络部署图。
2）符合规范的设备连接图和布线图，同时包括线缆、连接器和设备的规范标识。
3）运营维护记录和文档，包括测试结果和数据流量记录。

维护是指网络管理员在网络安装完成后，接受用户的反馈意见和监控的任务。网络投入运行后，需要做大量的故障监测和故障恢复以及网络升级和性能优化等维护工作。

（9）网络设计的约束因素。在需求分析阶段，确定用户需求的同时还应明确可能出现的约束条件。一般来说，网络设计的主要约束条件包括政策、预算、时间和应用目标等方面。

18.3　网络需求分析

【基础知识点】

网络需求分析是网络开发过程的起始部分，在这一阶段应明确客户所需的网络服务和网络性能。

需求说明书主要包括综述、需求分析阶段总结、需求数据总结、按优先级排序的需求清单和申请批准部分。

收集用户需求最常用的方式是观察和问卷调查、集中访谈、采访关键人物。

18.4　通信流量分析

【基础知识点】

1. 通信流量分析的基本概念

通信流量分析最终的目标是产生通信流量，其中必要的工作是分析网络中信息流量的分布问题。需要依据需求分析的结果产生单个信息流量的大小，依据通信模式、通信边界的分析，明确不同信息流在网络不同区域、边界的分布，从而获得区域、边界上的总信息流量。

2. 通信流量分布的简单规则

（1）80/20 规则：通信流量的 80%在内部流动，20%访问外部网段。该规则适用于内部交流较多、外部访问相对较少、网络较为简单、不存在特殊应用的网络或网段。

（2）20/80 规则：通信流量的 20%在内部流动，80%访问外部网段。

3. 通信流量分析的步骤

（1）将网络分成易管理的网段。
（2）确定个人用户和网段的通信量。
（3）确定本地和远程网段上的通信流量分布。
（4）对每个网段重复上述步骤。
（5）分析广域网和骨干网的通信流量。

18.5　逻辑网络设计

【基础知识点】

逻辑网络设计过程主要由确定逻辑设计目标、网络服务评价、技术选项评价和进行技术决策四个步骤组成。

逻辑网络设计工作的主要内容如下：

（1）网络结构的设计。
（2）物理层技术的选择。
（3）局域网技术的选择与应用。
（4）广域网技术的选择与应用。
（5）地址设计和命名模型。
（6）路由选择协议。
（7）网络管理。
（8）网络安全。
（9）逻辑网络设计文档。

18.6　网络结构设计

【基础知识点】

　　层次化模型中最为经典的是三层模型。三层模型主要将网络划分为核心层、汇聚层和接入层。核心层提供不同区域或者下层的高速连接和最优传送路径；汇聚层将网络业务连接到接入层，并且实施与安全、流量负载和路由相关的策略；接入层为局域网接入广域网或者终端用户访问网络提供接入。

　　1．核心层设计要点

　　（1）核心层是因特网的高速骨干，应采用冗余组件设计。

　　（2）在设计核心层设备的功能时，应尽量避免使用数据包过滤、策略路由等降低数据包转发处理的特性，以优化核心层获得低延迟和良好的可管理性。

　　（3）核心层应具有有限的和一致的范围。

　　（4）核心层应包括一条或多条连接到外部网的连接。

　　2．汇聚层设计要点

　　（1）汇聚层是核心层和接入层的分界点，应尽量将出于安全性原因对资源访问的控制、出于性能原因对通过核心层流量的控制等都在汇聚层实施。

　　（2）汇聚层应向核心层隐藏接入层的详细信息，仅向核心层宣告汇聚后的网络；汇聚层也向接入层屏蔽网络其他部分的信息。为了保证核心层连接运行不同协议的区域，各种协议的转换都应在汇聚层完成。

　　3．接入层设计要点

　　（1）接入层为用户提供了在本地网段访问应用系统的能力，接入层要解决相邻用户之间的互访需要，并且为这些访问提供足够的带宽。

　　（2）接入层还应该适当负责一些用户管理功能，包括地址认证、用户认证和计费管理等内容；还负责用户信息收集工作，例如用户的 IP 地址、MAC 地址和访问日志等信息。

　　4．通信线路常见的设计目标

　　在网络冗余设计中，对于通信线路常见的设计目标主要有两个：一个是备用路径，另外一个是负载分担。

　　（1）备用路径主要是为了提高网络的可用性，一般情况下，备用路径仅仅在主路径失效时投入使用。

　　（2）负载分担通过冗余的形式来提高网络的性能，是对备用路径方式的扩充。负载分担通过并行链路提供流量分担来提高性能，其主要的实现方法是利用两个或多个网络接口和路径来同时传递流量。

18.7 网络故障排除工具

【基础知识点】

1. 设备或系统诊断命令

（1）display 命令：可以用于监测系统的安装情况与网络正常运行情况，也可以用于对故障区域的定位。

（2）debug 命令：帮助分析协议和配置问题。

（3）ping 命令：用于检测网络上不同设备之间的连通性。

（4）trace 命令：用于确定数据包从一个设备到另一个设备所经过的路径。

2. 专用故障排除工具

（1）欧姆表、数字万用表及电缆测试器可以用于检测电缆设备的物理连通性。

（2）时域反射计（Time Domain Reflectometry，TDR）能够快速地定位金属电缆中的断路、短路、压接、扭结、阻抗不匹配及其他问题。

（3）对于光纤的测试，则需要使用光时域反射计（Optical Time Domain Reflectometer，OTDR）。光时域反射计可以精确地测量光纤的长度、定位光纤的断裂处、测量光纤的信号衰减、测量接头或连接器造成的损耗。

（4）断接盒用于外围接口的故障排除。

（5）网络监测器能持续不断地跟踪数据包在网络上的传输，能够提供任何时刻网络活动的精准描述或者一段时间内的历史记录。

（6）网络分析仪能够对不同协议层的通信数据进行解码，自动实时地发现问题，对网络活动进行清晰的描述，并根据问题的严重性对故障进行分类。

18.8 练习题

1. 以下关于网络布线子系统的说法中，错误的是（　　）。
   A．工作区子系统指终端到信息插座的区域
   B．水平子系统实现计算机设备与各管理子系统间的连接
   C．干线子系统用于连接楼层之间的设备间
   D．建筑群子系统连接建筑物

解析：工作区子系统指终端到信息插座的区域，管理子系统实现计算机设备与各管理子系统间的连接，干线子系统用于连接楼层之间的设备间，建筑群子系统用于连接建筑物。

答案：B

2. 以下关于网络工程需求分析的叙述中，错误的是（　　）。
   A．任何网络都不可能是一个能够满足各项功能需求的"万能网"

B. 需求分析要充分考虑用户的业务需求
C. 需求的定义越明确和详细，网络建成后用户的满意度越高
D. 网络需求分析时可以不考虑成本因素

解析：网络需求分析不能脱离用户、应用系统等现实因素，要考虑网络的扩展性，极大地保护投资。

答案：D

3. 逻辑网络设计是体现网络设计核心思想的关键阶段，下列选项中不属于逻辑网络设计内容的是（　　）。
    A. 网络结构设计   B. 物理层技术选择
    C. 结构化布线设计   D. 确定路由选择协议

解析：逻辑网络设计工作主要包括：网络结构的设计、物理层技术选择、局域网技术选择与应用、广域网技术选择与应用、地址设计和命名模型、路由选择协议、网络管理和网络安全等。

答案：C

4. 三层网络设计方案中，（　　）是核心层的功能。
    A. 不同区域的数据转发   B. 用户代理，计费管理
    C. 终端用户接入网络   D. 实现网络的访问等级控制

解析：核心层的功能是实现高速转发功能。

答案：A

5. 对某银行业务系统的网络方案设计时，应该优先考虑（　　）原则。
    A. 开放性   B. 先进性   C. 经济性   D. 高可用性

解析：金融网络的基本要求是安全性和高可用性。

答案：D

6. 在结构化布线系统设计时，配线架到工作区信息插座的双绞线最大不超过 90 米，信息插座到终端电脑网卡的双绞线最大不超过（　　）米。
    A. 90   B. 60   C. 30   D. 10

解析：双绞线最大长度 100 米，使用双绞线，信息插座到网卡的距离不超过 10 米。

答案：D

7. 网络规划中，冗余设计不能（　　）。
    A. 提高链路可靠性   B. 增强负载能力
    C. 提高数据安全性   D. 加快路由收敛

解析：冗余设计可以提高链路可靠性、增强负载能力、提高数据安全性，但是不能加快路由收敛。

答案：D

第19小时
Windows 服务器配置

19.0 本章思维导图

Windows 服务器配置思维导图如图 19-1 所示。

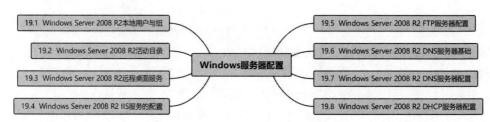

图 19-1　Windows 服务器配置思维导图

19.1　Windows Server 2008 R2 本地用户与组

【基础知识点】

Windows Server 2008 R2 是 Windows Server 2008 的升级版本，仅支持 64 位的操作系统。

用户账号包含用户名、密码、用户的说明和用户权限等信息，Windows Server 2008 R2 为不同的用户设置了不同的权限。通常将具有相同性质的用户归结在一起，统一授权，组成用户组（Group）。用户组的权限描述见表 19-1。

表 19-1　用户组权限描述

名称	权限描述
Administrators	管理员对计算机/域有不受限制的完全访问权
Backup Operators	备份操作员为了备份或还原文件可以替代安全限制
Guests	按默认值，来宾和用户组的成员有同等访问权，但来宾账户的限制更多

续表

名称	权限描述
IIS_IUSRS	Internet 信息服务使用的内置组
Network Configuration Operators	组中的成员有部分管理权限来管理网络功能的配置
Power Users	拥有大部分管理权限，但也有限制。高级用户可以运行经过验证的应用程序，也可以运行旧版应用程序
Print Operators	成员可以管理域打印机
Remote Desktop Users	此组中的成员被授予远程登录的权限
Users	用户无法进行有意或无意的改动。因此，用户可以运行经过验证的应用程序，但不可以运行大多数旧版应用程序

19.2　Windows Server 2008 R2 活动目录

【基础知识点】

活动目录是一个动态的分布式文件系统，包含了存储网络信息的目录结构和相关的目录服务。活动目录的各个子树分布地存储在网络的多个服务器中，并且可以自动维护信息的一致性。在活动目录中，对象的名字采用 DNS 域名结构，所以安装活动目录需要 DNS 服务器的支持。全局目录是包含所有对象属性信息的仓库，活动目录中的第一个域控制器自动成为全局目录，为了加速登录过程和减少通信流量，还可以设置另外的全局目录。架构是活动目录中的对象模型。

1. 活动目录中的工作组分为全局组、域本地组和通用组三种

（1）全局组（Global Groups）：全局组的访问权限可以达到域林中的任何信任域。全局组的成员来自生成该组的本地域，可以把全局组嵌入其他域的本地组中，使其获得其他域资源的访问权限。

（2）域本地组（Domain Local Groups）：域本地组的成员可来自任何域，但是只能访问本地域中的资源。

（3）通用组（Universal Groups）：通用组的成员来自域林中的任何域，其访问权限也可以达到域林中的任何域。通用组的成员信息保存在全局目录中，这是通用组与全局组的主要区别。

2. 组策略

（1）为了使用户可以访问其他域中的资源，可以使用 A-G-DL-P、A-G-G-DL-P、A-G-U-DL-P 组策略。

（2）A 表示用户账号，G 表示全局组，U 表示通用组，DL 表示域本地组，P 表示资源访问权限（Permission）。A-G-DL-P 策略是将用户账号添加到全局组中，将全局组添加到另一个域的域本地组中，然后为域本地组分配本地资源的访问极限。

3. 活动目录的安装和配置

（1）活动目录必须安装在 Windows Server 2008 R2 的 NTFS 分区且必须安装 DNS 服务器。

（2）选择"开始"→"运行"，执行 dcpromo.exe 命令，启动 Active Directory 域服务安装向导。

19.3 Windows Server 2008 R2 远程桌面服务

【基础知识点】

远程桌面协议（RDP），基于 TCP 的 3389 端口。默认情况下，只有 Administrators 和 System 拥有访问和完全控制远程桌面服务器的权限，远程桌面用户组的成员只拥有访问权限而不具备完全控制权。

19.4 Windows Server 2008 R2 IIS 服务的配置

【基础知识点】

1. IIS 的基本概念

因特网信息服务器（Internet Information Services，IIS），是基于 Windows 操作系统运行的互联网基本服务，在组建局域网时，可利用 IIS 来构建 WWW 服务器、FTP 服务器和 SMTP 服务器等。在 Windows Server 2008 R2 中集成了 IIS 7.5，在 IIS 7.0 模块化的基础上，开始支持 ASP.net、更多的 PowerShell 命令行和集成 WebDAV 等。

2. 安装 IIS 服务

"开始"→"管理工具"→"服务器管理器"→"角色"→"添加角色"→"Web 服务器（IIS）"。

3. 配置身份验证、IP 地址和域名限制

为了保证 Web 网站和服务器运行安全，可以为网站进行身份验证、IP 地址和域名限制的设置，如果没有特别的要求，一般采用默认设置。

（1）配置身份验证：双击默认网站右侧主窗口中的"身份验证"。网站的匿名访问关系到网站的安全问题，用户可以编辑"匿名身份验证"选项栏来设置匿名访问的用户账号。系统中默认的用户权限比较低，只具有基本的访问权限，比较适合匿名访问，如图 19-2 所示。

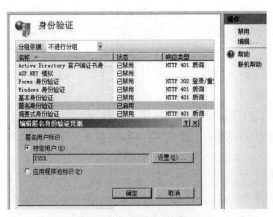

图 19-2 配置身份验证

（2）配置 IP 地址和域限制：双击默认网站右侧主窗口中的"IP 地址和域限制"，可以对访问站点的计算机进行限制。单击"操作"窗口的"添加允许条目"或"添加拒绝条目"，可以允许或排除某些计算机的访问权限，如图 19-3 所示。

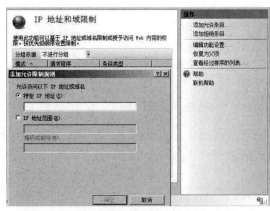

图 19-3　配置 IP 地址和域限制

19.5　Windows Server 2008 R2 FTP 服务器配置

【基础知识点】

1. 添加 FTP 站点

（1）选择"开始"→"管理工具"→"Internet 信息服务（IIS）管理器"命令，然后在弹出的窗口中右击"网站"，选择"添加 FTP 站点"，弹出添加 FTP 站点窗口。

（2）FTP 身份验证有匿名和基本两种方式，为了安全，建议使用基本方式。"授权"栏目中，允许访问最好选择"指定用户"。权限根据需要，可以选择读取或者写入，在"权限"栏目勾选相应的复选框即可。单击"完成"按钮，就完成了 FTP 站点的添加，如图 19-4 所示。

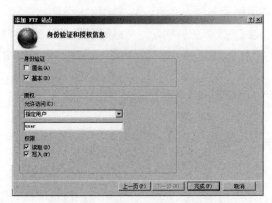

图 19-4　配置身份验证和授权

2. 配置 IP 地址和域限制

双击 FTP 站点右侧主窗口中的"**FTP IPv4 地址和域限制**",可以对访问站点的计算机进行限制。单击"操作"窗口中的"添加允许条目"或"添加拒绝条目",可以允许或排除某些计算机的访问权限,如图 19-5 所示。在"操作"栏单击"编辑功能设置"按钮,在打开的对话框中可以设置未指定的客户端的访问权为"允许或者拒绝"。

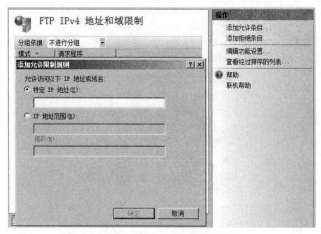

图 19-5　配置 IP 地址和域限制

19.6　Windows Server 2008 R2 DNS 服务器基础

【基础知识点】

1. 名字解析服务

(1) 网络中的计算机可以用由字母和数字组成的名字来标识,在进行网络通信时计算机的名字被转换为 IP 地址。名字解析服务就是将计算机的名字转换为 IP 地址的过程。

(2) 在 Windows 中使用两类名字:主机名和 NetBIOS 名字。

(3) DNS 名字解析通过 DNS 服务器实现。可以把多个主机名映像到同一个 IP 地址,也可以把一个主机名映像到多个 IP 地址。在后一种情况下进行名字解析时,由一个主机名可以得到对应的多个 IP 地址。

(4) NetBIOS 是运行在网络层和应用层之间的网络协议,实现名字注册、名字更新、名字解析,以及建立/终止会话等功能。NetBIOS 是一种进程间的通信机制,也是一种应用编程接口 (Application Programming Interface,API),它使得分布式应用软件能够进行远程通信,彼此访问对方的网络资源。

(5) NetBIOS 的名字是 NetBIOS 服务使用的网络标识,由 16 个字符组成,前 15 字符以 ASCII 编码表示,最后一个字符以十六进制符号表示,代表提供的服务。

（6）NetBIOS 名字是一种扁平的名字，没有任何层次结构，因而无法区分不同网络中具有相同名字的两台计算机。如果网络中包含运行较早版本 Windows 的计算机，则必须使用 NetBIOS 名字进行通信。

（7）可以用 host name 实用程序查看主机名，也可以用 ipconfig/all 命令查看主机名和 DNS 后缀。命令 nbtstat -n 显示在系统中注册的 NetBIOS 名字，命令 nbtstat -c 显示 NetBIOS 缓存中的内容，包括网络中其他主机的 NetBIOS 名字与 IP 地址的映像。

2．DNS 主机名解析

（1）DNS 主机名解析的查找顺序是先查找客户端解析程序缓存，如果没有成功，则向 DNS 服务器发出解析请求；如果还没有成功，则尝试使用 NetBIOS 名字解析方法取得结果。

（2）客户端解析程序缓存是内存中的一块区域，保存着最近被解析的主机名及其 IP 地址映像，可以用 ipconfig/displaydns 命令查看其中的内容。清除解析程序缓存的命令是 ipconfig /flushdns。

（3）文件 hosts 存储在%Systemroot%\System32\Drivers\Etc 目录下，编辑 hosts 文件可以帮助 DNS 主机名解析。

3．域名系统

（1）域名系统（Domain Name System，DNS）通过层次结构的分布式数据库建立了一致性的名字空间，用来定位网络资源，把便于人们使用的机器名字转换为 IP 地址。域名空间的结构采用树型分层结构。

（2）DNS 的逻辑结构是一个分层的域名树，Internet 网络信息中心管理着域名树的根，称为根域。根域没有名称，用 "."表示，这是域名空间的最高级别。在 DNS 的名称中，有时在末尾附加一个 "."，就是表示根域，默认是省略的。DNS 服务器可以自动补上结尾的句号，也可以处理结尾带句号的域名。

（3）根域下面是顶级域，顶级域名分为三类：

1）国家顶级域名——如：cn 表示中国。

2）通用顶级域名——如：com（公司企业），net（网络服务机构），org（非营利性组织）。

3）基础结构域名——这种顶级域名只有一个，即 arpa，用于反向域名解析。

（4）我国把二级域名划分为"类别域名"和"行政区域名"两大类。

1）"类别域名"共 7 个，分别为：ac（科研机构），com（工、商、金融等企业），edu（中国的教育机构），gov（中国的政府机构），mil（中国的国防机构），net（提供互联网络服务的机构），org（非营利性的组织）。

2）"行政区域名"共 34 个，适用于我国的各省、自治区、直辖市。例如：js（江苏省）。

（5）每一级域名都可以由英文字母、数字、连接符"-"组成，不区分大小写。首位和结尾必须是字母或数字。每一级域名一般不超过 63 字符，为了好记不超过 12 字符，一个完整的域名长度不能超过 255 字符。

（6）互联网的域名空间如图 19-6 所示。

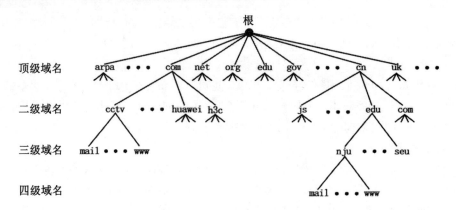

图 19-6　互联网的域名空间

4．域名服务器

（1）DNS 服务器的管辖范围不是以"域"为单位，而是以"区"为单位的。区是 DNS 服务器实际管辖的范围。区可能小于或等于域，但一定不能大于域。

（2）根据域名服务器所起的作用，可以把域名服务器划分为根域名服务器、顶级域名服务器、权限域名服务器和本地域名服务器。

5．根域名服务器

（1）根域名服务器是最高层次的域名服务器，也是最重要的域名服务器。所有的根域名服务器都知道所有的顶级域名服务器的域名和 IP 地址。

（2）根域名服务器采用了任播（Anycast）技术，当 DNS 客户向某个根域名服务器的 IP 地址发出查询报文时，互联网上的路由器就能找到离这个 DNS 客户最近的一个根域名服务器。这样做不仅加快了 DNS 的查询过程，也更加合理地利用了互联网的资源。

（3）根域名服务器一般并不直接把待查询的域名直接转换成 IP 地址，而是告诉本地域名服务器下一步应当找哪一个顶级域名服务器进行查询。

6．顶级域名服务器

顶级域名服务器负责管理在该顶级域名服务器注册的所有二级域名。当收到 DNS 查询请求时，就给出相应的回答（可能是最后的结果，也可能是下一步应当找的域名服务器的 IP 地址）。

7．权限域名服务器

权限域名服务器负责一个区的域名服务器。当一个权限域名服务器还不能给出最后的查询回答时，就会告诉发出查询请求的 DNS 客户，下一步应当找哪一个权限域名服务器。

8．本地域名服务器

（1）当一台主机发出 DNS 查询请求时，这个查询请求报文就发送给本地域名服务器，就能将所查询的主机名转换为它的 IP 地址，而不需要再去询问其他的域名服务器。

（2）为了提高域名服务器的可靠性，DNS 域名服务器都把数据复制到几个域名服务器来保存，其中的一个是主域名服务器，另一个是辅助域名服务器。当主域名服务器出故障时，辅助域名服务器可以保证 DNS 的查询工作不会中断。主域名服务器定期把数据复制到辅助域名服务器中，而更改数据只能在主域名服务器中进行，这样就保证了数据的一致性。

9. DNS 资源记录

DNS 资源记录见表 19-2。

表 19-2　DNS 资源记录

记录	说明
SOA（起始授权机构）	指明区域主服务器、指明区域管理员的邮件地址及区域复制信息
NS（名字服务器）	为一个域指定了授权服务器，该域的所有子域也被委派给这个服务器
A（主机）	把主机名解析为 IP 地址（IPv4），IPv6 对应的是 AAAA 记录
PTR（指针）	反向查询，把 IP 地址解析为主机名
MX（邮件服务器）	指明区域的邮件服务器及优先级
CNAME（别名记录）	指定主机名的别名，把主机名解析为另一个主机名

10. 域名查询

（1）DNS 服务器可以实现正、反两个方向的查询，正向查询是检查地址记录（A），把名字解析为 IP 地址，反向查询是检查指针记录（PTR），把 IP 地址解析为主机名。

（2）在每个 DNS 服务器中都有一个高速缓存区，每次查询出来的主机名及对应的 IP 地址都会记录到高速缓存区中。在下一次查询时，服务器先查找高速缓存，以加速查询速度。如果高速缓存查询不成功，再向其他服务器发送查询请求。

（3）DNS 客户端都配置了一个或多个 DNS 服务器的地址，客户端就可以向本地的 DNS 服务器发出查询请求。查询过程分为递归查询和迭代查询两种方式。

1）递归查询：当用户发出查询请求时，本地服务器要进行递归查询。这种查询方式要求服务器彻底地进行名字解析，并返回最后的结果——IP 地址或错误信息。

2）迭代查询：服务器与服务器之间的查询采用迭代的方式进行，发出查询请求的服务器得到的响应可能不是目标的 IP 地址，每次都更接近目标的授权服务器，直至得到最后的结果——目标的 IP 地址或错误信息。

11. 转发器的工作过程

转发器的工作过程如图 19-7 所示。首先是客户机向本地服务器进行递归查询，若本地服务器查找不到需要的记录，则向转发器发出递归查询请求。转发器通过迭代查询得到需要的结果后，转发给本地 DNS 服务器，并返回客户机。图中提到的根提示（Root hint）是存储在 DNS 服务器中的一种资源记录，指出了 DNS 根服务器的名字和地址。根提示用于解析 Internet 上的外部主机名。

基于 Windows 的 DNS 服务器支持 DNS 通知。DNS 通知是一种"推进"机制，使得辅助服务器能及时更新区域信息。DNS 通知也是一种安全机制，只有被通知的辅助服务器才能进行区域复制，这样可以防止没有授权的服务器进行非法的区域复制。

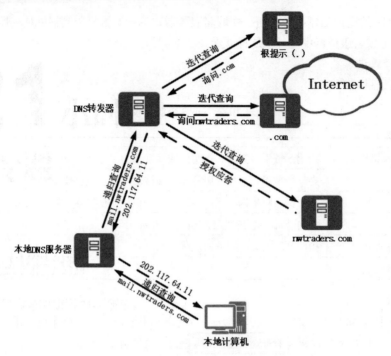

图 19-7　转发器的工作过程

19.7　Windows Server 2008 R2 DNS 服务器配置

【基础知识点】

1. DNS 服务器的安装

（1）选择"开始"→"管理工具"→"服务器管理器"→"角色"命令，在打开的窗口中单击"添加角色"按钮，启动 Windows 添加角色向导。

（2）在"服务器角色"列表框中勾选"DNS 服务器"复选框，并单击"下一步"按钮。安装向导提示，执行至确认界面，单击"安装"完成 DNS 服务器的安装。

2. 创建 DNS 解析区域

（1）DNS 服务器安装完成以后，在"服务器管理器"界面，双击"角色"→"DNS 服务器"，依次展开 DNS 服务器功能菜单，右击"正向查找区域"，选择"新建区域（Z）"，弹出"新建区域向导"对话框。用户可以在该向导的指引下创建区域。

（2）在"新建区域向导"的欢迎页面中单击"下一步"按钮，进入"区域类型"选择页面。默认情况下"主要区域"单选按钮处于选中状态，单击"下一步"按钮，如图 19-8 所示。

（3）在"区域名称"编辑框中输入一个能反映区域信息的名称（如 test.com），单击"下一步"按钮。

(4) 区域数据文件名称通常为区域名称后添加".dns"作为后缀来表示。若用户的区域名称为 test.com，则默认的区域数据库文件名即为 test.com.dns，如图 19-9 所示。

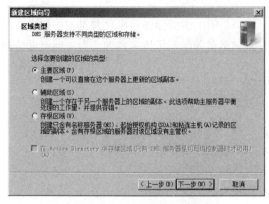

图 19-8　选择创建区域类型　　　　　　图 19-9　创建区域

3. 创建域名

(1) 选择"开始"→"管理工具"→"DNS"命令，打开 DNS 管理器窗口。

(2) 在左窗格中依次展开"DNS 服务器"中的"正向查找区域"目录，然后右击"test.com 区域"，选择快捷菜单中的"新建主机"命令，如图 19-10 所示。

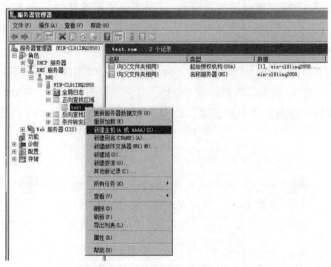

图 19-10　选择"新建主机"命令

(3) 打开"新建主机"对话框，在"名称"编辑框中输入一个能代表该主机所提供服务的名称，在"IP 地址"编辑框中输入该主机的 IP 地址，再单击"添加主机"按钮。很快就会提示已经成功创建了主机记录，如图 19-11 所示。

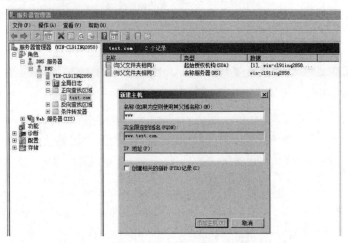

图 19-11　创建主机记录

此外，用户还可以配置别名（CNAME）以及邮件记录（MX）等资源记录。

4. 设置 DNS 客户端

用户必须手动设置 DNS 服务器的 IP 地址才行。在客户端 "Internet 协议（TCP/IP）属性" 对话框的 "首选 DNS 服务器" 文本框中设置 DNS 服务器的 IP 地址，例如 10.0.252.254，如图 19-12 所示。

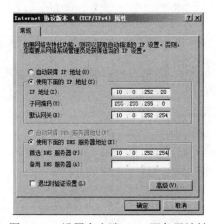

图 19-12　设置客户端 DNS 服务器地址

19.8　Windows Server 2008 R2 DHCP 服务器配置

【基础知识点】

1. 安装 DHCP 服务

安装 DHCP 服务，首先需要确保在 Windows Server 2008 R2 服务器中安装了 TCP/IP，并为这台服务器指定了静态 IP 地址。添加 DHCP 服务器角色的步骤如下：

（1）选择"开始"→"管理工具"→"服务器管理器"→"角色"命令，在打开的窗口中单击"添加角色"按钮，启动 Windows 添加角色向导。

（2）在"服务器角色"列表框中勾选"DHCP 服务器"复选框，并单击"下一步"按钮。安装向导提示，执行至确认界面，单击"安装"按钮完成 DHCP 服务器的安装。

2．创建 DHCP 作用域

（1）根据网络中的节点或计算机数确定一段 IP 地址范围，并创建一个 IP 作用域。

（2）选择"开始"→"管理工具"→"DHCP"命令，打开"DHCP"控制台窗口。在左窗格中单击 DHCP 服务器名称，右击 IPv4，在弹出的快捷菜单中选择"新建作用域"命令。

（3）打开"新建作用域向导"对话框，单击"下一步"按钮，打开"作用域名"向导页面，在编辑框中为该作用域输入一个名称和一段描述性信息，然后单击"下一步"按钮。

（4）打开"IP 地址范围"向导页面，分别在"起始 IP 地址"和"结束 IP 地址"编辑框中输入已经确定好的 IP 地址范围的起止 IP 地址，然后单击"下一步"按钮，如图 19-13 所示。

（5）打开"添加排除"向导页面，在这里可以指定需要排除的 IP 地址或 IP 地址范围，在"起始 IP 地址"编辑框中输入要排除的 IP 地址并单击"添加"按钮，然后重复操作即可，完成后单击"下一步"按钮。

（6）打开"租约期限"向导页面，默认将客户端获取的 IP 地址使用期限限制为 8 天。如果没有特殊要求，保持默认值不变，单击"下一步"按钮。

（7）打开"路由器（默认网关）"向导页面，根据实际情况输入网关地址，并单击"添加"按钮。如果没有可以不填，直接单击"下一步"按钮，如图 19-14 所示。

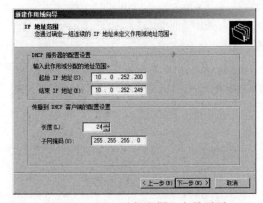   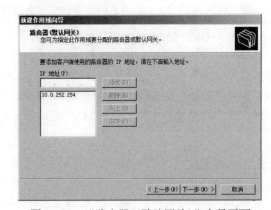

图 19-13　"IP 地址范围"向导页面　　　　图 19-14　"路由器（默认网关）"向导页面

（8）根据向导提示，配置 DNS 服务器和 WINS 服务器。

（9）打开"激活作用域"向导页面，保持选中"是，我想现在激活此作用域"单选按钮，并依次单击"下一步"和"完成"按钮完成配置。

3．设置 DHCP 客户端

（1）实际上在默认情况下客户端计算机使用的都是自动获取 IP 地址的方式，一般情况下并不需要进行配置。这里以 Windows 7 为例对客户端计算机进行配置。

（2）在桌面上右击"网络"图标，在弹出的快捷菜单中选择"属性"命令。打开"更改适配器设置"页面，右击"本地连接"图标，在弹出的快捷菜单中选择"属性"命令，打开"本地连接属性"对话框，双击"Internet 协议版本 4（TCP/IPv4）"选项，在打开的对话框中选中"自动获得 IP 地址"单选按钮，单击"确定"按钮，如图 19-15 所示。

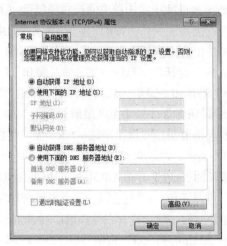

图 19-15　设置 DHCP 客户端

4．DHCP 服务器

默认情况下，DHCP 服务器的配置信息是放在系统安装盘的 Windows\system32\dhcp\backup 目录下。

在 DHCP 服务器中，通常会保留一些 IP 地址给一些特殊用途的网络设备。这时就需要合理地配置这些 IP 地址与 MAC 地址进行绑定，来防止保留的 IP 地址被盗用。打开 DHCP 服务器控制台，然后打开已经建立好的 DHCP 服务器，右击"保留"选项，从弹出的快捷菜单中选择"新建保留"命令。在"名称"文本框中输入保留的计算机名，在"IP 地址"的选项中选中需绑定的 IP 地址，这样，就为网络设备添加了一个 MAC 地址绑定。

19.9　练习题

1．在 Windows 中，可以使用　(1)　命令测试 DNS 正向解析功能，要查看域名 www.aaa.com 所对应的主机 IP 地址，须将 type 值设置为　(2)　。

（1）A．arp　　　　B．nslookup　　　　C．cernet　　　　D．netstat

（2）A．a　　　　B．ns　　　　C．mx　　　　D．cname

解析：命令 nslookup 可查询到域名对应的 IP 地址记录，要查看域名 www.aaa.com 所对应的主机 IP 地址，须将 type 值设置为 a，a 记录是把主机名解析为 IP 地址。

答案：（1）B　（2）A

2. IIS 服务身份验证方式中，安全级别最低的是（　　）。

　　A．.NET Passport 身份验证　　　　　B．集成 Windows 身份验证

　　C．基本身份验证　　　　　　　　　　D．摘要式身份验证

解析：IIS 服务身份验证方式有摘要式身份验证、基本身份验证、.NET Passport 身份验证和集成 Windows 身份验证。使用基本身份验证，用户必须输入凭据，而且访问是基于用户 ID 的。用户 ID 和密码都以明文形式在网络间进行发送，所以其安全级别最低的是基本身份验证。

答案：C

3. 在 Windows 用户管理中，使用组策略 A-G-DL-P，其中 A 表示（　　）。

　　A．用户账号　　　　　　　　　　　　B．资源访问权限

　　C．域本地组　　　　　　　　　　　　D．通用组

解析：组策略 A-G-DL-P，其中 A 表示用户账号，G 表示全局组，U 表示通用组，DL 表示域本地组，P 表示资源访问权限。

答案：A

4. 在配置 IIS 时，IIS 的发布目录（　　）。

　　A．只能够配置在 C:\inetpub\wwwroot 上

　　B．只能够配置在本地磁盘 C 上

　　C．只能够配置在本地磁盘 D 上

　　D．既能够配置在本地磁盘上，也能配置在联网的其他计算机上

解析：IIS 的发布目录既能够配置在本地磁盘上，也能配置在联网的其他计算机上。

答案：D

5. 在进行 DNS 查询时，首先向（　　）进行域名查询，以获取对应的 IP 地址。

　　A．主域名服务器　　　　　　　　　　B．辅域名服务器

　　C．本地 host 文件　　　　　　　　　　D．转发域名服务器

解析：在进行 DNS 查询时，首先查询的是本地 hosts 文件和本地缓存，然后再查询主域名服务器，主域名服务器查找不到时查询转发域名服务器（在配置了转发器的情况下）；当主域名服务器及转发域名服务器均查找不到结果时，辅域名服务器开始工作。

答案：C

6. 在浏览器地址栏输入 ftp://ftp.tsinghua.edu.cn/进行访问时，首先执行的操作是（　　）。

　　A．域名解析　　　　　　　　　　　　B．建立控制命令连接

　　C．建立文件传输连接　　　　　　　　D．发送 FTP 命令

解析：在浏览器输入域名之后，浏览器会进行域名解析获得 IP 地址，再建立 TCP 连接，再进行 FTP 控制连接和数据连接。

答案：A

第20小时 Linux 服务器配置

20.0 本章思维导图

Linux 服务器配置的思维导图如图 20-1 所示。

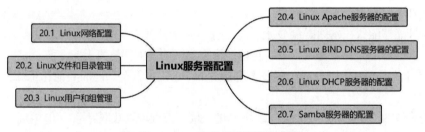

图 20-1 Linux 服务器配置思维导图

20.1 Linux 网络配置

【基础知识点】

1. 网络配置文件

（1）/etc/sysconfig/network-script/ifcfg-enoxxx 用来指定服务器上的网络配置信息的文件，主要参数的含义说明如下。

```
TYPE=Ethernet                    #网络接口类型
BOOTPROTO=static                 #静态地址
IPV6INIT=yes                     #支持 IPv6
……
NAME=eno16780032                 #网卡名称
……
IPADDR0=172.16.45.45             #IP 地址
PREFIXO=24                       #子网掩码
```

```
GATEWAYO=172.16.45.1              #网关
DNS1=172.16.45.1                  #DNS 地址
HWADDR=00:11:22:33:44:AA          #网卡物理地址，使用虚拟机需要注意此地址
……
```

（2）/etc/hostname 文件包含了系统的主机名。

（3）/etc/hosts 文件包含 IP 地址和主机名之间的映射，还包含主机别名。

（4）/etc/host.conf 文件指定客户机域名解析顺序。

（5）/etc/resolv.conf。

1）/etc/resolv.conf 文件指定客户机域名搜索顺序和 DNS 服务器地址，每一行应包含一个关键字和一个或多个由空格隔开的参数。例子如下所示：

```
search mydomain.edu.cn
nameserver 210.34.0.14
nameserver 210.34.0.13
```

2）常用参数及其意义说明如下。

- nameserver：表明 DNS 服务器的 IP 地址。可以有很多行的 nameserver，每一行一个 IP 地址。
- domain：声明主机的域名。如邮件系统，当为没有域名的主机进行 DNS 查询时也需要。
- search：多个参数指明域名的查询顺序。当要查询没有域名的主机时，主机将在由 search 声明的域中分别查找。
- sortlist：将得到的域名结果进行特定的排序，参数为网络/掩码对，允许任意的排列顺序。

2. 网络配置命令

（1）网络接口设置命令 ifconfig。

1）ifconfig eno16780032 192.168.1.100 netmask 255.255.255.0 up 命令是将网络接口 "eno16780032" 的 IP 地址设置为 "192.168.1.100"，子网掩码为 "255.255.255.0"，并启动该接口或将其初始化。若将网络接口 "关闭"，则输入命令 ifconfig eth0 down。

2）运行不带任何参数的 ifconfig 命令可以显示所有网络接口的状态。

（2）配置路由命令 route。

1）route 的主要功能是管理 Linux 系统内核中的路由表。

2）route 常见参数和选项说明如图 20-2 所示。

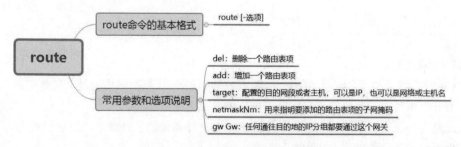

图 20-2　route 常见参数和选项说明

(3) 网络测试命令 ping。

1) ping 命令用于查看网络上的主机是否在工作，它向被查看主机发送 ICMP ECHO_REQUEST 包，正常情况下应该可以接收到响应。

2) ping 常见参数和选项说明如图 20-3 所示。

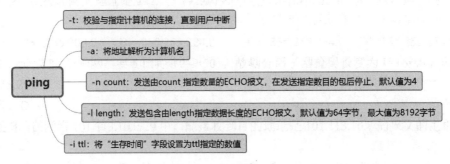

图 20-3　ping 常见参数和选项说明

(4) 网络查询命令 netstat。

1) 网络信息查询命令 netstat 可以显示内核路由表、活动网络连接的状态和每个已安装网络接口等一些有用的统计信息。

2) netstat 常见参数和选项说明如图 20-4 所示。

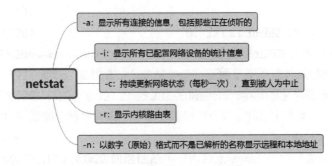

图 20-4　netstat 常见参数和选项说明

20.2　Linux 文件和目录管理

【基础知识点】

Linux 文件系统采用了多级目录的树型层次结构管理文件。树型结构的最上层是根目录，用"/"表示，只有一个根目录，其他的所有目录都是从根目录出发生成的。

挂载就是将一个文件系统的顶层目录挂到另一个文件系统的子目录上，使它们成为一个整体，上一层文件系统的子目录就称为挂载点。

挂载点必须是一个目录，而不能是一个文件。一个分区挂载在一个已存在的目录上，这个目录可以不为空，但挂载后这个目录下以前的内容将不可用。

Linux 文件系统一般包括五种基本文件类型，即普通文件、目录文件、链接文件、设备文件和管道文件。

Linux 中的每一个文件都归某一个特定的用户所有，而且一个用户一般总是与某个用户组相关。Linux 对文件的访问设定了三级权限：文件所有者、与文件所有者同组的用户及其他用户。对文件的访问主要是三种处理操作：读取、写入和执行。

当用 ls -l 命令显示文件或目录的详细信息时，每一个文件或目录的列表信息分为 4 个部分，其中最左边的一位是第一部分，标识 Linux 操作系统的文件类型，其余三部分是三组访问权限，每组用三位表示，如图 20-5 所示。

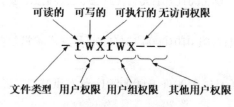

图 20-5　文件权限

在默认配置中，将每一个用户所有者目录的权限都设置为 drwx------，即只有文件所有者对该目录可读、可写和可查询（rwx），即用户不能读其他用户目录中的内容。r 对应的数字是 4，w 对应的数字是 2，x 对应的数字是 1。我们可以用数字代表各个权限。

Linux 文件和目录操作命令如下所述：

（1）cat 命令，如图 20-6 所示。

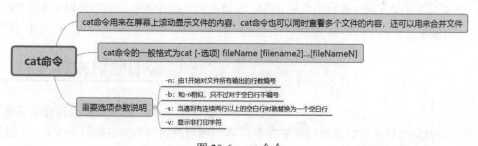

图 20-6　cat 命令

（2）more 命令：如果文本文件比较长，一屏显示不完，这时可以使用 more 命令将文件内容分屏显示。

（3）less 命令按页显示文件，在显示文件时允许用户既可以向前也可以向后翻阅文件。

（4）文件复制命令 cp，如图 20-7 所示。

（5）文件移动命令 mv，如图 20-8 所示。

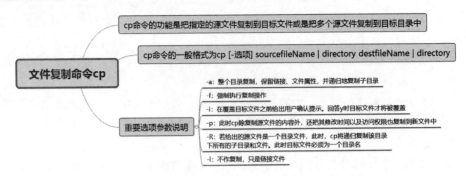

图 20-7　文件复制命令 cp

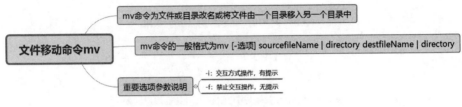

图 20-8　文件移动命令 mv

（6）文件删除命令 rm。

1）rm 命令的功能是删除指定的一个目录中的一个或多个文件或目录，它也可以将某个目录及其下的所有文件及子目录均删除。对于链接文件，只是删除了链接，原有文件均保持不变。

2）重要选项参数说明：-f 是忽略不存在的文件，从不给出提示；-r 是指示 rm 将参数中列出的全部目录和子目录均递归地删除；-i 是进行交互式删除。

（7）创建目录命令为 mkdir，删除目录命令为 rmdir，改变目录命令为 cd，显示当前目录命令为 pwd，文件链接命令为 ln。

（8）列目录命令 ls，如图 20-9 所示。

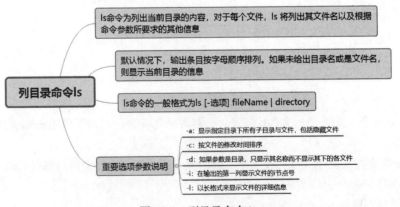

图 20-9　列目录命令 ls

（9）文件访问权限命令 chmod，如图 20-10 所示。

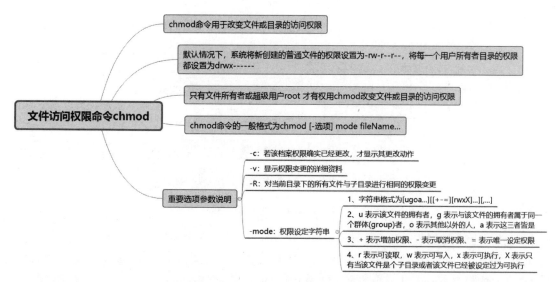

图 20-10　文件访问权限命令 chmod

20.3　Linux 用户和组管理

【基础知识点】

Linux 系统中最重要的是超级用户，即根用户 root。超级用户在系统中的用户 ID 和组 ID 都是 0，普通用户的用户 ID（UID）从 500 开始编号，并且默认属于与用户名同名的组，组 ID（GID）也从 500 开始编号。

/etc/passwd 文件对所有用户都是可读的。每个用户在/etc/passwd 文件中都有一行对应记录，每一行记录都用冒号":"分为 7 个域，记录了这个用户的基本属性，格式为用户名：加密的口令：用户 ID：组 ID：用户的全名或描述：登录目录：登录 shell。

/etc/shadow 只有超级用户 root 能读，该文件包含了系统中的所有用户及其口令等相关信息，每个用户在/etc/shadow 文件中都有一行对应记录，每一行记录都用冒号":"分为 9 个域。

/etc/passwd 文件对所有用户都可读，目前许多 Linux 系统都使用了 shadow 技术，把真正的加密后的用户口令字存放到/etc/shadow 文件中，而在/etc/passwd 文件的口令字段中只存放一个特殊的字符，例如"x"或者"*"，并且该文件只有根用户 root 可读，因而大大提高了系统的安全性。

/etc/group 文件：在 Linux 系统中，使用组来赋予同组的多个用户相同的文件访问权限。一个用户也可以同时属于多个组。

在 Linux 系统中，只有具有超级用户权限的用户才能够创建一个新用户。增加用户账号就是在/etc/passwd 文件中为新用户增加一条记录，同时更新其他系统文件，如/etc/shadow、/etc/group 等。

增加一个新用户的命令格式是 useradd [-选项] username。useradd 常见选项参数说明如图 20-11 所示。

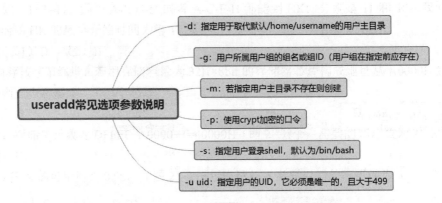

图 20-11　useradd 常见选项参数说明

用户账号刚创建时没有口令，且被系统锁定，无法使用，必须为其指定口令后才可以使用。指定和修改用户口令的命令是 passwd。超级用户可以为自己和其他用户指定口令，普通用户只能用它修改自己的口令。passwd 命令的一般格式是 passwd [-选项] [username]。常见选项参数说明如图 20-12 所示。

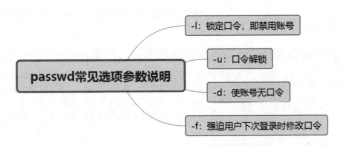

图 20-12　passwd 常见选项参数说明

删除用户命令 userdel 的功能是系统中如果一个用户的账号不再使用，可以将其从系统中删除。删除一个用户的命令格式是 userdel [-选项] [username]。最常用的参数选项是-r，它的作用是把用户的主目录一起删除。

使用 su 命令来改变身份。如系统管理员在平时工作时可以用普通账号登录，在需要进行系统维护时用 su 命令获得 root 权限，再用 su 回到原账号。su 命令的一般格式是 su [username]。username 是要切换到的用户名，如果不指定用户名，则默认将用户身份切换为 root。

Linux 系统中将一个新用户组加入系统的命令是 groupadd。该命令的一般格式是 groupadd [-选项] groupname。

删除一个已有的用户组，使用 groupdel 命令。该命令的一般格式是 groupdel groupname。

修改用户组的属性使用 groupmod 命令，其格式是 groupmod [-选项] groupname。

20.4 Linux Apache 服务器的配置

【基础知识点】

Apache 的特点是简单、速度快、性能稳定。Apache 提供了丰富的功能，包括目录索引、目录别名、虚拟主机、HTTP 日志报告、CGI 程序的 SetUID 执行及联机手册 man 等。

在 Webmin 的 system 页选择 Software Packages，在该页的 Install a New Package 中选择"From uploaded file（从上传文件安装）"，例如路径为 e:\RedHat\RPMS\apache，单击"浏览"按钮，指定要安装的包文件 apache-1.3.23-11.i386.rpm，然后单击"Install"按钮即可。

Apache 的配置文件是 httpd.conf，Apache 站点默认 Web 根目录是/var/www/html。

20.5 Linux BIND DNS 服务器的配置

【基础知识点】

BIND 是在 UNIX/Linux 系统上实现的域名解析服务软件包，在 Red Hat Linux 上使用 BIND 建立 DNS 服务器。

安装 bind 软件包，可通过"本地文件""上传文件"和网络站点（FTP、http 和 Redhat Network）等多种方法，双击\RedHat\RPMS\bind-9.2.0-8.i386.rpm 文件进入安装。

20.6 Linux DHCP 服务器的配置

【基础知识点】

Linux 下默认安装 DHCP 服务的配置文件为/etc/dhcpd.conf。

dhcp 配置通常包括 parameters、declarations 和 option 三个部分。其中 parameters 用于说明 dhcp 服务工作的网络配置参数，declarations 用来描述网络布局、提供 dhcp 客户的 IP 地址分配策略等信息，option 用来配置 DHCP 可选参数，全部用 option 关键字作为开始。

dhcpd.conf 的配置文件如下所示。

```
ddns-update-style none;                              //禁用 DNS 动态更新
    subnet 192.168.0.0 netmask 255.255.255.0{        //分配地址池
    range 192.168.0.200 192.168.0.254;               //动态分配 IP 地址的范围
    ignore client-updates;                           //忽略客户机更新 DNS 记录
    default-lease-time 3600;                         //默认 IP 地址租赁时间为 3600s
    max-lease-time 7200;                             //最大租赁时间是 7200s
    option routers 192.168.0.1;                      //设置默认网关
    option domain-name"test.org";                    //指明 DNS 名字
    option domain-name-servers 192.168.0.2;          //指明 DNS 服务器的 IP 地址
    }
host test1 {
```

```
        hardware ethernet 00:E0:4C:70:33:65;        //指定硬件地址
        fixed-address 192.168.0.8;                  //分配固定的 IP 地址
}
```

20.7 Samba 服务器的配置

【基础知识点】

Samba 主要功能如下：

（1）提供文件和打印机共享服务。

（2）支持 WINS 名字服务器解析及浏览。

（3）提供 SMB 客户功能。利用 Samba 提供的 SMB client 程序可以从 Linux 下以类似于 FTP 的方式访问 Windows 的资源。

（4）备份 PC 上的资源。

（5）支持 Windows 域控制器和 Windows 成员服务器对使用 Samba 资源的用户进行认证。提供一个命令行工具，可以有限制地支持 Windows 的某些管理功能。

（6）支持安全套接层协议。

Samba 的主配置文件是 smb.conf。

20.8 练习题

1. 在 Linux 系统中，DNS 配置文件的（　　）参数，用于确定 DNS 服务器地址。

　　A．nameserver　　　B．domain　　　　C．search　　　　D．sortlist

解析：在 Linux 中，etc/resolv.conf 是 DNS 客户配置文件，它包含了主机的域名搜索顺序和 DNS 服务器的地址，其中 nameserver 表明 DNS 服务器的 IP 地址。可以有很多行的 nameserver，每一行一个 IP 地址。

答案：A

2. 在 Linux 系统中，使用 ifconfig 设置接口的 IP 地址并启动该接口的命令是（　　）。

　　A．ifconfig eth0 192.168.1.1 mask 255.255.255.0

　　B．ifconfig 192.168.1.1 mask 255.255.255.0 up

　　C．ifconfig eth0 192.168.1.1 mask 255.255.255.0 up

　　D．ifconfig 192.168.1.1 255.255.255.0

解析：在 Linux 系统下，设置接口 IP 地址并将接口启动的命令格式是：ifconfig 接口名称 IP 地址 mask 子网掩码 up。

答案：C

3. 在 Linux 系统中，要将文件复制到另一个目录中，为防止意外覆盖相同文件名的文件，可使用（　　）命令实现。

A．cp -a   B．cp -i   C．cp -R   D．cp -f

解析：在 Linux 中，文件复制命名是 cp，cp 命令的功能是把指定的源文件复制到目标文件或是把多个源文件复制到目标目录中。其中-f 表示删除已经存在的目标文件且不提示，而-i 和-f 选项相反，在覆盖目标文件之前将给出提示要求用户确认。

答案：B

4．在 Linux 系统中，可在（ ）文件中修改系统主机名。

　　A．/etc/hostname   B．/etc/sysconfig   C．/dev/hostname   D．/dev/sysconfig

解析：在 Linux 系统中，可在/etc/hostname 文件中修改系统主机名。

答案：A

5．在 Linux 中，可以使用命令（ ）针对文件 newfiles.txt 为所有用户添加执行权限。

　　A．chmod -x newfiles.txt   B．chmod +x newfiles.txt

　　C．chmod -w newfiles.txt   D．chmod +w newfiles.txt

解析：在 Linux 中，chmod 命令可以修改用户对文件的权限，该命令的基本使用方法是 [ugoa][+-=][rwx][文件名]，其中，"+"表示增加权限，"x"表示可执行，如不加 u/g/o 表示为所有用户添加或删除对应权限。所以在 Linux 中，可以使用命令 chmod +x newfiles.txt 针对文件 newfiles.txt 为所有用户添加执行权限。

答案：B

6．（ ）是 Linux 中 Samba 的功能。

　　A．提供文件和打印机共享服务   B．提供 FTP 服务

　　C．提供用户的认证服务   D．提供 IP 地址分配服务

解析：在 Linux 中，Samba 的功能是提供文件和打印机共享服务。

答案：A

7．下面关于 Linux 目录的描述中，正确的是（ ）。

　　A．Linux 只有一个根目录，用"/root"表示

　　B．Linux 中有多个根目录，用"/"加相应目录名称表示

　　C．Linux 中只有一个根目录，用"/"表示

　　D．Linux 中有多个根目录，用相应目录名称表示

解析：Linux 中只有一个根目录，用"/"表示。

答案：C

8．在 Linux 中，要删除用户组 group1 应使用（ ）命令。

　　A．[root@localhost]#delete group1   B．[root@localhost]#gdelete group1

　　C．[root@localhost]#groupdel group1   D．[root@localhost]#gd group1

解析：在 Linux 中，要删除用户组 group1 应使用 groupdel group1 命令。

答案：C

第 21 小时 计算专题

21.0 本章思维导图

计算专题思维导图如图 21-1 所示。

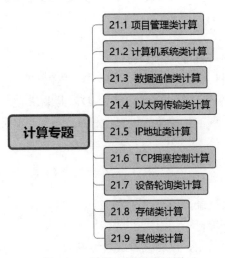

图 21-1 计算专题思维导图

21.1 项目管理类计算

【基础知识点】

例题 1 10 个成员组成的开发小组,若任意两人之间都有沟通路径,则一共有（　　）条沟通路径。

A. 100　　　　B. 90　　　　C. 50　　　　D. 45

解析：n 个成员组成的开发小组，若任意两人之间都有沟通路径，那么沟通路径数为 $n×(n-1)/2$。当 $n=10$ 时，沟通路径数为 $10×(10-1)/2=45$。

答案：D

例题 2　某软件项目的活动图如图 21-2 所示，其中顶点表示项目里程碑，连接顶点的边表示包含的活动，边上的数字表示活动的持续时间（天），则完成该项目的最少时间为　（1）　天。活动 FG 的松弛时间为　（2）　天。

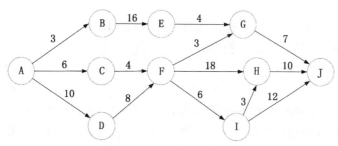

图 21-2　某软件项目活动图

（1）A. 20　　　　B. 37　　　　C. 38　　　　D. 46
（2）A. 9　　　　B. 10　　　　C. 18　　　　D. 26

解析：从上图可以计算出关键路径为 A-D-F-H-J，其长度为 46 天。计算出活动 FG 所在的路径 A-D-F-G-J 的长度为 28 天（如有多条取最大值），而根据前面计算关键路径长度为 46 天，因此该活动的松弛时间为 46-28=18 天。

答案：（1）D　（2）C

例题 3　某软件项目的活动图如图 21-3 所示，其中顶点表示项目里程碑，连接顶点的边表示包含的活动，边上的数字表示活动的持续时间（天）。完成该项目的最少时间为　（1）　天。由于某种原因，现在需要同一个开发人员完成 BC 和 BD，则完成该项目的最少时间为　（2）　天。

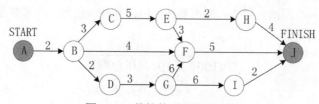

图 21-3　某软件项目的活动图

（1）A. 11　　　　B. 18　　　　C. 20　　　　D. 21
（2）A. 11　　　　B. 18　　　　C. 20　　　　D. 21

解析：上图计算出关键路径为 A-B-C-E-F-J 和 A-B-D-G-F-J，其长度为 18 天。活动 BC 和 BD 由一个工作人员完成，而这两个活动都在关键路径上，松弛时间为 0。若先完成活动 BC，则活动 BD 要晚 3 天才能开始，完成该项目的最少时间是 18+3=21 天；若先完成活动 BD，则活动 BC 要晚 2 天才能开始，完成该项目的最少时间为 18+2=20 天。因此选择先完成活动 BD，再完成活动 BC，此时完成项目的最少时间为 20 天。

答案：(1) B　(2) C

21.2　计算机系统类计算

【基础知识点】

例题 1　内存按字节编址，地址从 A0000H 到 CFFFFH，共有＿＿(1)＿＿字节。若用存储容量为 64K×8bit 的存储器芯片构成该内存空间，至少需要＿＿(2)＿＿片。

(1) A. 80KB　　B. 96KB　　C. 160KB　　D. 192KB

(2) A. 2　　B. 3　　C. 5　　D. 8

解析：起始地址 A0000H 到结束地址 CFFFFH 共有 30000H（CFFFFH-A0000H+1）个单元，按字节编址时，就是 30000H 字节，1 位十六进制可以转化成 4 位二进制，所以 30000H 转化成二进制是 0011 0000 0000 0000 0000，去掉末尾的 10 个 0，得到 0011 0000 00KB，转化成十进制得到 192（2^7+2^6）KB。若用容量为 64K×8bit（即 64KB）的存储芯片构造，则需要 3 片（192KB/64KB）。

答案：(1) D　(2) B

例题 2　CRC 是链路层常用的检错码，若生成多项式为 x^5+x^3+1，传输数据 10101110，得到的 CRC 校验码是（　　）。

A. 01000　　B. 01001　　C. 1001　　D. 1000

解析：循环冗余校验码的基本思想是将位串看成是系数为 0 或者 1 的多项式，一个 k 位帧看作是一个 $k-1$ 次多项式的系数列表，从 x^{k-1}，x^{k-2}，…到 x^0。例如：数据码字 101011 可以组成的多项式是 $1\times x^5+0\times x^4+1\times x^3+0\times x^2+1\times x^1+1\times x^0$，即 x^5+x^3+x+1。

用需要传输的数据（在后面添加 0，0 的个数取决于生成多项式最高次幂的数值）去除以生成多项式对应的系数，做模 2 运算，其中模 2 减法运算为对应位相同则结果为"0"，不同则结果为"1"。如果得到的数值比做高次幂的数值小，则需要在高位添 0 补齐位数。具体如图 21-4 所示。

```
              10001
     101001)1010111000000
            101001
            ─────
             101000
             101001
             ─────
               1000
```

图 21-4　添 0 补齐位数

答案：A

例题 3　海明码是一种纠错码，其方法是为需要校验的数据位增加若干校验位，使得校验位的值取决于某些被校位的数据，当被校数据出错时，可根据校验位的值的变化找到出错位，从而纠正错误。对于 32 位的数据,至少需要增加( )个校验位才能构成海明码。

A. 3　　　　　B. 4　　　　　C. 5　　　　　D. 6

解析:海明码的构成方法是在数据位之间的特定位置上插入 k 个校验位,通过扩大码距来实现检错和纠错。设数据位是 n 位,校验位是 k 位,则 n 和 k 必须满足以下关系:

$$2^k-1 \geq n+k$$

其中其数据 n 为 32 位,则 k 至少取 6,才满足上述关系。

答案:D

例题 4　某四级指令流水线分别完成取指、取数、运算、保存结果四步操作。若完成上述操作的时间依次为 8ns、9ns、4ns、8ns,则该流水线的操作周期应至少为( )ns。

A. 4　　　　　B. 8　　　　　C. 9　　　　　D. 33

解析:指令流水线的操作周期是数值最大的那个,因此至少为 9ns。

答案:C

例题 5　将一条指令的执行过程分解为取指、分析和执行三步,按照流水方式执行,若取指时间 $t_{取指}=4\Delta t$、分析时间 $t_{分析}=2\Delta t$、执行时间 $t_{执行}=3\Delta t$,则执行完 100 条指令,需要的时间为( )Δt。

A. 200　　　　B. 300　　　　C. 400　　　　D. 405

解析:对于该指令流水线,建立时间为 $4\Delta t+2\Delta t+3\Delta t=9\Delta t$,此后每 $4\Delta t$ 执行完一条指令,即执行完 100 条指令的时间为 $9\Delta t+99\times 4\Delta t=405\Delta t$。

答案:D

例题 6　某系统由图 21-5 所示的冗余部件构成。若每个部件的千小时可靠度都为 R,则该系统的千小时可靠度为( )。

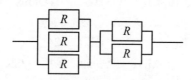

图 21-5　某系统构成图

A. $(1-R^3)(1-R^2)$　　　　　　　　B. $[1-(1-R)^3][1-(1-R)^2]$

C. $(1-R^3)+(1-R^2)$　　　　　　　　D. $[1-(1-R)^3]+[1-(1-R)^2]$

解析:可靠度为 R 的两个部件并联后的可靠度为 $[1-(1-R)^2]$,这两个部件串联后的可靠度为 R^2。图中左边是 3 个 R 并联,得到 $[1-(1-R)^3]$,右边是 2 个并联,得到 $[1-(1-R)^2]$,左边和右边是串联,将两者相乘得到所示系统的可靠度为 $[1-(1-R)^3][1-(1-R)^2]$。

答案:B

21.3 数据通信类计算

【基础知识点】

例题 1　8 条模拟信道采用 TDM 复用成 1 条数字信道，TDM 帧的结构为 8 字节加 1 比特同步开销（每条模拟信道占 1 字节），若模拟数据频率范围为 10kHz～16kHz，样本率至少为___(1)___样本/秒，此时数字信道的数据速率为___(2)___Mb/s。

　　（1）A．8k　　　　B．10 k　　　　C．20 k　　　　D．32 k
　　（2）A．0.52　　　B．0.65　　　　C．1.30　　　　D．2.08

解析：题目中指出模拟数据频率范围为 10kHz～16kHz，采样时必须遵循奈奎斯特采样定理才能保证无失真地恢复原模拟信号，因此采样频率至少要大于模拟信号最高频率的 2 倍，样本率至少为 32k 样本/秒。TDM 帧长为 8×8+1=65bit，数字信道的数据速率为 32k×65=2.08Mb/s。

答案：(1) D　(2) D

例题 2　在异步传输中，1 位起始位，7 位数据位，2 位停止位，1 位校验位，每秒传输 200 字符，采用曼彻斯特编码，有效数据速率是___(1)___kb/s，最大波特率为___(2)___Baud。

　　（1）A．1.2　　　　B．1.4　　　　C．2.2　　　　D．2.4
　　（2）A．700　　　　B．2200　　　　C．1400　　　　D．4400

解析：题目中指出每秒传输 200 字符，每个字符 7 位数据位，所以有效数据速率是 200×7=1.4kb/s。每秒传输 200 字符，每个字符 11bit（1 位起始位+7 位数据位+2 位停止位+1 位校验位），码元速率为 200×11=2200Baud，由于采用曼彻斯特编码，每个码元由 2 个信号元素构成，所以最大波特率为 2×2200=4400Baud。

答案：(1) B　(2) D

例题 3　传输信道频率范围为 10MHz～16MHz，采用 QPSK 调制，支持的最大速率为（　　）Mb/s。

　　A．12　　　　B．16　　　　C．24　　　　D．32

解析：由于信道带宽为 6MHz（16MHz-10MHz），采用 QPSK 调制，码元个数为 4，依照奈奎斯特定理，信道支持的最大速率为 $C=2\times6\times\log_2 4=24$Mb/s。

答案：C

例题 4　E1 载波的控制开销占___(1)___，E1 基本帧的传送时间为___(2)___。

　　（1）A．0.518%　　B．6.25%　　　C．1.25%　　　D．25%
　　（2）A．100ms　　　B．200μs　　　C．125μs　　　D．150μs

解析：E1 载波由 30 路话音信道及 2 路控制信道构成，故控制开销为 2/32=0.0625=6.25%。E1 载波每路采样频率为 8000 次，每采样 1 次构成一个基本帧，故每秒 8000 个 E1 帧，E1 基本帧的传送时间为 $1/8000=125\times10^{-6}$s=125μs。

答案：(1) B　(2) C

例题 5 设信号的波特率为 800Baud，采用幅度-相位复合调制技术，由 4 种幅度和 8 种相位组成 16 种码元，则信道的数据速率为（　　）。

  A．1600 b/s   B．2400 b/s   C．3200 b/s   D．4800 b/s

解析：4 种幅度和 8 种相位组成 16 种码元，每个码元表示的数据为 4（$\log_2 16$）比特，故信道的数据速率为 800×4=3200 b/s。

答案：C

例题 6 设信道带宽为 5000Hz，采用 PCM 编码，采样周期为 125μs，每个样本量化为 256 个等级，则信道的数据速率为（　　）。

  A．10kb/s   B．40kb/s   C．56kb/s   D．64kb/s

解析：由采样周期为 125μs 得采样次数为 $1/(125\times 10^{-6})=8000$ 次/s，因此信道的数据速率为 $8000\times\log_2 256=64000$ b/s。

答案：D

例题 7 5 个 64kb/s 的信道按统计时分多路复用在一条主线路上传输，主线路的开销为 4%，假定每个子信道利用率为 90%，那么这些信道在主线路上占用的带宽为（　　）kb/s。

  A．128   B．248   C．300   D．320

解析：计算过程是 (5×64×90%)/(1-4%)=300。

答案：C

例题 8 电话信道的频率为 0~4kHz，若信噪比为 30dB，则信道容量为＿＿（1）＿＿kb/s，要达到此容量，至少需要＿＿（2）＿＿个信号状态。

  （1）A．4   B．20   C．40   D．80

  （2）A．4   B．8   C．16   D．32

解析：由信噪比为 30dB，公式可以简化为 $C=10W=10\times 4k=40$ kb/s；由公式 $R=2w\log_2 N$ 得 $40=2\times 4\times\log_2 N$，从而计算出 N 等于 32。

答案：（1）C （2）D

21.4　以太网传输类计算

【基础知识点】

例题 1 以 100Mb/s 以太网连接的站点 A 和 B 相隔 2000m，通过停等机制进行数据传输，传播速率为 200m/μs，有效的传输速率为（　　）Mb/s。

  A．80.8   B．82.8   C．90.1   D．92.3

解析：传输一帧的时间等于 (1518×8+64×8)/100+2×2000/200≈146.6μs；有效传输速率等于 1518×8/146.6≈82.8Mb/s。

答案：B

例题 2 某局域网采用 CSMA/CD 协议实现介质访问控制，数据传输速率为 10Mb/s，主机甲和主机乙之间的距离为 2km，信号传播速度为 200m/μs。若主机甲和主机乙发送数据时发生冲突，从开始发送数据起，到两台主机均检测到冲突时刻为止，最短需经过的时间是（　　）μs。

A．10　　　　B．20　　　　C．30　　　　D．40

解析：两台主机均检测到冲突时刻为止，最短需经过的时间是两台主机之间的传播时间，即 2000/200=10μs。

答案：A

例题 3 以太网的最大帧长为1518字节，每个数据帧前面有8字节的前导字段，帧间隔为9.6μs，传输 240000 比特的 IP 数据报，采用 100BASE-TX 网络，需要的最短时间为（　　）。

A．1.23ms　　B．12.3ms　　C．2.63ms　　D．26.3ms

解析：传输的帧的个数为 240000/(1518×8)≈20 个。

所需最短时间为 $20\times [(1518+8)\times 8/(100\times 10^6)+9.6\times 10^{-6}] =2.63\times 10^{-3}$s。

答案：C

例题 4 在相隔 20km 的两地间通过电缆以 100Mb/s 的速率传送 1518 字节长的以太帧，从开始发送到接收完数据需要的时间约是（　　）。（信号速率为 200m/μs）。

A．131μs　　B．221μs　　C．1310μs　　D．2210μs

解析：传输时延=$(1518\times 8)/(100\times 10^6)$=121μs，传播时延=20000/200=100μs，故总时间为 221μs。

答案：B

例题 5 在 CSMA/CD 以太网中，数据速率为 100Mb/s，网段长 2km，信号速率为 200m/μs，则此网络的最小帧长是（　　）比特。

A．1000　　B．2000　　C．10000　　D．200000

解析：最小帧长=$2\times(2000\text{m}/200\text{m}/\mu s)\times 100\times 10^6$b/s=2000bit。

答案：B

例题 6 A、B 是局域网上两个相距 1 km 的站点，A 采用同步传输方式以 1Mb/s 的速率向 B 发送长度为 200000 字节的文件。假定数据帧长为 128 比特，其中首部为 48 比特；应答帧为 22 比特，A 在收到 B 的应答帧后发送下一帧。传送文件花费的时间为___(1)___s，有效的数据速率为___(2)___Mb/s（传播速率为 200 m/μs）。

(1) A．1.6　　B．2.4　　C．3.2　　D．3.6

(2) A．0.2　　B．0.5　　C．0.7　　D．0.8

解析：每一帧的传输时间包括数据帧和应答帧的传输时间=$(128+22)/1\times 10^6$=150μs；每一帧的传播时间包括数据帧和应答帧的传播时间=2×1000/200=10μs；传输的总帧数为 200000/10=20000；故总的传输时间为 $20000\times(150+10)\times 10^{-6}$=3.2s；有效的数据速率为(128-48)/160μs=0.5 Mb/s。

答案：(1) C　(2) B

例题 7 两个站点采用二进制指数后退算法进行避让，3 次冲突之后再次冲突的概率是（　　）。

A．0.5　　B．0.25　　C．0.125　　D．0.062

解析：两个站点采用二进制指数后退算法进行避让，1 次冲突之后两个站点均在 {0，1}中去选择一个数来确定避让的时间，再次冲突的概率是 0.5，2 次冲突之后两个站点均在 {0，1，2，3}中去选择一个数来确定避让的时间，再次冲突的概率是 0.25，3 次冲突之后两个站点均在 {0，1，2，3，4，5，6，7}中去选择一个数来确定避让的时间，再次冲突的概率是 0.125。

答案：C

例题 8　以太网协议中使用了二进制后退指数算法，其冲突后最大的尝试次数为（　　）次。

　　A．8　　　　　　　B．10　　　　　　　C．16　　　　　　　D．20

解析：二进制后退指数算法最大重试次数为 16，当冲突次数超过 16 次后，发送失败，丢弃传输的帧，发送错误报告。

答案：C

21.5　IP 地址类计算

【基础知识点】

例题 1　使用 CIDR 技术将下列 4 个 C 类地址 202.145.27.0/24、202.145.29.0/24、202.145.31.0/24 和 202.145.33.0/24 汇总为一个超网地址，其地址为＿＿（1）＿＿，下面＿＿（2）＿＿不属于该地址段，汇聚之后的地址空间是原来地址空间的＿＿（3）＿＿倍。

　　（1）A．202.145.27.0/20　　　　　　　B．202.145.0.0/20
　　　　　C．202.145.0.0/18　　　　　　　　D．202.145.32.0/19
　　（2）A．202.145.20.255　　　　　　　B．202.145.35.177
　　　　　C．202.145.60.210　　　　　　　D．202.145.64.1
　　（3）A．2　　　　　B．4　　　　　C．8　　　　　D．16

解析：（1）将题干的 4 个 IP 地址 202.145.27.0/24、202.145.29.0/24、202.145.31.0/24 和 202.145.33.0/24 中的第三个字节用二进制形式表示如下：

27 转化为 **00011011**

29 转化为 **00011101**

31 转化为 **00011111**

33 转化为 **00100001**

对以上 4 个 IP 地址进行汇总，得到掩码为 18 位（16+2）的超网，202.145.0.0/18。

（2）使用 18 位掩码对题干选项的 IP 地址进行与计算，得到网络号的地址为同一个网段的地址，否则为不同的网段地址。我们将 202.145.0.0/18 展开，求得其地址段（只转化第三个字节）：

202.145.00000000.00000000

255.255.11000000.00000000

202.145.00000000.00000000——网络地址（202.145.0.0）

202.145.00111111.11111111——广播地址（202.145.63.255）

所以可用地址段在网络地址+1 到广播地址-1，即 202.145.0.1～202.145.63.254，所第二问选 D。

（3）经过合并 4 个网络的地址，现有地址段的地址空间为 2^{14}，原地址空间为 $2^8×4$，现地址空间是原地址空间的 $2^{14}/(2^8×4)=16$ 倍。

答案：（1）C　（2）D　（3）D

例题 2　某校园网的地址是 202.115.192.0/19，要把该网络分成 30 个子网，则子网掩码应该是（　　）。

　　A．255.255.200.0　　B．255.255.224.0　　C．255.255.254.0　　D．255.255.255.0

解析：分成 30 个子网需要 5 比特（$2^n≥30$），故划分后子网掩码长度为 19+5=24，即子网掩码为 255.255.255.0。

答案：D

例题 3　在网络 101.113.10.0/29 中，能接收到目的地址是 101.113.10.7 的报文的主机数最多有（　　）个。

　　A．1　　　　　B．3　　　　　C．5　　　　　D．6

解析：101.113.10.0/29 二进制展开为 **01100101.01110001.00001010.00000**000，可以看出，101.113.10.7 是该网络中的广播地址。该网络的可用主机地址为 $2^{32-29}-2=6$ 个，故能接收到目的地址是 101.113.10.7 的报文的主机数最多有 6 个。

答案：D

例题 4　公司为服务器分配了 IP 地址段 121.21.35.192/28，下面的 IP 地址中，不能作为 Web 服务器地址的是（　　）。

　　A．121.21.35.204　　　　　　B．121.21.35.205
　　C．121.21.35.206　　　　　　D．121.21.35.207

解析：作为服务器 IP 地址，必须是一个主机地址，不能是网络地址或者广播地址。根据 IP 地址段 121.21.35.192/28 计算，IP 地址 121.21.35.207 的最后一个字节的主机位全为 1，是一个广播地址，因此不能作为 Web 服务器地址。

答案：D

例题 5　属于网络 215.17.204.0/22 的地址是（　　）。

　　A．215.17.208.200　　B．215.17.206.10　　C．215.17.203.0　　D．215.17.224.10

解析：215.17.204.0/22 第 3 字节二进制展开为 11001100；215.17.208.200 第 3 字节二进制展开为 11010000；215.17.206.10 第 3 字节二进制展开为 11001110；215.17.203.0 第 3 字节二进制展开为 11001011；215.17.224.10 第 3 字节二进制展开为 11100000。

可以看出，与 215.17.204.0/22 有共同前缀的是 215.17.206.10。

答案：B

例题 6　假设某公司 X1 有 8000 台主机，采用 CIDR 方法进行划分，则必须给它分配＿（1）＿个 C 类网络，如果 192.168.210.181 是其中一台主机地址，则指定给 X1 的网络地址为＿（2）＿。

　　（1）A．8　　　　B．10　　　　C．16　　　　D．32

（2）A．192.168.192.0/19　　　　　　B．192.168.192.0/20
　　　C．192.168.208.0/19　　　　　　D．192.168.208.0/20

解析：每个 C 类地址可用主机数为 254 个，故 8000 台主机需求 8000/254≈32 个 C 类地址，因此子网掩码长度为 19。如果 192.168.210.181 是其中一台主机地址，则指定给 X1 的网络地址为 192.168.192.0/19。

答案：（1）D　（2）A

例题 7　下面的地址中，可以分配给某台主机接口的地址是（　　）。
　　　A．224.0.0.23　　　　　　　　　B．220.168.124.127/30
　　　C．61.10.191.255/18　　　　　　D．192.114.207.78/27

解析：地址 224.0.0.23 是一个组播地址。

地址 220.168.124.127/30 的二进制形式是 11011100.10101000. 01111100.01111111，是该网段广播地址。

地址 61.10.191.255/18 的二进制形式是 00111101.00001010.10111111.11111111，也是该网段广播地址。

地址 192.114.207.78/27 的二进制形式是 11000000.01110010. 11001111.0100 1110，是该网段可用主机地址。

答案：D

例题 8　IP 数据报经过 MTU 较小的网络时需要分片。假设一个大小为 1500 字节的报文分为 2 个较小报文，其中一个报文大小为 800 字节，则另一个报文的大小至少为（　　）字节。
　　　A．700　　　　B．720　　　　C．740　　　　D．800

解析：1500 字节的 IP 报文，固定头部长度 20 字节，因此数据部分最长为 1480 字节。分片后的一个报文为 800 字节，其中 20 字节为固定头部，数据部分长度为 780 字节。另一个分片的数据部分长度是 700 字节（1480-780）。至少封装一个头部 20 字节，从而可得另一报文长度至少为 720 字节。

答案：B

21.6　TCP 拥塞控制计算

【基础知识点】

例题 1　TCP 采用慢启动进行拥塞控制，若 TCP 在某轮拥塞窗口为 8 时出现拥塞，经过 4 轮均成功收到应答，此时拥塞窗口为（　　）。
　　　A．5　　　　B．6　　　　C．7　　　　D．8

解析：TCP 采用慢启动进行拥塞控制，若 TCP 在某轮拥塞窗口为 8 时出现拥塞，重新慢启动，此时拥塞窗口为 1，门限为 4；第 1 轮后的窗口为 2，第 2 轮后的窗口为 4；到达门限，采用拥塞避免算法加法增大，故第 3 轮后的窗口为 5；第 4 轮后的窗口为 6。

答案：B

21.7 设备轮询类计算

【基础知识点】

例题 假设有一个 LAN，每 10 分钟轮询所有被管理设备一次，管理报文的处理时间是 50ms，网络延迟为 1ms，没有明显的网络拥塞，单个轮询需要时间大约为 0.2s，则该管理站最多可支持（　　）个设备。

  A．4500   B．4000   C．3500   D．3000

解析：轮询周期为 N，单个设备轮询时间为 T，网络没有拥塞，支持的设备数 $X=N/T=10×60/0.2=3000$。

答案：D

21.8 存储类计算

例题 某单位计划购置容量需求为 60TB 的存储设备，配置一个 RAID 组，采用 RAID5 冗余，并配置一块全局热备盘，至少需要（　　）块单块容量为 4TB 的磁盘。

  A．15   B．16   C．17   D．18

解析：RAID5 冗余方式由数据盘加 1 块校验盘组成，故实际可用容量为（N-1）；60TB 存储容量需要配置的 4TB 磁盘数量为(60÷4)+1=16 块，再加上热备盘 1 块，共计需要 17 块磁盘。

答案：C

21.9 其他类计算

【基础知识点】

例题 1 使用图像扫描仪以 300DPI 的分辨率扫描一幅 3×4 平方英寸的图片，可以得到（　　）像素的数字图像。

  A．300×300 B．300×400 C．900×4 D．900×1200

解析：(3×300)×(4×300)=900×1200。

答案：D

例题 2 某文件系统采用位示图（bitmap）记录磁盘的使用情况。若计算机系统的字长为 64 位，磁盘的容量为 1024GB，物理块的大小为 4MB，那么位示图的大小需要（　　）个字。

  A．1200   B．2400   C．4096   D．9600

解析：系统中字长为 64 位，可记录 64 个物理块的使用情况，若磁盘的容量为 1024GB，物理块的大小为 4MB，那么该磁盘就有 256×1024 个物理块，位示图的大小为 256×1024/64=4096 个字。

答案：C

例题 3 运行 RIPv2 协议的 3 台路由器按照如图 21-6 所示的方式连接，路由表项最少需经过（　　）可达到收敛状态。

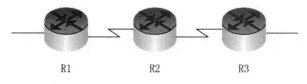

图 21-6　路由器连接方式

A. 30s　　　　　B. 60s　　　　　C. 90s　　　　　D. 120s

解析：RIP 路由协议是一种距离矢量路由协议，每 30 秒钟定期更新路由信息，整个网络中路由器的路由表信息达到一致，即收敛状态。

在如题图所示的拓扑结构中，三台路由器串行相连接，路由器 R2 在第一个更新周期内可以接收到路由器 R1 和路由器 R3 的路由信息，路由器 R2 的路由表信息在第一个更新周期内就可以接收到整个网络中的所有路由信息，而 R1 和 R3 路由器在第一个更新周期内尚未接收到对方的局域网路由，需经过 R2 路由器在第二个更新周期中将路由信息分别发送给 R1 和 R3，此时，三台路由器中的路由表才达到一致状态，即收敛。

答案：B

21.10　练习题

1. 某软件项目的活动图如图 21-7 所示，其中顶点表示项目里程碑，连接顶点的边表示包含的活动，边上的数字表示活动的持续时间（天），则完成该项目的最少时间为　(1)　天。活动 BD 和 HK 最早可以从第　(2)　天开始。（活动 AB、AE 和 AC 最早从第 1 天开始）

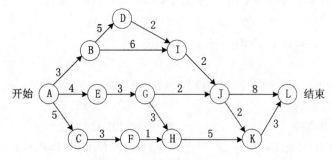

图 21-7　某软件项目的活动图

(1) A. 17　　　　　B. 18　　　　　C. 19　　　　　D. 20
(2) A. 3 和 10　　　B. 4 和 11　　　C. 3 和 9　　　　D. 4 和 10

解析： 根据上图计算出关键路径为 A-B-D-I-J-L，其长度为 20 天。活动 BD 的最早开始时间从第 4 天开始（1+3=4）。因为 A-E-G-H 或者 A-C-F-H 都能到 HK，分别是 11 和 10，我们取较大的 11，所以活动 HK 的最早开始时间为第 11 天。

答案：（1）D （2）B

2．内存按字节编址，若存储容量为 32K×8bit 的存储器芯片构成地址从 A0000H 到 DFFFFH 的内存，则至少需要（　　）个芯片。

  A．4   B．8   C．16   D．32

解析： 存储单元数为 DFFFF-A0000+1=40000H（即 2^{18}）个，需要的芯片数为 $2^{18}/2^{15}=2^3=8$ 个。

答案： B

3．设备 A 的可用性为 0.98，如图 21-8 所示将设备 A 并联以后的可用性为（　　）。

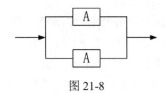

图 21-8

  A．0.9604   B．0.9800   C．0.9996   D．0.9999

解析： 并联的可用性是 $1-(1-0.98)^2=1-0.004=0.9996$。

答案： C

4．以太网的最大帧长为 1518 字节，每个数据帧前面有 8 字节的前导字段，帧间隔为 9.6μs。快速以太网 100 BASE-T 发送两帧之间的最大间隔时间约为（　　）μs。

  A．12.1   B．13.2   C．121   D．132

解析： $[(1518+8)\times 8/(100\times 10^6)]\times 10^{-6}+9.6=131.68\approx 132\mu s$。

答案： D

5．假如有 3 块容量是 300GB 的硬盘做 RAID 5 阵列，则这个 RAID 5 的容量是（　　）。

  A．300GB   B．450GB   C．600GB   D．900GB

解析： RAID 5 磁盘容量是 300GB×(3-1)=600GB。

答案： C

6．以下 IP 地址中，属于网络 201.110.12.224/28 的主机 IP 是（　　）。

  A．201.110.12.224   B．201.110.12.238

  C．201.110.12.239   D．201.110.12.240

解析： 地址 201.110.12.224/28 的二进制形式是 **11001001.01101110.00001100.1110**0000，其主机地址范围是 11001001.01101110.00001100.11100001 至 11001001.01101110.00001100.11101110，即 201.110.12.225 至 201.110.12.238，故属于该网络的主机地址是 B。

答案： B

7. 使用 CIDR 技术把 4 个 C 类网络 202.15.145.0/24、202.15.147.0/24、202.15.149.0/24 和 202.15.150.0/24 汇聚成一个超网，得到的地址是（　　）。

  A．202.15.128.0/20   B．202.15.144.0/21

  C．202.15.145.0/23   D．202.15.152.0/22

解析：网络 202.15.145.0/24 的二进制形式是 **11001010.00001111.10010**001.00000000；网络 202.15.147.0/24 的二进制形式是 **11001010.00001111.10010**011.00000000；网络 202.15.149.0/24 的二进制形式是 **11001010.00001111.10010**101.00000000；网络 202.15.150.0/24 的二进制形式是 **11001010.00001111.10010**110.00000000，前 21 位相同，所以路由器中汇聚成一条路由后的网络地址是 202.15.144.0/21。

答案：B

8. 某公司网络的地址是 192.168.192.0/20，要把该网络分成 32 个子网，则对应的子网掩码应该是___(1)___，每个子网可分配的主机地址数是___(2)___。

  （1）A．255.255.252.0   B．255.255.254.0

      C．255.255.255.0   D．255.255.255.128

  （2）A．62   B．126   C．254   D．510

解析：将网络地址 192.168.192.0/20 分成 32 个子网，需要主机部分的高 5 位作为子网号，故划分后的子网掩码为 25 位，即子网掩码为 255.255.255.128，此时每个子网的可用主机数为 $2^{32-25}-2=126$ 个。

答案：（1）D （2）B

第4篇
网络工程师高级知识

第 22 小时 华为 VRP 系统

22.0 本章思维导图

华为 VRP 系统思维导图如图 22-1 所示。

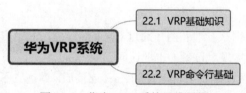

图 22-1　华为 VRP 系统思维导图

22.1 VRP 基础知识

【基础知识点】

1. 通用路由平台

通用路由平台（Versatile Routing Platform，VRP）是华为公司数据通信产品的通用操作系统平台，它以 IP 业务为核心，采用组件化的体系结构，作为华为公司从低端到核心的全系列路由器、以太网交换机、业务网关等产品的软件核心引擎。

2. 文件系统

（1）系统软件是设备启动、运行的必备软件，为整个设备提供支撑、管理、业务等功能。常见文件后缀名为.cc。

（2）配置文件是用户将配置命令保存的文件，作用是允许设备以指定的配置启动生效。常见文件后缀名为.cfg、.zip、.dat。

（3）补丁文件是一种与设备系统软件兼容的软件，用于解决设备系统软件少量且急需解决的问题。常见文件后缀名为.pat。

（4）PAF 文件是根据用户对产品需要提供了一个简单有效的方式来裁剪产品的资源占用和功能特性。常见文件后缀名为.bin。

3. 存储设备

存储设备包括 SDRAM、SD Card、Flash、NVRAM、USB。

（1）SDRAM 是系统运行内存，相当于电脑的内存。

（2）SD Card 属于非易失存储器，断电后，不会丢失数据。存储容量较大，一般出现在主控板上，可以存放系统文件、配置文件、日志等。

（3）Flash 属于非易失存储器，断电后，不会丢失数据。主要存放系统软件、配置文件等；补丁文件和 PAF 文件一般存储于 Flash 或 SD Card 中。

（4）NVRAM 属于非易失存储器，日志写入 Flash 操作是耗时耗 CPU 的操作，因此采用缓存机制，即日志产生后，先存入缓存，定时器超时或缓存满后再写入 Flash。

（5）USB 是接口，用于外接大容量存储设备，主要用于设备升级，传输数据。

4. 系统支持的用户界面

用户通过命令行方式登录设备时，系统会分配一个用户界面用来管理、监控设备和用户间的当前会话。设备系统支持的用户界面有 Console 用户界面和虚拟类型终端（Virtual Teletype Terminal，VTY）用户界面。

（1）Console 用户界面用来管理和监控通过 Console 口登录的用户。用户终端的串行口可以与设备 Console 口直接连接，实现对设备的本地访问。

（2）用户通过终端与设备建立 Telnet 或 STelnet 连接后，即建立了一条 VTY 通道，通过 VTY 通道实现对设备的远程访问。

5. VRP 用户级别

VRP 用户级别见表 22-1。

表 22-1 VRP 用户级别

用户等级	命令等级	名称	说明
0	0	参观级	可使用网络诊断工具命令（ping、tracert）、从本设备出发访问外部设备的命令（Telnet 客户端命令）、部分 display 命令等
1	0，1	监控级	用于系统维护，可使用 display 等命令
2	0，1，2	配置级	可使用业务配置命令，包括路由、各个网络层次的命令，向用户提供直接网络服务
3~15	0，1，2，3	管理级	可使用关于系统基本运行的命令，对业务提供支撑作用，包括文件系统、FTP、命令级别设置命令以及用于业务故障诊断的 debugging 命令等

6. 登录设备界面的方式

登录设备界面的方式有命令行方式（Command Line Interface，CLI）和 Web 网管方式两种。

（1）CLI 方式：通过 Console 口、Telnet、STelnet 等方式登录设备的命令行界面后对设备进行配置和管理。交换机 Console 端口的默认参数是端口传输速率为 9600b/s、数据位为 8、奇偶校验无、停止位为 1、流控无。

（2）Web 网管方式：用户需要从终端通过 HTTPS 登录到设备，才能利用 Web 网管对设备进行管理和维护，如果需要对设备进行较复杂或精细的管理，仍然需要使用 CLI 方式。

22.2　VRP 命令行基础

【基础知识点】

1. 基本命令结构

（1）display ip interface GE0/0/0 是查看接口信息的命令，其中命令字是 display，关键字是 ip，参数名是 interface，参数值是 GE0/0/0。

（2）命令字是规定了系统应该执行的功能，如 display（查询设备状态），reboot（重启设备）等命令字。关键字是特殊的字符构成，用于进一步约束命令，是对命令的拓展，也可用于表达命令构成逻辑而增设的补充字符串。参数列表是对命令执行功能的进一步约束。包括一对或多对参数名和参数值。

2. 命令行视图解释

```
<Huawei>                              //用户视图
<Huawei>system-view                   //输入 system-view 命令后回车进入系统视图
[Huawei]interface GigabitEthernet 0/0/1  //在系统视图进入接口视图
[Huawei-GigabitEthernet0/0/1]
[Huawei]ospf 45                       //在系统视图进入协议视图
[Huawei-ospf-45]area 0                //在协议视图进入 OSPF 区域 0 视图
[Huawei-ospf-45-area-0.0.0.0]
```

3. 不完整关键字输入

设备支持不完整关键字输入，即在当前视图下，当输入的字符能够匹配唯一的关键字时，可以不必输入完整的关键字，例如：<Huawei>d cu 和 <Huawei>dis cu。

4. Tab 键的使用

（1）如果与之匹配的关键字唯一，按下<Tab>键，系统自动补全关键字，补全后，反复按<Tab>关键字不变。

```
[Huawei]int
[Huawei]interface                     //按下 Tab 键
```

（2）如果与之匹配的关键字不唯一，反复按<Tab>键可循环显示所有以输入字符串开头的关键字。

```
<Huawei>undo                          //按下 Tab 键
<Huawei>undelete                      //继续按 Tab 键循环翻词
<Huawei>unzip
```

5. 在线帮助的使用

用户在使用命令行时，可以使用在线帮助以获取实时帮助，从而无需记忆大量的复杂的命令。命令行在线帮助可分为完全帮助和部分帮助，可通过输入"？"实现。

（1）完全帮助：当用户输入命令时，可以使用命令行的完全帮助获取全部关键字和参数的提示。

```
[Huawei]?
System view commands:
  aaa                         AAA
  acl                         Specify ACL configuration information
  alarm                       Enter the alarm view
  anti-attack                 Specify anti-attack configurations
  application-apperceive      Set application-apperceive information
  arp                         ARP module
  ……
```

（2）部分帮助：当用户输入命令时，如果只记得此命令关键字的开头一个或几个字符，可以使用命令行的部分帮助获取以该字符串开头的所有关键字的提示。

```
[Huawei]aaa
[Huawei-aaa]auth?
  authentication-scheme          authorization-scheme
```

6. 使用 undo 命令行

在命令前加 undo 关键字，即为 undo 命令行。undo 命令行一般用来恢复缺省情况、禁用某个功能或者删除某项配置。

（1）使用 undo 命令行恢复缺省情况。

```
<Huawei>system-view
[Huawei]sysname SW1
[SW1]undo sysname
[Huawei]
```

（2）使用 undo 命令禁用某个功能。

```
<Huawei>system-view
[Huawei]undo info-center enable
```

（3）使用 undo 命令删除某项设置。

```
[Huawei]ospf 1
[Huawei-ospf-1]area 0
[Huawei-ospf-1-area-0.0.0.0]network 192.168.100.100 0.0.0.0
[Huawei-ospf-1-area-0.0.0.0]undo network 192.168.100.100 0.0.0.0
[Huawei-ospf-1-area-0.0.0.0]
```

22.3 练习题

1. 路由器 Console 端口默认的数据速率为（   ）。

　　A．2400b/s　　　　B．4800b/s　　　　C．9600b/s　　　　D．10Mb/s

解析：交换机 Console 端口的默认参数：端口传输速率为 9600b/s，数据位为 8，奇偶校验无，停止位为 1，流控无。

答案：C

2. 华为网络设备支持（   ）个用户同时使用 Console 口登录。

　　A．0　　　　　　　B．1　　　　　　　C．2　　　　　　　D．4

解析：华为网络设备同时只能有 1 个用户登录 Console 界面，且 Console 用户的编号为 0。

答案：B

第 23 小时 以太网交换原理与基础知识

23.0 本章思维导图

以太网交换原理与基础知识思维导图如图 23-1 所示。

图 23-1 以太网交换原理与基础知识思维导图

23.1 以太网的双工模式

【基础知识点】

半双工：任意时刻只能接收数据或者发送数据、采用 CSMA/CD 机制、有最大传输距离的限制。HUB 工作在半双工模式。

全双工：同一时刻可以接收和发送数据。全双工从根本上解决了以太网的冲突问题，以太网不再受 CSMA/CD 的限制。

23.2 冲突域和广播域

【基础知识点】

冲突域：同一介质上的多个节点共享链路，多节点争用链路的使用权时会导致冲突的发生，于是就有了 CSMA/CD 的机制。连接在同一介质上的所有节点的集合就是一个冲突域。冲突域内所有节点竞争同一带宽，一个节点发出的报文其余节点都可以收到。

广播域：一个节点发送一个广播报文其余节点都能够收到的集合，就是一个广播域。传统的网桥可以根据 MAC 表对单播报文进行转发，对于广播报文向所有的接口都转发，所以网桥的所有接口连接的节点属于一个广播域，但是每个接口属于一个单独冲突域。

交换机有几个端口连接就有几个冲突域；一个集线器有一个冲突域；一个路由器有几个接口连接就有几个广播域，冲突域的数量是交换机连接的 PC、集线器的数量加路由器连接的交换机的数量之和。

23.3 MAC 地址

【基础知识点】

MAC 地址是在 IEEE 802 标准中定义并规范的，凡是符合 IEEE 802 标准的以太网卡，都必须拥有一个 MAC 地址。网络设备的 MAC 地址是全球唯一的。

MAC 地址长度为 48 比特，通常用 12 位的十六进制表示，如 00-11-22-33-44-55。MAC 地址包含两部分：从左往右，前 24 位是由 IEEE 统一分配的厂商代码，也叫组织唯一标识符（Organizationally Unique Identifier，OUI）。后 24 位是厂商分配给每个产品的唯一数值，由各个厂商自行分配。

MAC 地址的分类如图 23-2 所示。

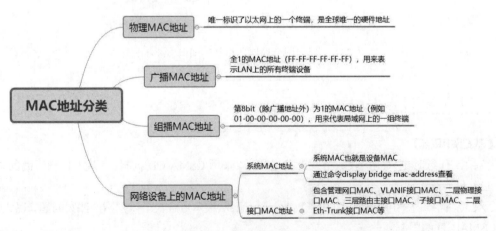

图 23-2　MAC 地址分类

23.4 二层交换原理

【基础知识点】

1. 交换机对数据帧的三种处理方式

（1）转发：交换机把从某一端口进来的帧通过另一个端口（除了入接口）转发出去。

（2）泛洪：交换机把从某一端口进来的帧通过所有其他的端口（除了入接口）转发出去。

（3）丢弃：交换机丢弃从某一端口进来的帧。

2. 二层交换机工作流程

（1）二层交换设备工作在数据链路层，它对数据包的转发是建立在 MAC 地址基础之上的。

（2）二层交换设备通过解析和学习以太网帧的源 MAC 来维护 MAC 地址表，通过其目的 MAC 来查找 MAC 表决定向哪个接口转发。

（3）基本工作流程如下：

1）二层交换机收到以太网帧，将源 MAC 和入接口记录下来，形成 MAC 地址表，如果已有记录则刷新其老化时间，老化时间未得到刷新则删除。

2）如果收到的目的 MAC 地址不是广播地址，根据目的 MAC 去查找 MAC 地址表，如果能匹配到表项，则向对应接口转发，如果没有找到对应的表项，向除入接口以外的所有接口转发。

3）如果收到的目的 MAC 地址是广播地址，那么向除入接口以外的所有接口转发。

23.5 三层交换原理

【基础知识点】

路由器的三层转发主要依靠 CPU，而三层交换机的三层转发依靠硬件。三层交换机并不能完全替代路由器。

三层交换机不同网络的主机之间通信的流程如下：

（1）源主机在发起通信之前，将自己的 IP 与目的主机的 IP 进行比较，如果在同一网段，那么源主机直接向目的主机发送 ARP 请求，在收到目的主机的 ARP 应答后获得对方的 MAC 地址，然后用对方 MAC 地址作为报文目的 MAC 地址进行发送。

（2）如果自己的 IP 与目的主机的 IP 在不同网段时，它会通过网关来交互报文，即发送 ARP 请求来获取网关 IP 地址对应的 MAC 地址，在得到网关的 ARP 应答后，用网关 MAC 作为报文的目的 MAC 发送报文。

23.6 交换机的分类

【基础知识点】

根据交换机的帧转发方式，交换机可以分为三类。

（1）直通式交换。在输入端口扫描到目标地址后立即开始转发。这种交换方式的优点是延迟小、交换速度快，缺点是没有检错能力，不能实现非对称交换，并且当交换机的端口增加时，交换矩阵实现起来比较困难。

（2）存储转发式交换。交换机对输入的数据包先进行缓存、验证、碎片过滤，然后再进行转发。这种交换方式延时大，但可以提供差错校验，并支持不同速度的输入、输出端口间的交换（非对称交换），是交换机的主流工作方式。

（3）碎片过滤式交换。这是介于直通式和存储转发式之间的一种解决方案。交换机在开始转发前先检查数据包的长度是否够 64 个字节，如果小于 64 个字节，则丢弃；如果大于等于 64 个字节，则转发该包。这种转发方式的处理速度介于前两者之间，被广泛应用于中低档交换机中。

根据交换的协议层划分，交换机可以分为三类。

（1）二层交换机：根据 MAC 地址进行交换。

（2）三层交换机：根据 IP 地址进行交换。

（3）多层交换机：根据第四层端口号或应用协议进行交换。

根据层次型结构划分为接入层交换机、汇聚层交换机和核心层交换机，如图 23-3 所示。网络的分层结构把复杂的大型网络分解为多个容易管理的小型网络，每一层交换设备分别实现不同的特定任务。

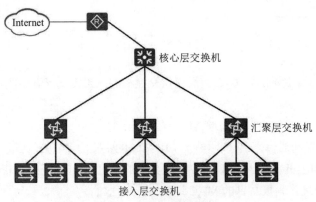

图 23-3 分层网络结构

根据交换机结构划分可以分为固定端口交换机和模块化交换机；根据配置方式划分可以分为堆叠型交换机和非堆叠型交换机；根据管理类型划分可以分为网管型交换机、非网管型交换机和智能型交换机。

23.7 交换机的性能参数

【基础知识点】

1. 端口类型

（1）双绞线端口：有百兆、千兆、万兆端口。

（2）光纤端口：SC 端口是一种光纤端口，可提供千兆位数据传输速率，通常用于连接服务器的光纤网卡。交换机的光纤端口都是两个，分别是一发一收，光纤跳线也必须是两根，否则端口间无法进行通信。

（3）GBIC 端口：GBIC 模块是将位电信号转换为光信号的热插拔器件，分为用于级连的 GBIC 模块和用于堆叠的 GBIC 模块。用于级连的 GBIC 模块又分为适用于多模光纤（Multi Mode Fiber，MMF）或单模光纤（Single Mode Fiber，SMF）的不同类型。

（4）SFP 端口：小型机架可插拔设备（SFP）是 GBIC 的升级版本，其功能基本和 GBIC 一致，但体积减小一半。有时也称 SFP 模块为小型化 GBIC 模块。

（5）Console 口：用于搭建配置环境。

（6）Combo 接口：又叫光电复用接口，由设备面板上的一个光口和一个电口组成。Combo 电口与其对应的光口在逻辑上是光电复用的，两者不能同时工作。

2. 包转发率

包转发率也称端口吞吐率，指交换机进行数据包转发的能力，单位为 pps。包转发率＝千兆端口数×1.488Mpps+百兆端口数×0.1488Mpps+其余端口数×相应包转发数。

3. 背板带宽

交换机的背板带宽是指交换机端口处理器和数据总线之间单位时间内所能传输的最大数据量。背板带宽标志了一台交换机总的交换能力，单位为 Gb/s。交换机所有端口能提供的总带宽的计算公式为端口数×端口速率×2（全双工模式）。

23.8 练习题

1. 以下关于直通式交换机和存储转发式交换机的叙述中，正确的是（　　）。

  A．存储转发式交换机采用软件实现交换

  B．直通式交换机存在坏帧传播的风险

  C．存储转发式交换机无需进行 CRC 校验

  D．直通式交换机比存储转发式交换机交换速度慢

解析： 直通式交换机根据地址直接交换，没有进行校验，提高了交换速率，但同时也存在坏帧传播的风险。

答案： B

2．路由器的（　　）接口通过光纤连接广域网。

  A．SFP 接口   B．同步串行口

  C．Console 接口   D．AUX 接口

解析：路由器的 SFP 接口通过光纤连接广域网

答案：A

3．路由器与计算机串行接口连接，利用虚拟终端对路由器进行本地配置的接口是＿＿（1）＿＿；路由器通过光纤连接广域网的接口是＿＿（2）＿＿。

  （1）A．Console 口   B．同步串行口

    C．SFP 端口   D．AUX 端口

  （2）A．Console 口   B．同步串行口

    C．SFP 端口   D．AUX 端口

解析：路由器与计算机串行接口连接，利用虚拟终端对路由器进行本地配置的接口是 Console 口，通常用作在终端对路由器进行配置；路由器通过光纤连接广域网的接口是 SFP 端口。

答案：（1）A （2）C

4．某 IP 网络连接如图 23-4 所示。下列说法中正确的是（　　）。

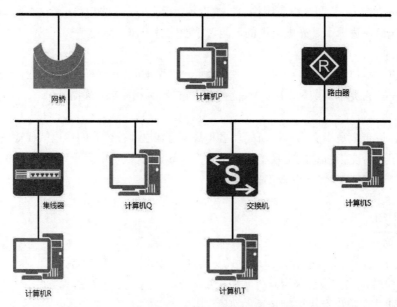

图 23-4 某 IP 网络连接图

  A．共有 2 个冲突域

  B．共有 2 个广播域

  C．计算机 S 和计算机 T 构成冲突域

  D．计算机 Q 查找计算机 R 的 MAC 地址时，ARP 报文会传播到计算机 S

解析：路由器分割成了 2 个广播域。计算机 S 和计算机 T 有交换机隔开，不构成冲突域。计算机 S 与计算机 Q 不在同一广播域，所以 ARP 报文传不到计算机 S。

答案：B

5．两台交换机的光口对接，其中一台设备的光口 UP，另一台设备的光口 DOWN，定位此类故障的思路包括（　　）。

①光纤是否交叉对接
②两端使用的光模块波长和速率是否一样
③两端 COMBO 口是否都设置为光口
④两个光口是否未同时配置自协商或者强制协商

A．①②③④　　　　B．②③④　　　　C．②③　　　　D．①③④

解析：两端口对接，出现一端 UP、一端 DOWN 的情况时，可以首先通过替换光纤的方法排除光纤损坏的原因，再通过替换光模块的方法排除光模块不匹配的原因，最后再进行软件层面的定位。

答案：A

6．一台 16 口的全双工千兆交换机，至少需要（　　）的背板带宽才能实现线速转发。

A．1.488Gb/s　　　B．3.2Gb/s　　　C．32Gb/s　　　D．320Gb/s

解析：背板带宽=端口数×端口速率×2（全双工模式）=16×1G×2=32Gb/s。

答案：C

第24小时 交换机基础配置

24.0 本章思维导图

交换机基础配置思维导图如图 24-1 所示。

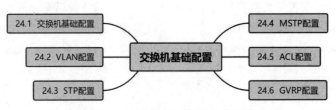

图 24-1 交换机基础配置思维导图

24.1 交换机基础配置

【基础知识点】

1. 配置设备名称

<Huawei>system-view
[Huawei]sysname net32h
[net32h]quit

2. 配置接口 IP 地址

[net32h]interface GigabitEthernet 0/0/1
[net32h-GigabitEthernet0/0/1]ip address 192.168.1.254 24

3. 使用 Telnet 登录设备的主要配置

（1）使能服务器 telnet 功能。

[net32h]telnet server enable

（2）配置 VTY 用户界面的支持协议类型。

[net32h]user-interface vty 0 4
[net32h-ui-vty0-4]protocol inbound telnet   //指定 VTY 用户界面所支持的协议为 telnet

（3）配置 VTY 用户界面的认证方式和用户级别。

1）配置 VTY 用户界面的认证方式为 AAA，配置 AAA 用户的认证信息、接入类型和用户级别。

[net32h-ui-vty0-4]authentication-mode aaa   //配置认证方式为 AAA
[net32h]aaa
[net32h-aaa]local-user admin12345 password irreversible-cipher admin#12345   //创建本地用户 admin12345，登录密码为 admin#12345
[net32h-aaa]local-user admin12345 service-type telnet//配置本地用户 admin12345 的接入类型为 telnet 方式
[net32h-aaa]local-user admin12345 privilege level 15 //配置本地用户 admin12345 的级别为 15

2）配置 VTY 用户界面的认证方式为 password，配置 VTY 用户界面的级别和登录密码。

[net32h-ui-vty0-4]authentication-mode password//配置认证方式为 password
[net32h-ui-vty0-4]set authentication password cipher admin#12345//配置登录密码为 admin#12345
[net32h-ui-vty0-4] user privilege level 15 //配置 VTY 用户界面的级别为 15

24.2　VLAN 配置

【基础知识点】

1. VLAN 基础配置

（1）创建 VLAN 50。

[net32h]vlan 50

（2）批量创建 VLAN 10、20、30、40～49。

[net32h]vlan batch 10 20 30 40 to 49

（3）基于接口划分 VLAN。

按照设备的接口来定义 VLAN 成员，将指定接口加入 VLAN 后，接口就可以转发该 VLAN 的报文，实现了 VLAN 内的主机的二层互访。

1）将 GigabitEthernet 0/0/1 设置成 access 口，并加入 VLAN 10 中。

[net32h]interface GigabitEthernet 0/0/1
[net32h-GigabitEthernet0/0/1]port link-type access
[net32h-GigabitEthernet0/0/1]port default vlan 10
[net32h-GigabitEthernet0/0/1]quit

2）将 GigabitEthernet 0/0/2 设置成 trunk 口，允许 VLAN 20 通过。

[net32h]interface GigabitEthernet 0/0/2
[net32h-GigabitEthernet0/0/2]port link-type trunk
[net32h-GigabitEthernet0/0/2]port trunk allow-pass vlan 20
[net32h-GigabitEthernet0/0/2]quit

（4）基于 MAC 地址划分 VLAN。

不需要关注终端用户的物理位置，提高了终端用户的安全性和接入的灵活性。主要配置如下：

[net32h]vlan 10
[net32h-vlan10]mac-vlan mac-address 0011-0012-0013   //关联 VLAN 和 MAC 地址
[net32h-vlan10]quit
[net32h]interface GigabitEthernet 0/0/1
[net32h-GigabitEthernet0/0/1]mac-vlan enable   //使能基于 MAC 地址划分 VLAN
[net32h-GigabitEthernet0/0/1]quit

2. 基于接口划分 VLAN 的配置案例

需求：在交换机上配置基于接口划分 VLAN，把业务相同的用户的接口划分到同一 VLAN。属于不同 VLAN 的用户不能进行二层通信，同一 VLAN 内的用户可以直接互相通信。拓扑如图 24-2 所示。

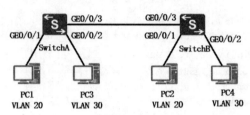

图 24-2　基于接口划分 VLAN

主要配置如下：

（1）以 SwitchA 为例，在 SwitchA 创建 VLAN 20 和 VLAN 30，并将连接用户的接口分别加入对应 VLAN。（SwitchB 配置类似，在此省略）。

```
[SwitchA]vlan batch 20 30                              //批量创建 VLAN 20 和 VLAN 30
[SwitchA]interface GigabitEthernet0/0/1
[SwitchA-GigabitEthernet0/0/1]port link-type access    //连接 PC 的接口类型是 access
[SwitchA-GigabitEthernet0/0/1]port default vlan 20     //将接口 GE0/0/1 加入 vlan 20
[SwitchA-GigabitEthernet0/0/1]quit
[SwitchA] interface GigabitEthernet0/0/2
[SwitchA-GigabitEthernet0/0/2]port link-type access
[SwitchA-GigabitEthernet0/0/2]port default vlan 30
[SwitchA-GigabitEthernet0/0/2]quit
```

（2）以 SwitchA 为例，配置 SwitchA 上与 SwitchB 连接的接口类型及通过的 VLAN。

```
[SwitchA]interface GigabitEthernet0/0/3
[SwitchA-GigabitEthernet0/0/3]port link-type trunk                   //交换机设备互联接口设置成 trunk 口
[SwitchA-GigabitEthernet0/0/3]port trunk allow-pass vlan 20 30       //允许 vlan 20 和 vlan 30
```

3. 常见诊断命令

display vlan 命令用来查看 VLAN 的相关信息；display port vlan 查看 VLAN 中包含的接口信息；display mac-vlan 命令用来查看基于 MAC 地址划分 VLAN 的配置信息；display ip-subnet-vlan 命令用来查看 VLAN 上所配置的 IP 子网信息。

24.3　STP 配置

【基础知识点】

1. 边缘端口

如果指定端口位于整个拓扑的边缘，不再与任何交换设备连接，这种端口叫作边缘端口。边缘端口一般与用户终端设备直接相连。边缘端口正常情况下接收不到配置 BPDU 报文，不参与生成树运算，可以由 Disabled 状态直接转到 Forwarding 状态。

2. STP 的基础配置命令

（1）配置交换设备 SwitchA 的 STP 工作模式，默认情况工作在 MSTP 模式。

[SwitchA]stp mode stp

（2）配置 SwitchA 为根桥。配置后该设备优先级为 0，并且不能更改设备优先级。

[SwitchA]stp root primary

（3）配置 SwitchB 为备份根桥。配置后该设备优先级为 4096，并且不能更改设备优先级。

[SwitchB]stp root secondary

（4）配置交换机的 STP 优先级。

[SwitchA]stp priority 4096   //默认情况下，交换机的优先级是 32768

（5）配置接口路径开销，接口路径开销计算方法有 dot1d-1998、dot1t 和 legacy，默认是 802.1t（dot1t）。

[SwitchA]stp pathcost-standard legacy

（6）设置 Ge0/0/1 接口的路径开销值。

[Huawei-GigabitEthernet0/0/1]stp cost 100

（7）配置 SwitchA 端口 GigabitEthernet 0/0/2 为边缘端口并启用端口的 BPDU 报文过滤功能。

[SwitchA]interface Gigabitethernet 0/0/2
[SwitchA-GigabitEthernet0/0/2]stp edged-port enable
[SwitchA-GigabitEthernet0/0/2]stp bpdu-filter enable
[SwitchA-GigabitEthernet0/0/2]quit

3. 常见诊断命令

display stp brief 命令显示生成树的状态和统计信息摘要；display stp bridge 命令查看桥的生成树状态详细信息；display stp topology-change 命令查看拓扑变化相关的统计信息；display stp vlan 命令查看加入指定 VLAN 的端口的生成树状态。

24.4 MSTP 配置

【基础知识点】

1. MSTP 概述

多生成树协议（Multiple Spanning Tree Protocol，MSTP）是 IEEE 802.1s 中定义的生成树协议，通过生成多个生成树在 VLAN 间实现负载均衡，实现冗余备份并解决以太网环路问题。

2. MSTP 基本概念

（1）多生成树实例（Multiple Spanning Tree Instances，MSTI）。生成树实例就是多个 VLAN 的一个集合，通过将多个 VLAN 捆绑到一个实例，在实例上可以实现负载均衡。其中实例 0 被称为内部生成树（IST），其他的多生成树实例为 MSTI。MSTI 使用 Instance ID 标识，华为设备 ID 取值为 0~4094。

（2）多生成树域（MST Region）。由交换网络中的多台交换设备以及它们之间的网段所构成。相同 MST 域中具有相同的 MST 域的域名、相同的多生成树实例和相同的 VLAN 的映射关系、相同的 MST 域的修订级别。配置 MST 域时最后需要输入"active region-configuration"，否则命令不生效。

3. MSTP 配置

在网络中部署 MSTP 可以预防环路和设备冗余备份。SwitchA、SwitchB、SwitchC 和 SwitchD 都运行 MSTP，且域名为 net32h，为实现 VLAN21～VLAN30 和 VLAN31～VLAN40 的流量负载分担，MSTP 引入了多实例。MSTP 主要配置如下，其他配置在此省略，拓扑如图 24-3 所示。

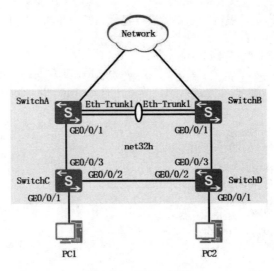

图 24-3　MSTP 配置

（1）配置 SwitchA、SwitchB、SwitchC 和 SwitchD 的域名为 net32h，创建实例 MSTI1 和实例 MSTI2，以 SwitchA 为例，配置 SwitchA 的 MST 域。

```
[HUAWEI]sysname SwitchA
[SwitchA]stp region-configuration
[SwitchA-mst-region]region-name net32h              //域名为 net32h
[SwitchA-mst-region]instance 1 vlan 21 to 30        //VLAN21-VLAN30 对应 instance 1
[SwitchA-mst-region]instance 2 vlan 31 to 40        //VLAN31-VLAN40 对应 instance 2
[SwitchA-mst-region]active region-configuration
[SwitchA-mst-region]quit
```

（2）配置 SwitchA 为 MSTI1 的根桥。

```
[SwitchA]stp instance 1 root primary
```

（3）配置 SwitchB 为 MSTI1 的备份根桥。

```
[SwitchB]stp instance 1 root secondary
```

（4）配置 SwitchB 为 MSTI2 的根桥。

```
[SwitchB]stp instance 2 root primary
```

（5）配置 SwitchA 为 MSTI2 的备份根桥。

```
[SwitchA]stp instance 2 root secondary
```

（6）配置 SwitchC 端口 GE0/0/1 为边缘端口。

```
[SwitchC]interface GigabitEthernet 0/0/1
[SwitchC-GigabitEthernet0/0/1]stp edged-port enable
[SwitchC-GigabitEthernet0/0/1]quit
```

（7）配置 SwitchC 的 BPDU 保护功能。
[SwitchC]stp bpdu-protection

4. MSTP 缺省配置

生成树协议工作模式是 MSTP，交换设备的优先级是 32768，端口的优先级是 128，路径开销的计算方法是 Dot1t（IEEE 802.1t 标准），Hello Time 是 2 秒，Forward Delay Time 是 15 秒，Max Age Time 是 20 秒。

24.5 ACL 配置

【基础知识点】

1. ACL 概述

访问控制列表（Access Control Lists，ACL）由一系列规则组成，通过将报文与 ACL 规则进行匹配，允许或阻止该报文通过，从而控制网络访问、防止网络攻击等。

2. ACL 语句

ACL 语句如下所示：

```
acl 2009
rule 5 deny source 192.168.1.0 0.0.0.255
rule 10 deny source 192.168.2.0 0.0.0.255
rule 15 permit source 192.168.4.0 0.0.0.255
rule 20 permit source 10.1.1.0 0.0.0.255 time-range net32h
```

（1）上述命令行中，如 5、10、15、20 表示规则标号，permit（允许）、deny（拒绝）表示动作，source 192.168.1.0 0.0.0.255 表示匹配源地址是 192.168.1.0/24 的网段，time-range net32h 配置一个 net32h 的时间段。

（2）5、10、15、20，每个相邻规则编号之间的差值，缺省值为 5。目的是为了方便后续插入新的规则。

3. 通配符掩码

（1）当进行 IP 地址匹配的时候，后面会跟着 32 位掩码位，这 32 位称为通配符，如 source 192.168.2.0 0.0.0.255 中的 0.0.0.255。匹配规则是只检查 0 所对应的二进制位。通配符掩码中的"0"和"1"可以不连续。

（2）计算方法如下：

1）192.168.1.0/24 网段对应的通配符的计算方法是用 255.255.255.255 减去 255.255.255.0 得到 0.0.0.255。

2）100.100.2.0 0.0.254.255，IP 地址转换为二进制是 01100100.01100100.00000010.00000000，通配符 0.0.254.255 转化成二进制是 00000000.00000000.11111110.11111111，表示的是 10.1.0.0/24～10.1.254.0/24 网段之间且第三个字节为偶数的 IP 地址，如 100.100.0.0/24、100.100.2.0/24 等。

4. 特殊的通配符

精确匹配 192.168.100.1 这个 IP 地址，通配符掩码可以为 0，相当于用 0.0.0.0 来表示；匹配所有 IP 地址通配符用 255.255.255.255 表示。

5. ACL 分类

（1）基于规则的 ACL 分类，见表 24-1。

表 24-1　基于规则的 ACL 分类

分类	编号范围	规则定义描述
基本 ACL	2000～2999	使用报文的源 IP 地址、生效时间段
高级 ACL	3000～3999	使用 IPv4 报文的源/目 IP 地址、IP 协议类型、ICMP 类型、TCP 源/目的端口号、UDP 源/目的端口号、生效时间段
二层 ACL	4000～4999	使用源 MAC 地址、目的 MAC 地址、二层协议类型来进行规则定义

（2）基于标识方法的 ACL 分类，见表 24-2。

表 24-2　基于标识方法的 ACL 分类

分类	规则定义描述
数字型 ACL	创建 ACL 时，指定一个唯一的数字标识，如 acl 2000
命名型 ACL	通过名称代替编号来标识 ACL，如 acl name net32h 2000，创建名称为 net32h 的 ACL，编号为 2000

6. ACL 的匹配顺序

华为设备支持两种匹配顺序：自动排序（auto 模式）和配置顺序（config 模式）。默认的 ACL 匹配顺序是配置顺序。

（1）自动排序，是指系统使用"深度优先"的原则，按照精确度从高到低进行排序和匹配。

（2）配置顺序，系统按照 ACL 规则编号从小到大的顺序进行报文匹配，规则编号越小越容易被匹配。

7. ACL 的生效时间段

（1）两种生效时间段的模式如下：

1）周期时间段：以星期为单位来定义时间范围，表示规则以一周为周期（如每周一的 9 至 12 点）循环生效。

2）绝对时间段：从某年某月某日的某个时间开始，到某年某月某日的某个时间结束，表示规则在这段时间范围内生效。

使用同一名称配置内容不同的多条时间段,最终生效的时间范围是配置的各周期时间段之间以及各绝对时间段之间的交集部分。

（2）配置 ACL 的生效时间段可以规定 ACL 规则在何时生效。在 acl 2999 中引用了时间段 net32h，net32h 包含了三个时间段，配置命令如下：

```
[Huawei]time-range net32h 09:00 to 17:00 working-day
[Huawei]time-range net32h 14:30 to 17:00 off-day
[Huawei]time-range net32h from 00:00 2022/01/01 to 23:59 2022/12/31
```

[Huawei]acl 2999
[Huawei-acl-basic-2999]rule 5 permit time-range net32h

时间段"net32h"的生效时间范围是 2022 年的周一到周五每天 9:00 到 17:00 以及周六和周日下午 14:30 到 17:00。

8. ACL 部署方向

ACL 部署方向如图 24-4 所示。

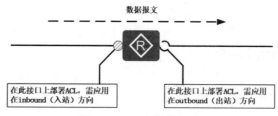

图 24-4　ACL 部署方向

9. 常见基本 ACL 配置

（1）在 acl 2999 中配置规则，允许源 IP 地址是 192.168.1.3 的主机地址的报文通过。

[HUAWEI]acl 2999
[HUAWEI-acl-basic-2999]rule 5 permit source 192.168.1.3 0

（2）在 acl 2999 中配置规则，仅允许源 IP 地址是 192.168.100.100 主机地址的报文通过，拒绝源 IP 地址是 192.168.100.0/24 网段的报文通过。

[HUAWEI]acl 2999
[HUAWEI-acl-basic-2999]rule 5 permit source 192.168.100.100 0
[HUAWEI-acl-basic-2999]rule 10 deny source 192.168.100.0 0.0.0.255

（3）创建时间段 net32h，周一到周五每天 9:00 到 17:00，并在 acl 2999 中配置规则，在 net32h 限定的时间范围内，拒绝源 IP 地址是 192.168.100.0/24 网段地址的报文通过。

[HUAWEI]time-range net32h 9:00 to 17:00 working-day
[HUAWEI]acl 2999
[Huawei-acl-basic-2999]rule deny source 192.168.100.0 0.0.0.255 time-range net32h

24.6　GVRP 配置

【基础知识点】

1. GARP 的基本概念

（1）通用属性注册协议（Generic Attribute Registration Protocol，GARP）主要用于建立一种属性传递扩散的机制，以保证协议实体能够注册和注销该属性。GARP 作为一个属性注册协议的载体，可以用来传播属性。将 GARP 协议报文的内容映射成不同的属性即可支持不同上层协议应用。

（2）GARP 协议通过目的 MAC 地址区分不同的应用。在 IEEE Std 802.1Q 中将 01-80-C2-00-00-21 分配给 VLAN 应用，即 GVRP。GVRP 协议所支持的 VLANID 范围为 1～4094。

（3）GARP VLAN 注册协议（GARP VLAN Registration Protocol，GVRP）是 GARP 的一种应

用,主要用于维护设备动态 VLAN 属性。GVRP 实现动态分发、注册和传播 VLAN 属性,从而达到减少网络管理员的手工配置量及保证 VLAN 配置正确的目的。

(4)手工配置的 VLAN 称为静态 VLAN,通过 GVRP 协议创建的 VLAN 称为动态 VLAN。

2. GVRP 的三种注册模式

(1)Normal 模式:允许动态 VLAN 在端口上进行注册,同时会发送静态 VLAN 和动态 VLAN 的声明消息。

(2)Fixed 模式:不允许动态 VLAN 在端口上注册,只发送静态 VLAN 的声明消息。

(3)Forbidden 模式:不允许动态 VLAN 在端口上进行注册,同时删除端口上除 VLAN1 外的所有 VLAN,只发送 VLAN1 的声明消息。

3. GVRP 缺省配置

GVRP 缺省配置见表 24-4。

表 24-4 GVRP 缺省配置

参数	缺省值
GVRP 功能	全局和接口的 GVRP 功能都处于关闭状态
GVRP 接口注册模式	normal
Hold 定时器	10 厘秒
Join 定时器	20 厘秒
Leave 定时器	60 厘秒
LeaveAll 定时器	1000 厘秒

4. GVRP 配置

需求:公司 A、公司 A 的分公司以及公司 B 之间有较多的交换设备相连,需要通过 GVRP 功能实现 VLAN 的动态注册。公司 A 的分公司与总部通过 SwitchA 和 SwitchB 互通;公司 B 通过 SwitchB 和 SwitchC 与公司 A 互通,但只允许公司 B 配置的 VLAN 通过,如图 24-5 所示。

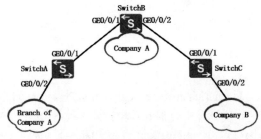

图 24-5 GVRP 组网

主要配置如下:

(1)使能接口的 GVRP 功能,并配置接口注册模式。

```
[SwitchA]interface GigabitEthernet 0/0/1
[SwitchA-GigabitEthernet0/0/1]gvrp
[SwitchA-GigabitEthernet0/0/1]gvrp registration normal
[SwitchA-GigabitEthernet0/0/1]quit
[SwitchA]interface GigabitEthernet 0/0/2
[SwitchA-GigabitEthernet0/0/2]gvrp
[SwitchA-GigabitEthernet0/0/2]gvrp registration normal
[SwitchA-GigabitEthernet0/0/2]quit
```

（2）全局使能 GVRP 功能。

```
[SwitchC] vcmp role silent
[SwitchC] gvrp
```

（3）使能接口的 GVRP 功能，并配置接口注册模式。

```
[SwitchC]interface Gigabitethernet 0/0/1
[SwitchC-GigabitEthernet0/0/1]gvrp
[SwitchC-GigabitEthernet0/0/1]gvrp registration fixed
[SwitchC-GigabitEthernet0/0/1]quit
[SwitchC]interface GigabitEthernet 0/0/2
[SwitchC-GigabitEthernet0/0/2]gvrp
[SwitchC-GigabitEthernet0/0/2]gvrp registration normal
[SwitchC-GigabitEthernet0/0/2]quit
```

24.7 练习题

1. 如下图所示，使用基本 ACL 限制 FTP 访问权限，从给出的 Switch 的配置文件判断可以实现的策略是（　　）。

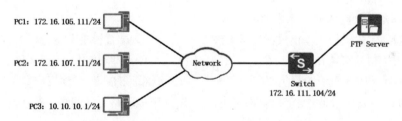

①PC1 在任何时间都可以访问 FTP。
②PC2 在 2018 年的周一不能访问 FTP。
③PC2 在 2018 年的周六下午 3 点可以访问 FTP。
④PC3 在任何时间不能访问 FTP。

Switch 的配置文件如下：

```
sysname Switch
FTP server enable
FTP acl 2001
time-range ftp-access 14:00 to 18:00 off-day
time-range ftp-access from 00:00 2018/1/1 to 23:59 2018/12/31
acl number 2001
```

```
            rule 5 permit source 172.16.105.0 0.0.0.255
            rule 10 permit source 172.16.107.0 0.0.0.255 time-range ftp-access
            rule 15 deny
        aaa
            local-user huawei password irreversible-cipher
            local-user huawei privilege level 15
            local-user huawei ftp-directory flash:
            local-user huawei service-type ftp
        return
```
　　A．①②③④　　　　B．①②④　　　　C．②③　　　　D．①③④

解析：rule 5 的语句表示 172.16.105.0 网段的主机可以随时访问 FTP 服务器，rule 10 的语句表示 172.16.107.0 网段的主机只能在 2018 年的休息日的下午 2 点到下午 6 点间访问，rule 15 的语句表示其余的网段主机，任何时段都不能访问 FTP 服务器。

答案：A

2．观察交换机状态指示灯是初步判断交换机故障的检测方法，以下关于交换机状态指示灯的描述中，错误的是（　　）。

　　A．交换机指示灯显示红色表明设备故障或者告警，需要关注和立即采取行动

　　B．STCK 指示灯绿色表示接口在提供远程供电

　　C．SYS 指示灯亮红色表明交换机可能存在风扇或温度告警

　　D．交换机业务接口对应单一指示灯，常亮表示连接，快闪表示数据传送

解析：交换机上的指示灯一般有功能标识，比如说 SYS 表示为系统指示灯，PWR 表示为电源指示灯，STCK 表示为设备堆叠指示灯等。

答案：B

3．交换设备上配置 STP 的基本功能包括（　　）。

　　①将设备的生成树工作模式配置成 STP　　　　②配置根桥和备份根桥设备
　　③配置端口的路径开销值，实现将该端口阻塞　　④使能 STP，实现环路消除

　　A．①③④　　　　B．①②③　　　　C．①②③④　　　　D．①②

解析：STP 主要作用是防止网桥网络中的冗余链路形成环路。当网络中存在环路，配置 STP 通过阻塞某个端口以达到破除环路的目的。

答案：C

4．GVRP 是跨交换机进行 VLAN 动态注册和删除的协议，关于对 GVRP 的描述不准确的是（　　）。

　　A．GVRP 是 GARP 的一种应用，由 IEEE 制定

　　B．交换机之间的协议报文交互必须在 VLAN Trunk 链路上进行

　　C．GVRP 协议所支持的 VLAN ID 范围为 1～1001

　　D．GVRP 配置时需要在每一台交换机上建立 VLAN

解析：GVRP 协议支持 VLAN 范围是 1～4094。

答案：C

第 25 小时 交换机高级配置

25.0 本章思维导图

交换机高级配置思维导图如图 25-1 所示。

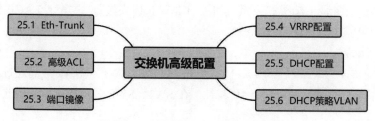

图 25-1　交换机高级配置思维导图

25.1 Eth-Trunk

【基础知识点】

1. 链路聚合的基本概念

（1）以太网链路聚合（Eth-Trunk）简称链路聚合，通过将多个物理接口捆绑为一个逻辑接口，从而达到增加链路带宽、提高可靠性实现负载分担。

（2）链路聚合组是将多条以太链路捆绑在一起所形成的逻辑链路，每个聚合组唯一对应着一个逻辑接口，这个逻辑接口称之为链路聚合接口或 Eth-Trunk 口。组成 Eth-Trunk 口的各个物理接口称为成员接口，成员接口对应的链路称为成员链路，如图 25-2 所示。

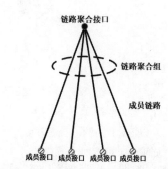

图 25-2　链路聚合组、链路聚合接口、成员接口和成员链路

2. 链路聚合模式

（1）手工模式。手工模式下，Eth-Trunk 的建立、成员接口的加入由手动配置完成。该模式下所有活动链路都参与数据的转发，平均分担流量。如果某条活动链路故障，链路聚合组自动在剩余的活动链路中平均分担流量。当进行链路聚合的其中一端或两端设备不支持 LACP 协议时可以配置手工模式。

（2）LACP 模式。链路聚合控制协议（Link Aggregation Control Protocol，LACP），是基于 IEEE 802.3ad 标准的协议。聚合链路形成以后，LACP 负责维护链路状态，在聚合条件发生变化时，自动调整链路聚合。

3. 链路聚合负载分担方式

（1）Eth-Trunk 采用逐流负载分担的机制，把数据帧中的地址通过 Hash 算法生成 HASH-KEY 值，根据这个数值在 Eth-Trunk 转发表中寻找对应的出接口，这样既实现了同一数据流的帧在同一条物理链路转发，又实现了流量负载分担。逐流负载分担能保证包的顺序，但不能保证带宽利用率。

（2）交换机可以基于报文的源 MAC 地址、目的 MAC 地址、源 MAC 地址和目的 MAC 地址、源 IP 地址、目的 IP 地址、源 IP 地址和目的 IP 地址等参数进行负载分担。

4. 链路聚合缺省配置

链路聚合模式缺省是手动模式；系统和接口 LACP 优先级是 32768；LACP 抢占等待时间是 30 秒；接收 LACP 报文超时时间是 90 秒。

5. 手工模式配置

需求：SW1、SW2 属于 VLAN 20、VLAN 30 的网络，SW1 和 SW2 之间通过三根以太网链路互联，为了提供链路冗余以及保证传输可靠性，在 SW1、SW2 之间配置手工模式的链路聚合。拓扑如图 25-3 所示。

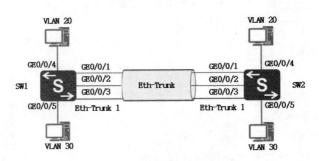

图 25-3 手工模式配置

主要配置如下：

（1）以 SW1 为例，在 SW1 上创建 Eth-Trunk 接口将 GE0/0/1-GE0/0/3 加到 Eth-Trunk 1 接口中。

[SW1]interface eth-trunk 1
[SW1-Eth-Trunk1]trunkport gigabitethernet 0/0/1 to 0/0/3

（2）以 SW1 为例，配置 Eth-Trunk 1 接口允许 VLAN 20 和 VLAN 30 通过。

[SW1]interface eth-trunk 1

[SW1-Eth-Trunk1]port link-type trunk
[SwitchA-Eth-Trunk1]port trunk allow-pass vlan 20 30

（3）以 SW1 为例，配置 Eth-Trunk 1 的负载分担方式为源目 MAC 方式。

[SW1]interface eth-trunk 1
[SW1-Eth-Trunk1]load-balance src-dst-mac

6. LACP 模式配置

需求：SW1、SW2 属于 VLAN 20、VLAN 30 的网络。SW1 和 SW2 之间通过三根以太网链路互联，在 SW1、SW2 之间配置 LACP 模式的链路聚合。手动调整 SW1 的优先级，让 SW1 成为主动端，并配置最大活跃端口为 2。拓扑如图 25-4 所示。

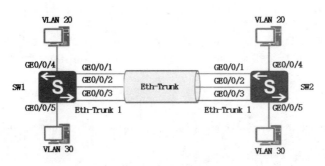

图 25-4　LACP 模式

主要配置如下：

（1）以 SW1 为例，在 SW1 上创建 Eth-Trunk 1 并配置为 LACP 模式。

[SW1]interface eth-trunk 1
[SW1-Eth-Trunk1]mode lacp

（2）以 SW1 的 GE0/0/1 为例，将成员接口加入 Eth-Trunk。

[SW1]interface gigabitethernet 0/0/1
[SW1-GigabitEthernet0/0/1]eth-trunk 1
[SW1-GigabitEthernet0/0/1]quit

（3）在 SW1 上配置系统优先级为 100，使其成为 LACP 主动端。

[SW1]lacp priority 100

（4）在 SW1 上配置活动接口上限阈值为 2

[SW1]interface eth-trunk 1
[SW1-Eth-Trunk1]max active-link number 2

（5）在 SW1 上配置接口优先级确定活动链路。

[SW1]interface gigabitethernet 0/0/1
[SW1-GigabitEthernet0/0/1]lacp priority 100
[SW1]interface gigabitethernet 0/0/2
[SW1-GigabitEthernet0/0/2]lacp priority 100

（6）以 SW1 为例，配置 Eth-Trunk 1 接口允许 VLAN 20 和 VLAN 30 通过。

[SW1]interface eth-trunk 1
[SW1-Eth-Trunk1]port link-type trunk
[SW1-Eth-Trunk1]port trunk allow-pass vlan 20 30
[SW1-Eth-Trunk1]quit

25.2 高级 ACL

【基础知识点】

1. 高级 ACL 的基本概念

高级 ACL 是指编号范围是 3000~3999 的 ACL，可使用 IPv4 报文的源/目的 IP 地址、IP 协议类型、ICMP 类型、TCP 源/目的端口号、UDP 源/目的端口号、生效时间段等来定义规则。

2. 高级 ACL 配置

（1）创建高级 ACL 3001 并配置 ACL 规则，拒绝 10.1.1.0/24 访问 10.1.2.0/24。

```
[SwitchA] acl 3001
[SwitchA-acl-adv-3001] rule deny ip source 10.1.1.0 0.0.0.255 destination 10.1.2.0 0.0.0.255
```

（2）在 ACL 3999 中配置规则，拒绝 IP 地址是 192.168.100.109 的主机与 192.168.200.0/24 网段的主机建立 Telnet 连接。

```
<HUAWEI> system-view
[HUAWEI] acl 3999
[HUAWEI-acl-adv-net32h] rule deny tcp destination-port eq telnet source 192.168.100.109 0 destination 192.168.200.0 0.0.0.255
```

（3）在接口 GE0/0/1 入方向配置流量过滤。

```
[Router] interface GigabitEthernet 0/0/1
[Router-GigabitEthernet0/0/1] traffic-filter inbound acl 3001
[Router-GigabitEthernet0/0/1] quit
```

3. 基本 ACL 与高级 ACL 的区别

基本 ACL，在靠近目标网络接口下使用。高级 ACL，在靠近源网络接口下使用，因为可以提前过滤数据，减少设备的资源浪费。

25.3 端口镜像

【基础知识点】

1. 端口镜像的基本概念

（1）镜像是将指定源（镜像源）的报文复制一份到目的端口（观察端口）。

（2）镜像可以在不影响设备对原始报文正常处理的情况下，将其复制一份，并通过观察端口发送给监控设备，从而判断网络中运行的业务是否正常。

（3）镜像源可以是端口、VLAN、MAC 地址和报文流。镜像方向分为入向、出向和双向。

（4）根据观察端口的不同，端口镜像分为本地端口镜像、二层远程端口镜像和三层远程端口镜像。

2. 本地端口镜像配置

需求：某公司研发部通过 Switch 与外部 Internet 通信，监控设备 Server1、Server2、Server3 与 Switch 直连。现在希望将研发部访问 Internet 的流量镜像到不同 Server 上，对流量进行不同的监控分析。拓扑如图 25-5 所示。

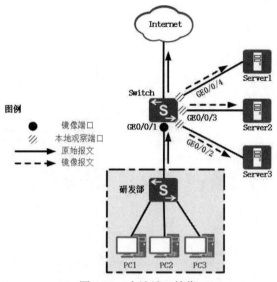

图 25-5 本地端口镜像

（1）在 Switch 上使用观察端口组的配置方式，配置接口 GE0/0/2～GE0/0/4 为本地观察端口。

[HUAWEI]sysname Switch
[Switch]observe-port 1 interface-range gigabitethernet 0/0/2 to gigabitethernet 0/0/4

（2）配置观察端口不再转发数据报文。

[Switch] observe-port 1 forwarding disable

（3）在 Switch 上配置接口 GE0/0/1 为镜像端口，将其入方向绑定到不同的本地观察端口。

[Switch]interface gigabitethernet 0/0/1
[Switch-GigabitEthernet0/0/1]port-mirroring to observe-port 1 inbound
[Switch-GigabitEthernet0/0/1]return

3．常见诊断命令

display observe-port 命令用来查看设备上配置的观察端口；display port-mirroring 命令用来查看设备上镜像的配置信息。

25.4 VRRP 配置

【基础知识点】

1．VRRP 概述

虚拟路由冗余协议（Virtual Router Redundancy Protocol，VRRP）通过把几台路由设备虚拟成一台路由设备，用户的默认网关是虚拟路由设备的 IP 地址，这样实现了与外部网络的通信。当网关设备发生故障时，VRRP 机制能够选举新的网关设备，从而实现默认网关的备份，保障了网络的可靠性。

2. VRRP 的基本概念

VRRP 基本概念如图 25-6 所示。

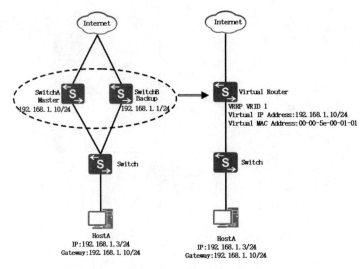

图 25-6　VRRP 基本概念

（1）Master 路由器：承担转发报文任务的 VRRP 设备，如 SwitchA。

（2）Backup 路由器：没有承担转发任务的 VRRP 设备，如 SwitchB。

（3）虚拟路由器的标识（VRID）：如 SwitchA 和 SwitchB 组成的虚拟路由器的 VRID 为 1。属于同一个 VRRP 组的路由器之间交互 VRRP 协议报文并产生一台虚拟"路由器"。一个 VRRP 组中只能出现一台 Master 路由器。

（4）虚拟 IP 地址：虚拟路由器的 IP 地址，一个虚拟路由器可以有一个或多个 IP 地址，由用户配置。如 SwitchA 和 SwitchB 组成的虚拟路由器的虚拟 IP 地址为 192.168.1.10/24，即用户网关的地址。不同备份组之间的虚拟 IP 地址不能重复，并且必须和接口的 IP 地址在同一网段。

（5）虚拟 MAC 地址：虚拟路由器根据 VRID 生成的 MAC 地址。一个虚拟路由器拥有一个虚拟 MAC 地址，格式为：00-00-5E-00-01-{VRID}或 00-00-5E-00-02-{VRID}(VRRP for IPv6)。如 SwitchA 和 SwitchB 组成的虚拟路由器的 VRID 为 3，则这个 VRRP 备份组的 MAC 地址为 00-00-5E-00-01-03。

（6）IP 地址拥有者：如果一个 VRRP 设备将虚拟路由器 IP 地址作为真实的接口地址，则该设备被称为 IP 地址拥有者。如果 IP 地址拥有者是可用的，通常它将成为 Master。如 SwitchA，其接口的 IP 地址与虚拟路由器的 IP 地址相同，均为 192.168.1.10/24，因此它是这个 VRRP 备份组的 IP 地址拥有者。

3. VRRP 报文格式

（1）VRRP 协议报文（Advertisement 报文）封装在 IP 报文中。在 IP 报文头中，源地址为 Master 端口 IP 地址，目的地址是 224.0.0.18，TTL 是 255，协议号是 112。

（2）VRRP 协议包括两个版本：VRRPv2 和 VRRPv3。VRRPv2 仅适用于 IPv4 网络，VRRPv3 适用于 IPv4 和 IPv6 网络。VRRPv3 不支持认证功能，而 VRRPv2 支持认证功能。

4. VRRP 心跳线

若与用户相连的 Switch 不能转发 VRRP 协议报文，或者为了防止 VRRP 协议报文所经过的链路不通或不稳定，可以在主备设备部署一条心跳线，用于传递 VRRP 协议报文。

5. VRRP 缺省配置

抢占方式是立即抢占；通告报文发送间隔是 1 秒；发送免费 ARP 报文时间间隔是 120 秒；设备在 VRRP 备份组中的优先级是 100。

6. vrrp vrid preempt-mode timer delay

用来配置 VRRP 备份组中交换机的抢占延迟时间，取值范围是 0～3600 的整数，单位是秒，默认是 0 秒。建议将 Backup 配置为立即抢占，而将 Master 配置为延时抢占，并且配置 15 秒以上的延迟时间。目的是在网络环境不稳定时，避免由于双方频繁抢占导致用户设备学习到错误的 Master 设备地址而导致流量中断的问题。

7. vrrp vrid priority

（1）用来配置设备在 VRRP 备份组中的优先级，取值范围是 1～254 的整数，默认是 100。优先级 0 是系统保留作为特殊用途的，优先级值 255 保留给 IP 地址拥有者。

（2）VRRP 备份组中设备优先级取值相同的情况下，先切换至 Master 状态的设备为 Master 设备，其余 Backup 设备不再进行抢占；如果同时竞争 Master，则比较 VRRP 备份组所在接口的 IP 地址大的设备当选为 Master 设备。

8. vrrp vrid track interface

用来配置 VRRP 与接口状态联动监视接口功能。VRRP 只能感知其所在接口的状态变化，VRRP 无法感知上行接口出现故障。配置 VRRP 监视接口状态可以对 VRRP 上非备份组内的接口状态进行监视。如果设备是 IP 地址拥有者，则不允许对其配置监视接口。

9. VRRP 主备备份

需求：HostA 通过 Switch 双归属到 SwitchA 和 SwitchB。在 SwitchA 和 SwitchB 上配置 VRRP 主备备份功能。主机以 SwitchA 为默认网关接入 Internet，当 SwitchA 故障时，SwitchB 接替 SwitchA 作为网关继续进行工作，实现网关的冗余备份。SwitchA 故障恢复后，其延时 20 秒通过抢占的方式重新成为 Master，承担数据传输。拓扑如图 25-7 所示。

VRRP 主要配置如下：

（1）在 SwitchA 上创建 VRRP 备份组 1，配置 SwitchA 在该备份组中的优先级为 120，并配置抢占时间为 20 秒。

```
[SwitchA] interface vlanif 100
[SwitchA-Vlanif100] vrrp vrid 1 virtual-ip 10.10.10.111
[SwitchA-Vlanif100] vrrp vrid 1 priority 120
[SwitchA-Vlanif100] vrrp vrid 1 preempt-mode timer delay 20
[SwitchA-Vlanif100] quit
```

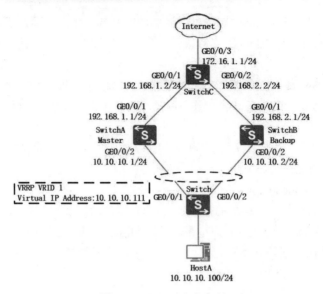

图 25-7　VRRP 主备备份

（2）在 SwitchB 上创建 VRRP 备份组 1，其在该备份组中的优先级为缺省值 100。

[SwitchB] interface vlanif 100
[SwitchB-Vlanif100] vrrp vrid 1 virtual-ip 10.10.10.111
[SwitchB-Vlanif100] quit

10．常见诊断命令

（1）display vrrp 命令用来查看当前 VRRP 备份组的状态信息和配置参数。主要内容如下所示：

[SwitchA] display vrrp
Vlanif100 | Virtual Router 1
 State：Master   //当前状态是 Master
 Virtual IP：10.10.10.111   //虚拟 IP 地址是 10.1.1.111
 Master IP：10.10.10.1   //Master 设备上该 VRRP 备份组所在接口的主 IP 地址
 PriorityRun：120   //VRRP 备份组运行时当前交换机的优先级。IP 地址拥有者是 255
 PriorityConfig：120   // VRRP 备份组中该交换机配置的优先级
 MasterPriority：120   //该备份组中 Master 设备的优先级。IP 地址拥有者是 255
 Preempt：YES Delay Time：20 s //YES 是采用抢占方式，抢占延迟 20 秒
 TimerRun：1 s   // Master 发送广播报文的时间间隔
 TimerConfig：1 s   //配置的 Master 设备发送广播报文的时间间隔
 Auth type：NONE   //VRRP 报文认证方式是空
 Virtual MAC：0000-5e00-0101 //虚拟 MAC 地址
 Check TTL：YES   //检测 VRRP 报文的 TTL 值
 Config type：normal-vrrp   //普通 VRRP 备份组
 Backup-forward：disabled   //去使能 Backup 设备转发业务流量功能
 ……

（2）display vrrp brief 显示所有 VRRP 备份组的简要信息，如下所示：

<HUAWEI> display vrrp brief
Total:1 Master:0 Backup:0 Non-active:1
VRID State   Interface   Type   Virtual IP

```
1          Initialize       Vlanif10                  Normal    192.168.1.253
```
State 是 Initialize，指的是当接口的状态为 Down 或 Administratively Down 时，VRRP 备份组的状态会切换到 Initialize。所有 VRRP 备份组以 Initialize 状态开始。

（3）display vrrp statistics 命令用来查看 VRRP 备份组的报文收发统计信息。

25.5　DHCP 配置

【基础知识点】

1. 基于全局的 DHCP 配置

（1）配置全局地址池 net32h 中的 IP 地址池和相关网络参数。

```
[Switch] ip pool net32h
[Switch-ip-pool-net32h] network 192.168.1.0 mask 255.255.255.0
[Switch-ip-pool-net32h] dns-list 114.114.114.114
[Switch-ip-pool-net32h] gateway-list 192.168.1.1
[Switch-ip-pool-net32h] lease day 10
[Switch-ip-pool-net32h] quit
```

（2）在 GigabitEthernet 0/0/0 接口下使能 DHCP 服务器。

```
[Switch] interface GigabitEthernet 0/0/0
[Switch-GigabitEthernet0/0/0] dhcp select global
[Switch-GigabitEthernet0/0/0] quit
```

2. 基于接口的 DHCP 配置

```
[Switch]interface GigabitEthernet 0/0/1
[Switch-GigabitEthernet0/0/1]ip address 192.168.1.1 24
[Switch-GigabitEthernet0/0/1]dhcp select interface                          //选择接口地址池
[Switch-GigabitEthernet0/0/1]dhcp server excluded-ip-address 192.168.1.254  //排除地址
[Switch-GigabitEthernet0/0/1]dhcp server static-bind ip-address 192.168.1.200 mac-address 00e0-aabb-ccdd
                                                                            //为设备分配固定的 IP 地址
```

3. 基于 DHCP 中继的配置

在汇聚层交换机 SwitchA 上配置 DHCP 中继，实现设备作为 DHCP 中继转发终端与 DHCP 服务器之间的 DHCP 报文。在核心层交换机 SwitchB 上，配置基于全局地址池的 DHCP 服务器，实现 DHCP 服务器从全局地址池中选择 IP 地址分配给企业终端。拓扑如图 25-8 所示。

主要配置如下：

（1）在接口下使能 DHCP 中继功能。

```
[SwitchA]dhcp enable                                    //使能 DHCP 服务，缺省未使能
[SwitchA]interface Vlanif 100
[SwitchA-Vlanif100]ip address 10.10.20.1 24
[SwitchA-Vlanif100]dhcp select relay                    //使能 DHCP 中继功能，缺省未使能
[SwitchA-Vlanif100]dhcp relay server-ip 192.168.20.2    //配置 DHCP 中继代理的 DHCP 服务器的 IP 地址
[SwitchA-Vlanif100]quit
```

（2）在 SwitchB 上使能 DHCP 服务，DHCP 服务默认未使能。

```
[SwitchB]dhcp enable
```

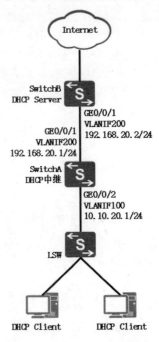

图 25-8　DHCP 中继配置

（3）配置接口 VLANIF200 工作在全局地址池模式。

```
[SwitchB]vlan 200
[SwitchB-vlan200]quit
[SwitchB]interface GigabitEthernet 0/0/1
[SwitchB-GigabitEthernet0/0/1]port link-type trunk
[SwitchB-GigabitEthernet0/0/1]port trunk allow-pass vlan 200
[SwitchB-GigabitEthernet0/0/1]quit
[SwitchB]interface Vlanif 200
[SwitchB-Vlanif200]ip address 192.168.20.2 24
[SwitchB-Vlanif200]dhcp select global          //使能接口采用全局地址池的 DHCP 服务器功能，缺省未使能
[SwitchB-Vlanif200] quit
```

（4）创建地址池并配置相关属性，租期采用缺省值 1 天。

```
[SwitchB]ip pool net32h
[SwitchB-ip-pool-net32h]network 10.10.20.0 mask 24      //配置全局地址池的网段和掩码
[SwitchB-ip-pool-net32h]gateway-list 10.10.20.1         //配置为终端分配的网关地址
[SwitchB-ip-pool-net32h]quit
```

（5）在 SwitchB 上配置到企业内终端的静态路由。

```
[SwitchB]ip route-static 10.10.20.0 255.255.255.0 192.168.20.1
```

4．DHCP 常见诊断命令

display ip pool 命令用来查看已配置的 IP 地址池信息；display dhcp server configuration 命令用来查看 DHCP 服务器的配置信息；display dhcp relay statistics 命令用来查看 DHCP 中继的相关报文统计信息；display dhcp relay 命令用来查看 DHCP 中继的配置信息。

25.6 DHCP 策略 VLAN

【基础知识点】

当采用基于子网划分 VLAN 时，如果设备收到的是 Untagged 帧，设备根据报文中的源 IP 地址，确定主机添加的 VLAN ID。新加入网络的主机需要通过 DHCP 方式获取 IP 地址等，申请到合法的 IP 地址前主机采用源 IP 地址 0.0.0.0 进行临时通信。

该主机发送的 DHCP 报文无法通过基于子网划分 VLAN 的方式加入任何 VLAN，最终设备会给该报文打上接口的缺省 VLAN ID（缺省情况下，VLAN ID 为 1）。一般情况下，接口的缺省 VLAN ID 与 DHCP 服务器所在 VLAN 不同，因此 DHCP 服务器不会为主机分配 IP 地址及网络配置参数等。

引入 DHCP 策略 VLAN 功能后，设备将修改收到 DHCP 报文的外层 VLAN Tag，将 VLAN ID 设置为 DHCP 服务器所在 VLAN ID，从而实现新加入网络主机与 DHCP 服务器之间 DHCP 报文的互通。新加入网络的主机获得合法的 IP 地址及网络配置参数后，该主机发送的报文可以通过基于子网划分 VLAN 的方式加入对应的 VLAN。

DHCP 策略 VLAN 配置实例：

SwitchA 部署为 DHCP Server，部门 A 的主机通过 SwitchB 与 DHCP Server 相连，部门 B 的主机通过 SwitchC 与 DHCP Server 相连。企业内各部门基于子网划分 VLAN，部门 A 内有 2 台新加入网络的主机 HostA 和 HostB；部门 B 内所有主机均为新加入网络的主机。

用户希望实现 MAC 地址为 0018-1111-2123 的主机 HostA 申请 10.1.1.1/28 网段的 IP 地址并加入 VLAN10，与 SwitchB 接口 GE0/0/3 相连的主机 HostB 申请 10.2.2.1/28 网段的 IP 地址并加入 VLAN30；部门 B 内的所有主机，包括主机 HostC 和 HostD 都申请到 10.3.3.1/28 网段的 IP 地址并加入 VLAN50，如图 25-9 所示。

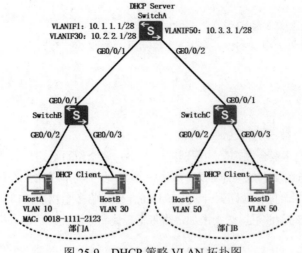

图 25-9 DHCP 策略 VLAN 拓扑图

主要配置过程如下：

（1）以 SwitchB 为例，在 SwitchB 上与主机 HostA 和 HostB 相连的接口 GE0/0/2 和接口 GE0/0/3 配置基于子网划分 VLAN 功能，并配置接口为 Hybrid Untagged 类型。

```
[SwitchB]dhcp enable
[SwitchB]vlan batch 10 30
[SwitchB]interface GigabitEthernet 0/0/1
[SwitchB-GigabitEthernet0/0/1]port link-type trunk
[SwitchB-GigabitEthernet0/0/1]port trunk allow-pass vlan 10 30
[SwitchB-GigabitEthernet0/0/1]quit
[SwitchB]interface GigabitEthernet 0/0/2
[SwitchB-GigabitEthernet0/0/2]ip-subnet-vlan enable
[SwitchB-GigabitEthernet0/0/2]port hybrid untagged vlan 10
[SwitchB-GigabitEthernet0/0/2]quit
[SwitchB]interface GigabitEthernet 0/0/3
[SwitchB-GigabitEthernet0/0/3]ip-subnet-vlan enable    //使能接口基于 IP 子网划分 VLAN 的功能
[SwitchB-GigabitEthernet0/0/3]port hybrid untagged vlan 30
[SwitchB-GigabitEthernet0/0/3]quit
```

（2）在 SwitchB 上配置基于 MAC 地址的 DHCP 策略 VLAN 功能，实现根据 HostA 的 MAC 地址申请到 10.1.1.1/28 网段的 IP 地址。

```
[SwitchB]vlan 10
[SwitchB-vlan10]ip-subnet-vlan ip 10.1.1.1 28
[SwitchB-vlan10]dhcp policy-vlan mac-address 0018-1111-2123
```

（3）在 SwitchB 上配置基于接口的 DHCP 策略 VLAN 功能，实现与 SwitchB 的接口 GE0/0/3 相连的主机 HostB 能申请到 10.2.2.1/28 网段的 IP 地址。

```
[SwitchB]vlan 30
[SwitchB-vlan30]ip-subnet-vlan ip 10.2.2.1 28
[SwitchB-vlan30]dhcp policy-vlan port GigabitEthernet 0/0/3    //配置基于接口的 DHCP 策略 VLAN
```

（4）在 SwitchC 上配置普通的 DHCP 策略 VLAN 功能，实现部门 B 内的主机都能申请到 10.3.3.1/28 网段的 IP 地址。

```
[SwitchC]vlan 50
[SwitchC-vlan50]ip-subnet-vlan ip 10.3.3.1 28
[SwitchC-vlan50]dhcp policy-vlan generic    //配置普通的 DHCP 策略 VLAN
```

25.7 练习题

1．以太网链路聚合技术是将（　　）。

  A．多个逻辑链路聚合成一个物理链路　　B．多个逻辑链路聚合成一个逻辑链路

  C．多个物理链路聚合成一个物理链路　　D．多个物理链路聚合成一个逻辑链路

解析：以太网链路聚合简称链路聚合或 Eth-Trunk，通过将多个物理接口捆绑成为一个逻辑接口，可以在不进行硬件升级的条件下，达到增加链路带宽、提高可靠性、负载分担的目的。

答案：D

2．在交换机上通过＿＿（1）＿＿查看到下图所示信息，其中 State 字段的含义是＿＿（2）＿＿。

```
Run Method        :VIRTUAL-MAC
Virtual Ip Ping   :Disable
Interface         :Vlan-interface1
VRID              :1              Adver.Time    :1
Admin Status      :up             State         :Master
Config Pri        :100            Run Pri       :100
Preempt Mode      :YES            Delay Time    :0
Auth Type         :NONE
Virtual IP        :192.168.0.133
Virtual MAC       :0000-5E00-0101
```

（1）A．display vrrp statistics　　　　B．display ospf peer

C．display vrrp verbose　　　　D．display ospf neighbor

（2）A．抢占模式　　　　　　　　B．认证类型

C．配置的优先级　　　　　　D．交换机在当前备份组的状态

解析：display vrrp verbose 显示当前 VRRP 备份组的详细信息，State 字段显示的是交换机在当前备份组的状态。

答案：（1）C　（2）D

3．下列命令片段实现的功能是（　　）。

```
acl 3000
rule permit tcp destination-port eq 80 source 192.168.1.0 0.0.0.255
car cir 4096
```

A．限制 192.168.1.0 网段设备访问 HTTP 的流量不超过 4Mb/s

B．限制 192.168.1.0 网段设备访问 HTTP 的流量不超过 80Mb/s

C．限制 192.168.1.0 网段设备的 TCP 的流量不超过 4Mb/s

D．限制 192.168.1.0 网段设备的 TCP 的流量不超过 80Mb/s

解析：从 ACL 的规则中可以看出，匹配源地址 192.168.1.0 这个网段的是去访问目标端口为 HTTP（80）的流量。从 car cir 4096 可以知道对该流量的限制是不超过 4096Kb/s，也就是 4Mb/s。

答案：A

第26小时
IP 路由原理与基础知识

26.0 本章思维导图

IP 路由原理与基础知识思维导图如图 26-1 所示。

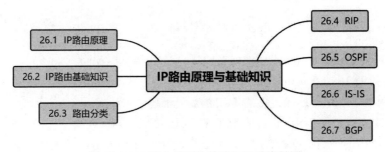

图 26-1 IP 路由原理与基础知识思维导图

26.1 IP 路由原理

【基础知识点】

在网络中，不同的 IP 网段之间访问需要借助路由设备，这些设备具备路由能力，能够实现数据的跨网段转发。

路由器用来进行路由选择和报文转发，根据收到报文的目的地址选择一条合适的路径，若有匹配的路由条目，则依据该条目中的出接口或下一跳等信息进行转发；若无匹配的路由条目，路由器此时会丢弃该报文。

当多条路由的协议优先级与路由度量都相同时，可以实现负载分担。当多条路由的协议优先级与路由度量不同时，可以构成路由备份。

26.2 IP 路由基础知识

【基础知识点】

1. IP 路由表的分类

IP 路由表分为本地核心路由表和协议路由表。

（1）本地核心路由表，如下所示：

```
<R1>display ip routing-table
Route Flags: R - relay，D - download to fib
------------------------------------------------------------------------------
Routing Tables: Public
         Destinations : 16        Routes : 16
Destination/Mask   Proto   Pre   Cost    Flags   NextHop        Interface
      10.0.1.0/24  Direct  0     0       D       10.0.1.1       LoopBack0
      10.0.1.1/32  Direct  0     0       D       127.0.0.1      LoopBack0
    10.0.1.255/32  Direct  0     0       D       127.0.0.1      LoopBack0
      10.0.2.0/24  RIP     100   1       D       10.0.123.2     GigabitEthernet0/0/0
      10.0.3.0/24  RIP     100   1       D       10.0.123.3     GigabitEthernet0/0/0
     10.0.14.0/24  Direct  0     0       D       10.0.14.1      Serial2/0/0
     10.0.14.1/32  Direct  0     0       D       127.0.0.1      Serial2/0/0
     10.0.14.4/32  Direct  0     0       D       10.0.14.4      Serial2/0/0
   10.0.14.255/32  Direct  0     0       D       127.0.0.1      Serial2/0/0
    10.0.123.0/24  Direct  0     0       D       10.0.123.1     GigabitEthernet0/0/0
    10.0.123.1/32  Direct  0     0       D       127.0.0.1      GigabitEthernet0/0/0
  10.0.123.255/32  Direct  0     0       D       127.0.0.1      GigabitEthernet0/0/0
      127.0.0.0/8  Direct  0     0       D       127.0.0.1      InLoopBack0
     127.0.0.1/32  Direct  0     0       D       127.0.0.1      InLoopBack0
   127.255.255.255/32  Direct  0  0      D       127.0.0.1      InLoopBack0
   255.255.255.255/32  Direct  0  0      D       127.0.0.1      InLoopBack0
```

（2）路由表中字段含义如下：

- Destination/Mask：表示此路由的目的地址和子网掩码长度。
- Proto：表示路由的协议类型，如 Direct、RIP 等。
- Pre：表示路由协议优先级。针对同一目的地，可能存在不同下一跳、出接口等多条路由，这些不同的路由可能是由不同的路由协议发现的，也可以是手工配置的静态路由。优先级高（数值小）者将成为当前的最优路由。
- Cost：路由开销。当到达同一目的地的多条路由具有相同的 Pre 时，Cost 最小的将成为当前的最优路由。Pre 用于不同路由协议间路由优先级的比较，Cost 用于同一种路由协议不同路由优先级的比较。
- Flags：路由标记，上述例子中 D 表示该路由下发到 FIB 表。除此之外还有 R 和 T，其中 R 表示该路由是迭代路由，T 表示下一跳是 VPN 实例。如果路由的下一跳信息不是直接可达的，那么该路由就不能用来指导转发，系统会根据下一跳信息计算出一个实际的出接口和下一跳，这个过程就叫作路由迭代。

- NextHop：路由的下一跳地址。
- Interface：路由的出接口，表示数据将从本地路由器哪个接口转发出去。

（3）协议路由表，如下所示：

```
<R1>dis ip routing-table protocol rip
Route Flags: R - relay，D - download to fib
------------------------------------------------------------------
Public routing table : RIP
         Destinations : 2        Routes : 2
RIP routing table status : <Active>
         Destinations : 2        Routes : 2
Destination/Mask   Proto   Pre  Cost        Flags NextHop        Interface
    10.0.2.0/24    RIP     100  1             D   10.0.123.2     GigabitEthernet0/0/0
    10.0.3.0/24    RIP     100  1             D   10.0.123.3     GigabitEthernet0/0/0
RIP routing table status : <Inactive>
         Destinations : 0        Routes : 0
```

2. FIB 表

（1）FIB 表中每条转发项都指明到达某网段的报文通过路由器的物理或者逻辑接口发送，可到达该路径的下一个路由器，或者不再经过别的路由器直接送到相连的网络中的目的主机。

（2）FIB 表，如下所示：

```
<R1>display fib
Route Flags: G - Gateway Route，H - Host Route，U - Up Route
            S - Static Route，D - Dynamic Route，B - Black Hole Route
            L - Vlink Route
------------------------------------------------------------------
FIB Table:
Total number of Routes : 16
Destination/Mask    NextHop       Flag    TimeStamp    Interface    TunnelID
10.0.14.4/32        10.0.14.4     HU      t[28]        S2/0/0       0x0
10.0.14.255/32      127.0.0.1     HU      t[28]        InLoop0      0x0
10.0.14.1/32        127.0.0.1     HU      t[28]        InLoop0      0x0
10.0.123.255/32     127.0.0.1     HU      t[10]        InLoop0      0x0
10.0.123.1/32       127.0.0.1     HU      t[10]        InLoop0      0x0
10.0.1.255/32       127.0.0.1     HU      t[5]         InLoop0      0x0
10.0.1.1/32         127.0.0.1     HU      t[5]         InLoop0      0x0
255.255.255.255/32  127.0.0.1     HU      t[4]         InLoop0      0x0
127.255.255.255/32  127.0.0.1     HU      t[4]         InLoop0      0x0
127.0.0.1/32        127.0.0.1     HU      t[4]         InLoop0      0x0
127.0.0.0/8         127.0.0.1     U       t[4]         InLoop0      0x0
10.0.1.0/24         10.0.1.1      U       t[5]         Loop0        0x0
10.0.123.0/24       10.0.123.1    U       t[10]        GE0/0/0      0x0
10.0.3.0/24         10.0.123.3    DGU     t[12]        GE0/0/0      0x0
10.0.2.0/24         10.0.123.2    DGU     t[21]        GE0/0/0      0x0
10.0.14.0/24        10.0.14.1     U       t[28]        S2/0/0       0x0
```

（3）FIB 表主要字段含义如下：

1）Flag：当前标志，G、H、U、S、D、B、L 的组合。其中 G（Gateway）是网关路由，表示下一跳是网关。H（Host）是主机路由，表示该路由为 32 位主机路由。U（Up）是可用路由，表示该路由状态是 Up。S（Static）是静态路由。D（Dynamic）是动态路由。B（Black Hole）是黑洞路由，表示下一跳的接口是 null 空接口。L 表示该条目是由 ARP 或 ESIS 生成的路由。

2）TimeStamp 是时间戳，表示该表项存在的时间，单位是秒。

3）TunnelID：表示转发表项索引。该值不为 0 时，表示匹配该项的报文通过隧道转发（如：MPLS 隧道转发）。该值为 0 时，表示报文不通过隧道转发。

3．IP 路由查找的最长匹配原则

（1）最长前缀匹配原则：当路由设备收到一个 IP 数据包时，会将数据包的目的 IP 地址与自己本地路由表中的所有路由表项进行逐位比对，直到找到匹配度最长的条目。

（2）和路由表一样，FIB 表的匹配遵循最长匹配原则。

（3）当路由器收到一个数据包时，会在自己的路由表中查询数据包的目的 IP 地址。如果能够找到匹配的路由表项，则按照表项出接口及下一跳来转发数据；如果没有匹配的表项，则丢弃该数据包。

（4）路由器的行为是逐跳的，数据包从源到目的地沿途每个路由器都必须有到达目标网段的路由，否则会造成丢包。数据通信是双向的，需要注意往返路由。

4．路由协议的优先级

（1）路由器分别定义了外部和内部优先级，各路由协议都被赋予了一个优先级，当存在多个路由信息源时，具有数值较小的路由将成为最优路由，并将最优路由放入本地路由表中。

（2）选择路由时先比较路由的外部优先级，当不同的路由协议配置了相同的优先级后，系统会通过内部优先级决定哪个路由协议发现的路由将成为最优路由。

（3）外部优先级是指用户可以手工为各路由协议配置的优先级，默认外部优先级见表 26-1。路由协议的内部优先级则不能被用户手工修改，默认内部优先级见表 26-2。

表 26-1　常见的默认外部优先级

路由协议的类型	路由协议的外部优先级
Direct	0
OSPF	10
IS-IS	15
Static	60
RIP	100
OSPF ASE	150
IBGP	255
EBGP	255

表 26-2 常见的默认内部优先级

路由协议的类型	路由协议的内部优先级
Direct	0
OSPF	10
IS-IS Level-1	15
IS-IS Level-2	18
Static	60
RIP	100
OSPF ASE	150
IBGP	200
EBGP	20

5. 路由的度量值

度量值也被称为开销（Cost）。当路由设备通过某种路由协议发现了多条到达同一个具有相同优先级网段的路由时，度量值将作为路由优选的依据之一。常用的度量值有：跳数、带宽、代价等。路由度量值表示到达目的地址的代价。度量值数值越小越优先，度量值最小的将会被添加到路由表中。

26.3 路由分类

【基础知识点】

1. 路由的三种分类

按照路由来源可以分为直连路由、静态路由和动态路由，如图 26-2 所示。

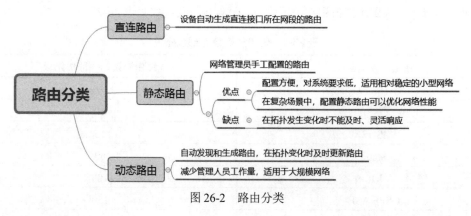

图 26-2 路由分类

2. 动态路由的分类

动态路由分类如图 26-3 所示。

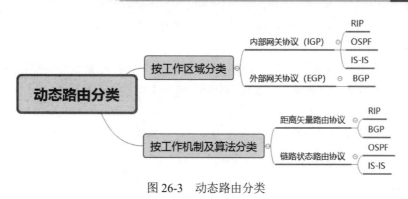

图 26-3　动态路由分类

26.4　RIP

【基础知识点】

1. RIP 概述

路由信息协议（Routing Information Protocol，RIP）是内部网关协议，是一种基于距离矢量算法的协议，它使用跳数来衡量到达目的网络的距离。RIP 通过 UDP 的 520 端口来进行路由信息的交换。RIP 设置了最大跳数是 15，大于或等于 16 的跳数被定义为无穷大，即目的网络或主机不可达，所以 RIP 不可能在大型网络中得到应用。

2. RIP 的两个版本

RIP 包括 RIPv1 和 RIPv2 两个版本，RIPv1 和 RIPv2 的对比如下：

（1）RIPv1 是有类别路由协议，它只支持以广播方式发布协议报文（RIP 路由器每 30 秒广播一次更新消息）。RIPv1 无法支持路由聚合，也不支持不连续子网。

（2）RIPv2 是一种无分类路由协议，支持路由聚合和 CIDR；支持指定下一跳，在广播网上可以选择到目的网段最优下一跳地址；支持以组播方式发送更新报文；支持对协议报文进行验证。

3. RIP 的定时器

RIP 的定时器有更新定时器、超时计时器和垃圾收集定时器。更新定时器，默认 30 秒发送一次更新；超时定时器，默认 180 秒，如果 180 秒内没收到邻居发来的更新，则把该路由的度量值设为 16，并启动垃圾收集定时器；垃圾收集定时器，默认 120 秒，120 秒后路由表会自动删除该路由项。每一条路由表项对应两个定时器：超时定时器和垃圾收集定时器。

4. RIP 的主要防环机制

（1）水平分割（Split Horizon）。水平分割的原理是，RIP 从某个接口学到的路由，不会从该接口再发回给邻居路由器。这样不但减少了带宽消耗，还可以防止路由环路。

（2）毒性反转（Poison Reverse）。毒性反转的原理是，RIP 从某个接口学到路由后，从原接口发回邻居路由器，并将该路由的开销设置为 16，清除对方路由表中的无用路由。

（3）触发更新（Trigger Update）。触发更新是指当路由信息发生变化时，立即向邻居设备发送触发更新报文,而不用等待更新定时器超时,从而避免产生路由环路。

5. IPv6 中的 RIP

RIPng 是 RIP 在 IPv6 网络中的应用。RIPng 和 RIP 一样主要用于规模较小的网络中,由于 RIPng 的实现较为简单,在配置和维护管理方面比 OSPFv3 和 IS-IS for IPv6 容易。RIPng 使用 UDP 的 521 端口发送和接收路由信息;RIPng 使用链路本地地址 FE80::/10 作为源地址发送 RIPng 路由信息更新报文;RIPng 使用组播方式周期性地发送路由信息,并使用 FF02::9 作为链路本地范围内的路由器组播地址。

26.5 OSPF

【基础知识点】

1. OSPF 概述

(1) 开放式最短路径优先(Open Shortest Path First, OSPF)是基于链路状态的内部网关协议。OSPF 把自治系统(AS)划分成逻辑意义上的一个或多个区域,OSPF 通过链路状态通告 LSA 的形式发布路由。OSPF 利用在 OSPF 区域内各设备间交互 OSPF 报文来达到路由信息的统一。OSPF 报文封装在 IP 报文内,可以采用单播或组播的形式发送。OSPF 相比 RIP,OSPF 采用组播形式收发报文;OSPF 支持无类型域间选路,支持对等价路由进行负载分担,支持报文认证。

(2) 区域。区域是从逻辑上将路由器划分为不同的组,每个组用区域号(Area ID)来标识。区域的边界是路由器,而不是链路。一个网段(链路)只能属于一个区域,在配置 OSPF 时必须指明接口属于哪个区域。

(3) OSPF 路由器类型如图 26-4 所示。

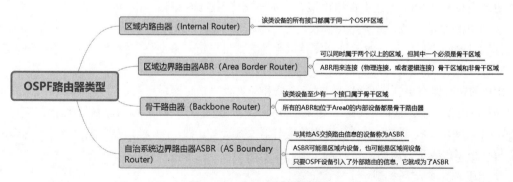

图 26-4 OSPF 路由器类型

(4) 度量值。OSPF 使用 Cost(开销)作为路由的度量值,缺省的接口 Cost 值=100Mb/s/接口带宽,其中 100Mb/s 为 OSPF 指定的缺省参考值(可修改)。一条 OSPF 路由的 Cost 值是从目的网段到本路由器沿途所有入接口的 Cost 值的累加。如图 26-5 所示,在 R3 的路由表中,到达 10.10.10.0/24 的 OSPF 路由的 Cost 值=1+1+64,即 66。

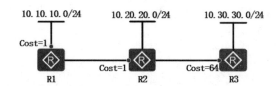

图 26-5 OSPF 路径累计 Cost 值

2. 路由器标识符（Router ID）

（1）Router ID 在一个 OSPF 域中唯一标识一台路由器。Router ID 是设备通过指定的动态路由协议进行路由交互过程中，唯一标识自身的 32 位整数。Router ID 的格式和 IP 地址的格式一样。

（2）Router ID 有手动配置和设备自动选取两种选取方式。在实际网络部署中，建议手工配置 Loopback 口的 IP 地址作为 Router ID。

（3）Router ID 的选举和系统软件版本有关，不同厂商有自己的选举规则，同厂商不同软件系统版本规则也不同。如在华为路由器 AR2200 V300R003C00 中，如果没有通过命令配置 Router ID，其选举规则如下：

1）如果配置 Loopback 接口，则选择 Loopback 接口地址中最大的作为 Router ID。

2）如果设备上不存在 Loopback 接口，或者存在 Loopback 接口但没有配置 IP 地址，则从其他接口的 IP 地址中选择最大的作为 Router ID（不考虑接口的 UP/DOWN 状态）。

（4）重新选取 Router ID 的情景如下：

1）通过命令重新配置 Router ID。

2）重新配置全局 Router ID，并且重新启动 OSPF 进程。

3）原来被选举为全局 Router ID 的 IP 地址被删除，并且重新启动 OSPF 进程。

3. OSPF 的邻居表

OSPF 在传递链路状态信息之前，OSPF 的邻居关系通过交互 Hello 报文建立。OSPF 邻居表显示了 OSPF 路由器之间的邻居状态，使用 display ospf peer brief 查看，如下所示：

```
[R1]display ospf peer brief
        OSPF Process 1 with Router ID 10.1.1.2
                Peer Statistic Information
 ----------------------------------------------------------------
 Area Id        Interface              Neighbor id         State
 0.0.0.0        Serial2/0/1            10.1.1.3            Full
 0.0.0.1        Serial2/0/0            10.1.1.1            Full
 0.0.0.2        GigabitEthernet0/0/0   10.1.1.4            Full
 ----------------------------------------------------------------
```

4. OSPF 的 LSDB 表

LSDB 会保存自己产生的及从邻居收到的 LSA 信息，如 R1 的 LSDB 包含了三条 LSA。Type 标识 LSA 的类型，AdvRouter 标识发送 LSA 的路由器。使用命令行 display ospf lsdb 查看 LSDB 表，如下所示：

```
[R1]display ospf lsdb
        OSPF Process 1 with Router ID 10.1.1.1
```

```
            Link State Database
                Area: 0.0.0.2
Type      LinkState ID   AdvRouter    Age    Len    Sequence    Metric
Router    10.1.1.2       10.1.1.2     326    48     80000002    48
Router    10.1.1.1       10.1.1.1     297    60     80000007    0
Sum-Net   0.0.0.0        10.1.1.2     321    28     80000001    1
```

5. OSPF 路由表

OSPF 路由表和路由器路由表是两张不同的表项。OSPF 路由表包含 Destination、Cost 和 NextHop 等指导转发的信息。使用命令 display ospf routing 查看 OSPF 路由表。

```
<R1>display ospf routing
    OSPF Process 1 with Router ID 10.0.1.1
        Routing Tables
Routing for Network
Destination         Cost   Type         NextHop      AdvRouter    Area
10.0.1.0/24         0      Stub         10.0.1.1     10.0.1.1     0.0.0.2
10.0.12.0/24        48     Stub         10.0.12.1    10.0.1.1     0.0.0.2
0.0.0.0/0           49     Inter-area   10.0.12.2    10.0.2.2     0.0.0.2
Total Nets: 3
Intra Area: 2   Inter Area: 1   ASE: 0   NSSA: 0
```

6. OSPF 邻居状态

在 OSPF 网络中，相邻设备间通过不同的邻居状态切换，最终可以形成 FULL 的邻接关系，完成 LSA 信息的交互。OSPF 邻居信息的 State 字段表明了 OSPF 设备的邻居状态。OSPF 邻居共有 8 种状态（这里不介绍 NBMA 网络中的 attempt 状态），如图 26-6 所示。

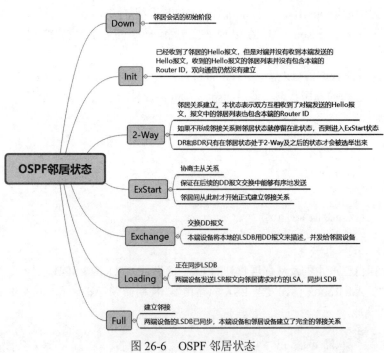

图 26-6　OSPF 邻居状态

7. DR 和 BDR 选举

（1）在 DR 和 BDR 选举的过程中，如果两台路由器的 DR 优先级相等，需要进一步比较两台路由器的 Router ID，Router ID 大的路由器将被选为 DR 或 BDR。

（2）在广播网络和 NBMA 网络中，任意两台路由器之间都要传递路由信息。网络中有 n 台路由器，则需要建立 $n\times(n-1)/2$ 个邻接关系。OSPF 定义了 DR。通过选举产生 DR 后，所有其他设备都只将信息发送给 DR，由 DR 将网络链路状态 LSA 广播出去，如图 26-7 所示。

（3）为了防止 DR 发生故障，重新选举 DR 时会造成业务中断，还会选举一个备份指定路由器 BDR。这样除 DR 和 BDR 之外的路由器（称为 DR Other）之间将不再建立邻接关系，也不再交换任何路由信息，这样就减少了广播网络上各路由器之间邻接关系的数量。

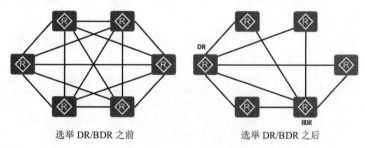

图 26-7 DR 和 BDR 选举

8. OSPF 报文类型

OSPF 报文类型如图 26-8 所示。

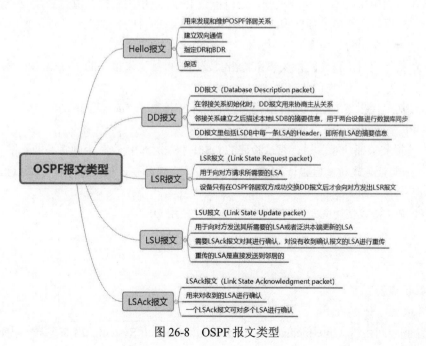

图 26-8 OSPF 报文类型

9. OSPF LSA 类型

OSPF LSA 类型见表 26-3。

表 26-3 OSPF LSA 类型

类型	名称	描述
1	Router LSA	每个设备都会产生，描述了设备的链路状态和开销，该 LSA 只能在接口所属的区域内泛洪
2	Network LSA	由 DR 产生，描述该 DR 所接入的 MA 网络中所有与之形成邻接关系的路由器，以及 DR 自己。该 LSA 只能在接口所属区域内泛洪
3	Network Summary LSA	由 ABR 产生，描述区域内某个网段的路由，该类 LSA 主要用于区域间路由的传递
4	ASBR Summary LSA	由 ABR 产生，描述到 ASBR 的路由，通告给除 ASBR 所在区域的其他相关区域
5	AS External LSA	由 ASBR 产生，用于描述到达 OSPF 域外的路由
7	NSSA LSA	由 ASBR 产生，用于描述到达 OSPF 域外的路由。NSSA LSA 只能在始发的 NSSA 内泛洪，并且不能直接进入 Area0。NSSA 的 ABR 会将 7 类 LSA 转换成 5 类 LSA 注入 Area0

10. OSPF 安全

（1）OSPF GTSM 的基本概念。

1）GTSM 是通用 TTL 安全保护机制，通过检查 IP 报文头中的 TTL 值是否在一个预先定义好的范围内来对 IP 层以上业务进行保护，从而达到防止攻击的目的。GTSM 特性主要用于保护建立在 TCP/IP 基础上的路由协议免受 CPU 利用类型的攻击，如 CPU 过载。

2）GTSM 的实现对于直连的协议邻居将需要发出的单播协议报文的 TTL 值设定为 255。对于多跳的邻居可以定义一个合理的 TTL 范围。

3）GTSM 对单播报文有效，对组播报文无效，不支持基于 Tunnel 的邻居。

（2）OSPF 报文认证。

OSPF 支持报文验证功能，只有通过验证的 OSPF 报文才能接收，否则将不能正常建立邻居。路由器支持区域验证方式和接口验证方式，当两种验证方式都存在时，优先使用接口验证方式。

11. OSPFv2 与 OSPFv3

目前针对 IPv4 协议使用的是 OSPFv2，IPv6 协议使用 OSPFv3。

26.6 IS–IS

【基础知识点】

1. IS-IS 概述

中间系统到中间系统（Intermediate System to Intermediate System，IS-IS）属于内部网关协议

IGP，用于自治系统内部，是一种链路状态协议，使用最短路径优先（Shortest Path First，SPF）算法进行路由计算。IS-IS 只支持广播链路（如 Ethernet）和点到点链路（如 PPP、HDLC）。

2. IS-IS 的地址结构

（1）网络服务访问点（Network Service Access Point，NSAP）是 OSI 协议中用于定位资源的地址。NSAP 的地址结构由 IDP 和 DSP 组成。

1）初始域部分（Initial Domain Part，IDP）相当于 IP 地址中的主网络号，由 AFI 与 IDI 两部分组成，其中 AFI 表示地址分配机构和地址格式，IDI 用来标识域。

2）专用域部分（Domain Specific Part，DSP）相当于 IP 地址中的子网号和主机地址。它由 High Order DSP、System ID 和 SEL 三个部分组成。High Order DSP 用来分割区域，System ID 用来区分主机，SEL（NSAP Selector）用来指示服务类型。IS-IS 地址结构如图 26-9 所示。

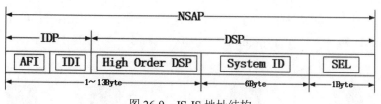

图 26-9　IS-IS 地址结构

（2）网络实体名称（Network Entity Title，NET）。

1）NET 是 OSI 协议栈中设备的网络层信息，主要用于路由计算，由区域地址（Area ID）和 System ID 组成，可以看作是特殊的 NSAP，其中 SEL 为 00。和 NSAP 一样，NET 最长为 20 字节，最短为 8 字节。

2）在 IP 网络中运行 IS-IS 时，只需配置 NET，根据 NET 地址设备可以获取到 Area ID（相当于 OSPF 中的区域编号）以及 System ID（唯一标识主机或路由器）。NET 示例如图 26-10 所示。

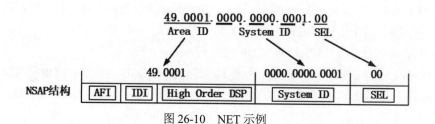

图 26-10　NET 示例

（3）NET 配置举例。

1）每台运行 IS-IS 的网络设备至少需有一个 NET，也可以同时配置多个 NET，但是它们的 NET 中 System ID 必须相同。

2）在华为的网络设备上，System ID 的长度总是固定的 6 字节，一般根据 Router ID 配置 System ID。如 Router ID 为 1.1.1.1，需要将每一部分都扩展为 3 位，得到 001.001.001.001，再重新划分为 3 部分，得到 0010.0100.1001；如果一台设备的区域号为 49.0001，则 NET 地址为：49.0001.**0010.0100.1001**.00。

3．IS-IS 路由器分类

（1）Level-1 路由器：负责区域内的路由，只与属于同一区域的 Level-1 和 Level-1-2 路由器形成邻居关系。

（2）Level-2 路由器：负责区域间的路由，它可以与同一区域或者不同区域的 Level-2 路由器或者其他区域的 Level-1-2 路由器形成邻居关系。

（3）Level-1-2 路由器：同时属于 Level-1 和 Level-2 的路由器称为 Level-1-2 路由器，Level-1 路由器必须通过 Level-1-2 路由器才能连接至其他区域。

4．DIS 和伪节点

（1）在广播网络中，IS-IS 需要在所有的路由器中选举一个路由器作为 DIS。DIS 用来创建和更新伪节点，并负责生成伪节点的链路状态协议数据单元 LSP，用来描述这个网络上有哪些网络设备。

（2）伪节点是用来模拟广播网络的一个虚拟节点，并非真实的路由器。在 IS-IS 中，伪节点用 DIS 的 System ID 和一个字节的 Circuit ID（非 0 值）标识，如图 26-11 所示。

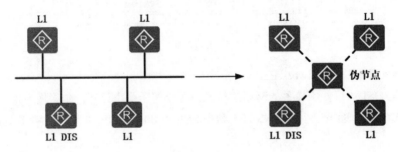

图 26-11　伪节点

（3）Level-1 和 Level-2 的 DIS 是分别选举的，用户可以为不同级别的 DIS 选举设置不同的优先级。DIS 优先级数值最大的被选为 DIS。如果优先级数值大的路由器有多台，则选其中 MAC 地址最大的。不同级别的 DIS 可以是同一台路由器，也可以是不同的路由器。

5．IS-IS 协议中 DIS 与 OSPF 协议中 DR 的区别

（1）优先级为 0 的路由器在 IS-IS 中参与 DIS 选举，在 OSPF 中不参与 DR 选举。

（2）如有新成员加入，符合成为 DIS 的条件时，会被选中成为新的 DIS，原有伪节点被删除，但是在 OSPF 中即使 DR 的优先级大，也不会成为该网段中的 DR。

（3）在 IS-IS 中，同一网段上的同一级别的路由器之间都会形成邻接关系，包括所有的非 DIS 路由器之间也会形成邻接关系。而在 OSPF 中，路由器只与 DR 和 BDR 建立邻接关系。

6．IS-IS 认证

IS-IS 认证如图 26-12 所示。

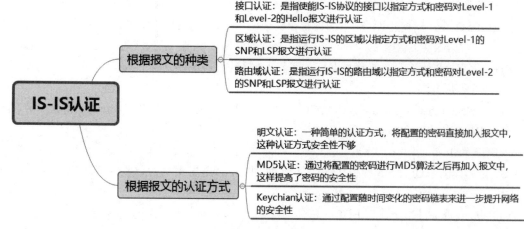

图 26-12　IS-IS 认证

7. IS-IS 缺省配置

IS-IS 缺省配置见表 26-4。

表 26-4　IS-IS 主要缺省配置

参数	缺省配置
IS-IS	未使能
DIS 优先级	64
设备 Level 级别	Level-1-2
发送 Hello 报文时间间隔	10s
发送 LSP 的最小时间间隔	50ms
LSP 刷新时间间隔	900s
LSP 最大有效时间	1200s

26.7　BGP

【基础知识点】

1. BGP 的基本概念

边界网关协议（Border Gateway Protocol，BGP）是实现自治系统（Autonomous System，AS）之间的路由协议，属于距离矢量路由协议。IPv4 网络使用的版本是 BGP-4，在 IPv6 单播网络上的应用称为 BGP4+。BGP 使用 TCP 作为其传输层协议，端口号是 179。BGP 采用认证和 GTSM 的方式，保证了网络的安全性。

2. 自治系统

自治系统是指在一个实体管辖下的拥有相同选路策略的 IP 网络。BGP 网络中的每个 AS 都被分配一个唯一的 AS 号，用于区分不同的 AS。AS 号分为 2 字节（取值范围为 1~65535）和 4 字节。支持 4 字节 AS 号的设备能够与支持 2 字节 AS 号的设备兼容。

3. BGP 分类

BGP 按照运行方式分为 EBGP 和 IBGP。运行于不同 AS 之间的 BGP 称为 EBGP。运行于同一 AS 内部的 BGP 称为 IBGP。

4. BGP 的报文

BGP 对等体间通过以下 5 种报文进行交互，其中 Keepalive 报文为周期性发送，其余报文为触发式发送。5 种报文详述如下：

（1）Open 报文：用于建立 BGP 对等体连接。

（2）Update 报文：用于在对等体之间交换路由信息。

（3）Notification 报文：当 BGP 检测到错误状态之后就向对等体发出 Notification 信息，用于中断 BGP 连接。

（4）Keepalive 报文：用于保持 BGP 连接。

（5）Route-refresh 报文：用于在改变路由策略后，请求对等体重新发送路由信息。只有支持路由刷新能力的 BGP 设备会发送和响应此报文。

5. BGP 的路由器号（Router ID）

（1）BGP 的 Router ID 是一个用于标识 BGP 设备的 32 位值，通常是 IPv4 地址的形式，在 BGP 会话建立时发送的 Open 报文中携带。对等体之间建立 BGP 会话时，每个 BGP 设备都必须有唯一的 Router ID，否则对等体之间不能建立 BGP 连接。

（2）Router ID 在 BGP 网络中必须是唯一的，可手工配置，也可以让设备自动选取。BGP 选择设备上的 Loopback 接口的 IPv4 地址作为 BGP 的 Router ID。如果设备上没有配置 Loopback 接口，系统会选择接口中最大的 IPv4 地址作为 BGP 的 Router ID。一旦选出 Router ID，除非发生接口地址删除等事件，否则即使配置了更大的地址，也保持原来的 Router ID。

6. BGP 状态机

BGP 对等体的交互过程中存在六种状态机：空闲（Idle）、连接（Connect）、活跃（Active）、Open 报文已发送（OpenSent）、Open 报文已确认（OpenConfirm）和连接已建立（Established），如图 26-13 所示。在 BGP 对等体建立的过程中，通常可见的三个状态是 Idle、Active 和 Established。

7. BGP 对等体之间的交互原则

（1）从 IBGP 对等体获得的 BGP 路由，BGP 设备只发布给它的 EBGP 对等体。

（2）从 EBGP 对等体获得的 BGP 路由，BGP 设备发布给它所有 EBGP 和 IBGP 对等体。

（3）当存在多条到达同一目的地址的有效路由时，BGP 设备只将最优路由发布给对等体。

（4）路由更新时，BGP 设备只发送更新的 BGP 路由。

（5）所有对等体发送的路由，BGP 设备都会接收。

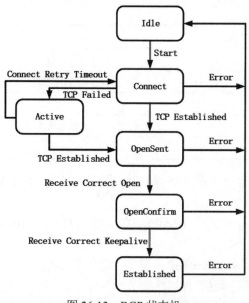

图 26-13　BGP 状态机

8. BGP 认证与 GTSM

BGP 使用认证和通用 TTL 安全保护机制（Generalized TTL Security Mechanism，GTSM）来保证 BGP 对等体间的交互安全。

（1）BGP 认证。

BGP 认证分为 MD5 认证和 Keychain 认证。MD5 认证只能为 TCP 连接设置认证密码，Keychain 认证可以为 TCP 连接设置认证密码，也可以对 BGP 协议报文进行认证。

（2）BGP GTSM。

1）BGP GTSM 检测 IP 报文头中的 TTL 值是否在一个预先设置好的特定范围内，对不符合 TTL 值范围的报文进行允许通过或丢弃的操作。

2）当攻击者模拟合法的 BGP 协议报文，如果使能 BGP GTSM 功能，系统会对所有 BGP 报文的 TTL 值进行检查，丢弃 TTL 值小于预配值的攻击报文，从而避免了因网络攻击报文导致 CPU 占用率高的问题。

9. BGP 属性

BGP 路由属性可以分为以下 4 类，见表 26-5。

表 26-5　BGP 路由属性

属性名	类型
Origin 属性	公认必须遵循
AS_Path 属性	
Next_Hop 属性	

续表

属性名	类型
Local_Pref 属性	公认任意
团体属性	可选过渡
MED 属性	可选非过渡
Originator_ID 属性	
Cluster_List 属性	

（1）公认必须遵循：所有 BGP 设备都可以识别此类属性，且必须存在于 Update 报文中。如果缺少这类属性，路由信息就会出错。

1）Origin 属性：标识了 BGP 路由的起源，如 IGP、EGP 和 Incomplete，分别标记为 I、E、?。优先级为 IGP > EGP > Incomplete。

2）AS_Path 属性：确保路由在 EBGP 对等体之间传递无环；也作为路由优选的衡量标准之一。

3）Next_Hop 属性：指定到达目标网络的下一跳地址。

（2）公认任意：所有 BGP 设备都可以识别此类属性，但不要求必须存在于 Update 报文中，即就算缺少这类属性，路由信息也不会出错。如 Local_Pref，告诉 AS 中的路由器，哪条路径是离开本 AS 的首选路径。属性值越大则 BGP 路由越优。默认值是 100。

（3）可选过渡：BGP 设备可以不识别此类属性，如果 BGP 设备不识别此类属性，但它仍然会接收这类属性，并通告给其他对等体。

（4）可选非过渡：BGP 设备可以不识别此类属性，如果 BGP 设备不识别此类属性，则会被忽略该属性，且不会通告给其他对等体。如 MED，用于向外部对等体指出进入本 AS 的首选路径，即当进入本 AS 的入口有多个时，AS 可以使用 MED 动态地影响其他 AS 选择进入的路径。MED 属性值越小则 BGP 路由越优。

10．BGP 选择路由的策略

当到达同一目的地存在多条路由时，且此路由的下一跳可达，依次对比下列属性来选择路由：

（1）优选协议首选值（PrefVal）最高的路由，仅在本地有效。

（2）优选本地优先级（Local_Pref）最高的路由。

（3）本地始发优先优于从对等体学习的路由。

（4）优选 AS 路径（AS_Path）最短的路由。

（5）依次优选 Origin 类型为 IGP、EGP、Incomplete 的路由。

（6）对于来自同一 AS 的路由，优选 MED 值小的路由。

（7）优选从 EBGP 邻居学来的路由。

（8）优选到 BGP 下一跳 IGP Metric 小的路由。

（9）优选 Cluster_List 最短的路由。

（10）优选 Originator_id 最小的路由。

（11）优选 Router ID 最小的路由器发布的路由。

（12）优选从具有最小 IP Address 的对等体学来的路由。

11. BGP 缺省配置

BGP 缺省配置未使能；Keepalive 消息发送间隔 60 秒；对等体邻接关系保持时间 180 秒。

26.8 练习题

1. 下图所示的 OSPF 网络由 3 个区域组成。在这些路由器中，属于主干路由器的是 ___(1)___，属于区域边界路由器（ABR）的是 ___(2)___，属于自治系统边界路由器（ASBR）的是 ___(3)___。

（1）A．R1　　　　B．R2　　　　C．R5　　　　D．R8
（2）A．R3　　　　B．R5　　　　C．R7　　　　D．R8
（3）A．R2　　　　B．R3　　　　C．R6　　　　D．R8

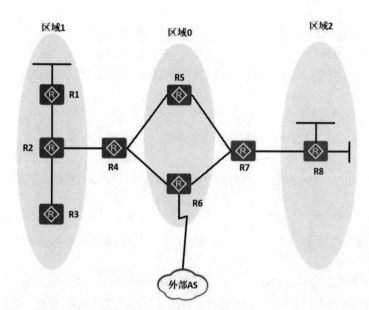

解析：R4、R5、R6 和 R7 都属于主干路由器，R4 和 R7 都属于区域边界路由器，而 R6 连接外部 AS，所以它也是自治系统边界路由器。

答案：（1）C　（2）C　（3）C

2. OSPF 相对于 RIP 的优势在于（　　）。

①没有跳数的限制

②支持可变长子网掩码（VLSM）

③支持网络规模大

④收敛速度快

A. ①③④　　　　B. ①②③　　　　C. ①②③④　　　　D. ①②

解析：OSPF 适合大范围的网络，对于路由的跳数是没有限制的；OSPF 协议在收敛完成后，会以触发方式发送拓扑变化的信息给其他路由器；收敛速度快，新的拓扑情况很快扩散到整个网络。RIPv2 支持可变长子网掩码。

答案：A

3. OSPF 协议是（　　）。

　　A. 路径矢量协议　　　　　　　　B. 内部网关协议
　　C. 距离矢量协议　　　　　　　　D. 外部网关协议

解析：OSPF 协议是基于链路状态的内部网关路由协议。

答案：B

4. OSPF 报文采用___(1)___协议进行封装，以目标地址___(2)___发送到所有的 OSPF 路由器。

　　(1) A. IP　　　　　　　　　　　B. ARP
　　　　C. UDP　　　　　　　　　　D. TCP
　　(2) A. 224.0.0.1　　　　　　　　B. 224.0.0.2
　　　　C. 224.0.0.5　　　　　　　　D. 224.0.0.8

解析：OSPF 报文直接调用 IP 协议进行封装，当有消息发送到所有的 OSPF 路由器时采用的 D 类地址为 224.0.0.5。

答案：(1) A　(2) C

5. 下列路由协议中，用于 AS 之间路由选择的是（　　）。

　　A. RIP　　　　B. OSPF　　　　C. IS-IS　　　　D. BGP

解析：RIP、OSPF 以及 IS-IS 均为自治系统内路由协议，BGP 为 AS 之间路由协议，用于 AS 之间路由选择。

答案：D

6. 运行 OSPF 协议的路由器每（　　）秒钟向它的各个接口发送 Hello 分组，告知邻居它的存在。

　　A. 10　　　　B. 20　　　　C. 30　　　　D. 40

解析：运行 OSPF 协议的路由器每 10 秒钟向它的各个接口发送 Hello 分组，告知邻居它的存在。

答案：A

7. 路由器收到包含如下属性的两条 BGP 路由，根据 BGP 选路规则，（　　）。

Network	NextHop	MED	LocPrf	PrefVal	Path/Ogn
M 192.168.1.0	10.1.1.1	30	0		100i
N 192.168.1.0	10.1.1.2	20	0		100 200i

　　A. 最优路由 M，其 AS_Path 比 N 短
　　B. 最优路由 N，其 MED 比 M 小
　　C. 最优路由随机确定
　　D. local-preference 值为空，无法比较

解析：BGP 是自治系统外部路由，采用距离向量路由选择。BGP 选路规则主要有首选值 PrefVal 值高优先、Local_Pref 本地首选项大值优先、本地始发路由优先、AS_Path 长度短者优先等。

答案：A

8．在 BGP4 协议中，路由器通过发送＿＿（1）＿＿报文将正常工作信息告知邻居。当出现路由信息的新增或删除时，采用＿＿（2）＿＿报文告知对方。

（1）A．hello　　　　B．update　　　　C．keepalive　　　　D．notification
（2）A．hello　　　　B．update　　　　C．keepalive　　　　D．notification

解析：在 BGP4 协议中，路由器通过发送 keepalive 报文将正常工作信息告知邻居。当出现路由信息的新增或删除时，采用 update 报文告知对方。

答案：（1）C　（2）B

9．RIP 协议默认的路由更新周期是（　　）秒。

A．30　　　　　　B．60　　　　　　C．90　　　　　　D．100

解析：RIP 协议默认的路由更新周期是 30 秒。

答案：A

10．关于 RIPv1 与 RIPv2 的说法错误的是（　　）。

A．RIPv1 是有类路由协议，RIPv2 是无类路由协议
B．RIPv1 不支持 VLSM，RIPv2 支持 VLSM
C．RIPv1 没有认证功能，RIPv2 支持认证
D．RIPv1 是组播更新，RIPv2 是广播更新

解析：RIPv1 是广播更新，RIPv2 是组播更新。

答案：D

11．RIPv2 对 RIPv1 协议的改进之一为路由器有选择地将路由表中的信息发送给邻居，而不是发送整个路由表。具体地说，一条路由信息不会被发送给该信息的来源，这种方案称为＿＿（1）＿＿，其作用是＿＿（2）＿＿。

（1）A．反向毒化　　　　　　　　　　B．乒乓反弹
　　　C．水平分割法　　　　　　　　　D．垂直划分法
（2）A．支持 CIDR　　　　　　　　　B．解决路由环路
　　　C．扩大最大跳步数　　　　　　　D．不使用广播方式更新报文

解析：水平分割法是 RIPv2 对 RIPv1 协议的改进之一，即路由器有选择地将路由表中的信息发送给邻居，而不是发送整个路由表，即一条路由信息不会被发送给该信息的来源。水平分割法的作用是解决路由环路。

答案：（1）C　（2）B

12．以下关于 IS-IS 路由协议的说法中，错误的是（　　）。

A．IS-IS 是基于距离矢量的路由协议
B．IS-IS 属于内部网关路由协议

C．IS-IS 路由协议将自治系统分为骨干区域和非骨干区域

D．IS-IS 路由协议中 Level-2 路由器可以和不同区域的 Level-2 或者 Level-1-2 路由器形成邻居关系

解析：IS-IS 是链路状态路由协议，而非基于距离矢量。

答案：A

13．在 BGP 路由选择协议中，（　　）属性可以避免在 AS 之间产生环路。

A．Origin B．AS_Path
C．Next Hop D．Communtiy

解析：AS_Path 确保路由在 EBGP 对等体之间传递无环，也作为路由优选的衡量标准之一。Community（团体）属性用于简化路由策略的执行。可以将某些路由分配一个特定的 Community 属性值，之后就可以基于 Community 值而不是网络前缀/掩码信息来匹配路由并执行相应的策略了。

答案：B

第27小时 路由基础配置

27.0 本章思维导图

路由基础配置思维导图如图 27-1 所示。

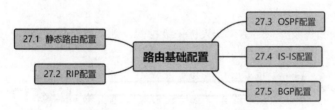

图 27-1 路由基础配置思维导图

27.1 静态路由配置

【基础知识点】

1. 静态路由配置

静态路由配置命令如下:

[Huawei]ip route-static ip-address { mask | mask-length } nexthop-address
[Huawei]ip route-static ip-address { mask | mask-length } interface-type interface-number
[Huawei]ipv6 route-static dest-ipv6-address prefix-length nexthop-ipv6-address

配置静态路由时,对于点到点接口,只需指定出接口;对于广播类型接口,必须指定下一跳。

2. 配置静态路由

(1) 在 SwitchA 上配置 IPv4 静态路由。

[SwitchA]ip route-static 10.1.1.0 255.255.255.0 10.1.4.1

(2) 在 SwitchA 上配置 IPv6 静态路由。

[SwitchA]ipv6 route-static fc00:0:0:2001:: 64   fc00:0:0:2010::1

3. 缺省路由配置

缺省路由一般用于企业网络出口，缺省路由是目的地址和掩码都为全"0"的特殊路由。如果报文的目的地址无法匹配路由表中的任何一项，路由器将按照缺省路由来转发报文，如图 27-2 所示。

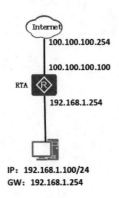

图 27-2　缺省路由配置

[RTA]ip route-static 0.0.0.0 0.0.0.0 100.100.100.254

4. 负载分担和路由备份

（1）负载分担。

到达相同目的地的多条静态路由，如果优先级相同，则可实现负载分担，如图 27-3 所示。

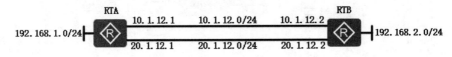

图 27-3　负载分担

配置命令如下：

[RTB]ip route-static 192.168.1.0 255.255.255.0 10.1.12.1
[RTB]ip route-static 192.168.1.0 255.255.255.0 20.1.12.1

（2）路由备份。

1）到达相同目的地的多条静态路由，如果优先级不同，则可实现路由备份。静态路由的优先级默认是 60，数值低的优先。下一跳是 10.1.12.1 的是主链路，下一跳是 20.1.12.1 的是备份链路，如图 27-4 所示。

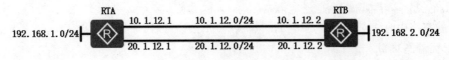

图 27-4　路由备份

2）在正常情况下，下一跳是 10.1.12.1 的静态路由被激活，主链路承担数据转发业务；下一跳是 20.1.12.1 的静态路由不在路由表中体现。

3）在主链路上出现故障时，下一跳是 20.1.12.1 的静态路由作为备份路由被激活，备份链路承担数据转发业务。

4）在主链路恢复正常后，下一跳是 10.1.12.1 的静态路由重新被激活，主链路承担数据转发业务。下一跳是 20.1.12.1 的静态路由作为备份路由，在路由表中删除。

[RTB]ip route-static 192.168.1.0 255.255.255.0 10.1.12.1
[RTB]ip route-static 192.168.1.0 255.255.255.0 20.1.12.1 preference 100

27.2 RIP 配置

【基础知识点】

1. RIP 基本配置

配置需求：拓扑中有四台交换机，要求在 SwitchA、SwitchB、SwitchC 和 SwitchD 上配置 RIP 实现网配置络互连，如图 27-5 所示。

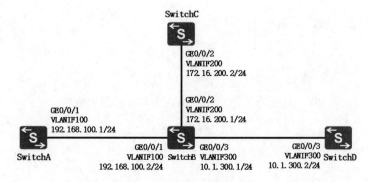

图 27-5 配置 RIP 基本配置

以 SwitchA 为例，RIP 主要配置如下：

（1）配置接口所属的 VLAN。

[SwitchA]vlan 100
[SwitchA-vlan10]quit
[SwitchA]interface GigabitEthernet0/0/1
[SwitchA-GigabitEthernet0/0/1]port link-type trunk
[SwitchA-GigabitEthernet0/0/1]port trunk allow-pass vlan 10
[SwitchA-GigabitEthernet0/0/1]quit

（2）配置 VLANIF 接口的 IP 地址。

[SwitchA]interface vlanif 100
[SwitchA-Vlanif10]ip address 192.168.100.1 24
[SwitchA-Vlanif10]quit

（3）启动进程，并宣告网段。

[SwitchA]rip
[SwitchA-rip-1]network 192.168.100.0
[SwitchA-rip-1]quit

2. RIP 引入外部路由

配置需求：SwitchB 上运行 RIP 100 和 RIP 200。要求在 SwitchB 上配置路由引入实现 SwitchA 与网段 192.168.30.0/24 能实现互通，拓扑如图 27-6 所示。

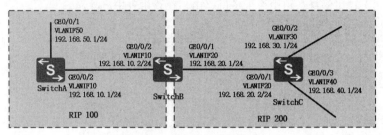

图 27-6　RIP 引入外部路由

主要配置如下（VLAN、VLANIF 等配置略）：

（1）在 SwitchB 上启动 RIP 100 和 RIP 200 进程，并宣告相应网段。

```
[SwitchB]rip 100
[SwitchB-rip-100]network 192.168.10.0
[SwitchB-rip-100]quit
[SwitchB]rip 200
[SwitchB-rip-200]network 192.168.20.0
[SwitchB-rip-200]quit
```

（2）将 RIP 100 和 RIP 200 进程的路由相互引入到对方的路由表中。

```
[SwitchB]rip 100
[SwitchB-rip-100]import-route rip 200
[SwitchB-rip-100]quit
[SwitchB]rip 200
[SwitchB-rip-200]import-route rip 100
[SwitchB-rip-200]quit
```

3. RIP 常见诊断命令

display rip 命令用来查看 RIP 进程的当前运行状态及配置信息；display rip interface 命令用来查看 RIP 的接口信息；display rip neighbor 命令用来查看 RIP 的邻居信息。

27.3　OSPF 配置

【基础知识点】

1. OSPF 基本配置

```
[SwitchA]ospf 1 router-id 1.1.1.1                                //创建进程号为 1，Router ID 为 1.1.1.1 的 OSPF 进程
[SwitchA-ospf-1]area 0                                           //创建 area 0 区域并进入 area 0 视图
[SwitchA-ospf-1-area-0.0.0.0]network 192.168.1.0 0.0.0.255       //宣告 192.168.1.0/24 网段
[SwitchA-ospf-1-area-0.0.0.0]quit
[SwitchA-ospf-1]area 1                                           //创建 area 1 区域并进入 area 1 视图
[SwitchA-ospf-1-area-0.0.0.1]network 192.168.2.0 0.0.0.255       //宣告 192.168.2.0/24 网段
[SwitchA-ospf-1-area-0.0.0.1]return
```

2. 虚连接的作用及配置

OSPF 要求骨干区域必须是连续的，但是并不要求物理上连续，可以使用虚连接使骨干区域在逻辑上连续。虚连接可以在任意两个 ABR 上建立，但是要求这两个 ABR 都有端口连接到一个相同的非骨干区域，拓扑如图 27-7 所示。

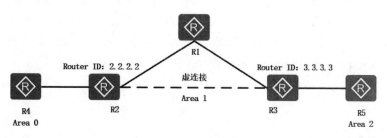

图 27-7　虚连接

R2、R3 虚连接配置如下：

[R2-ospf-1] area 1
[R2-ospf-1-area-0.0.0.1] vlink-peer 3.3.3.3
[R3-ospf-1] area 1
[R3-ospf-1-area-0.0.0.1] vlink-peer 2.2.2.2

3. OSPF 的 STUB 区域和 NSSA 区域

（1）STUB 区域。

1）OSPF 划分区域可以减少网络中 LSA 的数量。对于位于自治系统边界的非骨干区域，可以将它们配置为 STUB 区域。骨干区域 Area 0 不能配置成 STUB 区域。区域中的所有路由器都要配置 STUB 区域属性，STUB 区域内不能存在 ASBR 和虚连接。

2）STUB 配置。

[SwitchA] ospf 1
[SwitchA-ospf-1] area 1
[SwitchA-ospf-1-area-0.0.0.1] stub
[SwitchA-ospf-1-area-0.0.0.1] quit

（2）NSSA 区域。

1）NSSA 区域适用于需要引入外部路由的同时避免外部路由带来的资源消耗的场景。NSSA 区域能够将自治域外部路由引入并传播到整个 OSPF 自治域中。

2）NSSA 配置。

[SwitchA] ospf 1
[SwitchA-ospf-1] area 1
[SwitchA-ospf-1-area-0.0.0.1] nssa
[SwitchA-ospf-1-area-0.0.0.1] quit

4. 静默接口

如果要使 OSPF 路由信息不被其他网络中的设备获得，并且使本地设备不接收网络中其他设备发布的路由更新信息，可使用 silent-interface 命令禁止此接口接收和发送 OSPF 报文，这是预防路由环路的一种方法。

```
[Huawei]ospf 1
[Huawei-ospf-1]silent-interface gigabitethernet 1/0/1
```

5. OSPF 常见诊断命令

display ospf brief 命令用来查看 OSPF 的概要信息；display ospf cumulative 命令用来显示 OSPF 的统计信息；display ospf error 命令用来查看 OSPF 的错误信息；display ospf interface 命令用来显示 OSPF 的接口信息；display ospf lsdb 命令用来显示 OSPF 的链路状态数据库（LSDB）信息；display ospf peer 命令用来显示 OSPF 中各区域邻居的信息；display ospf routing 命令用来显示 OSPF 路由表的信息；display ospf spf-statistics 命令用来查看 OSPF 进程下路由计算的统计信息；display ospf vlink 命令用来显示 OSPF 的虚连接信息。

27.4　IS-IS 配置

【基础知识点】

1. IS-IS 基本配置

（1）在 SwitchA 上运行 IS-IS 进程，配置 level 级别，指定网络实体。

```
[SwitchA]isis 1
[SwitchA-isis-1]is-level level-1
[SwitchA-isis-1]network-entity 49.0001.1010.1020.1030.00//系统 ID 是 1010.1020.1030，区域 ID 是 49.0001
[SwitchA-isis-1]quit
[SwitchA]interface vlanif 100
[SwitchA-Vlanif100]isis enable 1
[SwitchA-Vlanif100]quit
```

（2）在 SwitchA 上将 192.168.1.0/24、192.168.2.0/24、192.168.3.0/24、192.168.4.0/24 聚合成 192.168.0.0/16。

```
[SwitchB]isis 1
[SwitchB-isis-1]summary 192.168.0.0 255.255.0.0 level-1-2
[SwitchB-isis-1]quit
```

2. IS-IS 常见诊断命令

display isis brief 命令用来查看 IS-IS 协议的概要信息；display isis error 命令用来查看接口或进程收到的错误 LSP 报文和 Hello 报文的统计信息；display isis interface 命令用来查看使能 IS-IS 的接口信息；display isis lsdb 命令用来查看 IS-IS 的链路状态数据库信息；display isis peer 命令用来查看 IS-IS 的邻居信息；display isis route 命令用来查看 IS-IS 路由信息。

27.5　BGP 配置

【基础知识点】

1. BGP 基本配置

需求：SwitchA、SwitchB 之间建立 EBGP 连接，SwitchB、SwitchC 和 SwitchD 之间建立 IBGP

全连接，其中互联接口的 STP 处于未使能状态，拓扑如图 27-8 所示。

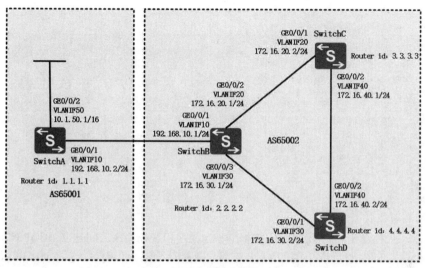

图 27-8　BGP 基本配置

主要配置如下：

（1）以 SwitchA 为例，配置接口所属的 VLAN（其他配置略）。

[SwitchA]vlan batch 10 50
[SwitchA]interface GigabitEthernet 0/0/1
[SwitchA-GigabitEthernet0/0/1]port link-type trunk
[SwitchA-GigabitEthernet0/0/1]port trunk allow-pass vlan 10
[SwitchA-GigabitEthernet0/0/1]quit
[SwitchA]interface GigabitEthernet 0/0/2
[SwitchA-GigabitEthernet0/0/2]port link-type trunk
[SwitchA-GigabitEthernet0/0/2]port trunk allow-pass vlan 50
[SwitchA-GigabitEthernet0/0/2]quit

（2）以 SwitchA 为例，配置 VLANIF 接口的 IP 地址（其他配置略）。

[SwitchA]interface vlanif 10
[SwitchA-Vlanif10]ip address 192.168.10.2 24
[SwitchA-Vlanif10]quit
[SwitchA]interface vlanif 50
[SwitchA-Vlanif50]ip address 10.1.50.1 16
[SwitchA-Vlanif50]quit

（3）以 SwitchB 为例，配置 IBGP 连接。

[SwitchB]bgp 65002
[SwitchB-bgp]router-id 2.2.2.2
[SwitchB-bgp]peer 172.16.20.2 as-number 65002
[SwitchB-bgp]peer 172.16.30.2 as-number 65002
[SwitchB-bgp]quit

（4）以 SwitchA 为例，配置 EBGP 连接。

[SwitchA]bgp 65001

```
[SwitchA-bgp]router-id 1.1.1.1
[SwitchA-bgp]peer 192.168.10.1 as-number 65002
[SwitchA-bgp]quit
```

（5）SwitchA 发布路由 10.1.50.0/16。

```
[SwitchA]bgp 65008
[SwitchA-bgp]ipv4-family unicast
[SwitchA-bgp-af-ipv4]network 10.1.50.0 255.255.0.0
[SwitchA-bgp-af-ipv4]quit
[SwitchA-bgp]quit
```

（6）引入直连路由。

```
[SwitchB]bgp 65002
[SwitchB-bgp]ipv4-family unicast
[SwitchB-bgp-af-ipv4]import-route direct
[SwitchB-bgp-af-ipv4]quit
[SwitchB-bgp]quit
```

2. BGP 路由反射配置

配置需求：四台设备分属两个不同的 AS，SwitchA 和 SwitchB 之间建立 EBGP 邻居，SwitchC 分别和 SwitchB、SwitchD 建立 IBGP 邻居，配置 SwitchC 为路由反射器，SwitchB 和 SwitchD 是它的两个客户机，拓扑如图 27-9 所示。

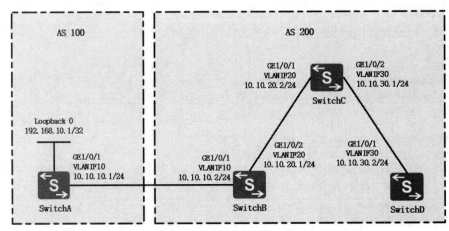

图 27-9　BGP 路由反射器

（1）以 SwitchB 为例，配置 BGP 的 router-id、对等体、发布直连网段（其他配置省略）。

```
[SwitchB]bgp 200
[SwitchB-bgp]router-id 2.2.2.2
[SwitchB-bgp]peer 10.10.10.1 as-number 100
[SwitchB-bgp]peer 10.10.20.2 as-number 200
[SwitchB-bgp]ipv4-family unicast
[SwitchB-bgp-af-ipv4]network 10.10.10.0 24
[SwitchB-bgp-af-ipv4]network 10.10.20.0 24
[SwitchB-bgp-af-ipv4]quit
[SwitchB-bgp]quit
```

（2）配置 SwitchC 作为路由反射器，SwitchB 和 SwitchD 是它的两个客户机（其他配置省略）。

```
[SwitchC]bgp 200
[SwitchC-bgp]ipv4-family unicast
[SwitchC-bgp-af-ipv4]peer 10.10.20.1 reflect-client
[SwitchC-bgp-af-ipv4]peer 10.10.30.2 reflect-client
[SwitchC-bgp-af-ipv4]quit
[SwitchC-bgp] quit
```

3. peer connect-interface 命令使用场景

（1）使用非直连物理接口建立 BGP 连接时，需要在两端均配置 peer connect-interface 命令，以保证两端连接的正确性。

（2）在两台设备通过多链路建立多个对等体时，需要使用 peer connect-interface 命令来为每个对等体指定建立连接的源接口。

（3）如果物理接口下配置了多个 IP 地址，需要配置 peer connect-interface 命令，否则可能导致 BGP 连接建立失败。

4. peer ebgp-max-hop 命令使用场景

（1）通常情况下，EBGP 对等体之间必须具有直连的物理链路，如果不满足这一要求，则必须使用 peer ebgp-max-hop 命令允许它们之间经过多跳建立 TCP 连接。

（2）BGP 使用 Loopback 口建立 EBGP 邻居时，必须配置命令 peer ebgp-max-hop（其中跳数大于等于 2），否则邻居无法建立；如果是使用 Loopback 口建立的单跳 EBGP 邻居，也可以通过配置 peer connected-check-ignore 命令实现 EBGP 邻居的建立。

5. BGP 常见诊断命令

display bgp peer 命令用来查看 BGP 对等体信息；display bgp routing-table 命令用来查看 BGP 的路由信息，通过指定不同的参数可以只查看特定的路由信息；display bgp routing-table label 命令用来查看 BGP 路由表中的标签路由信息；display bgp error 命令用来显示 BGP 的错误信息。

27.6 练习题

1. 下面文本框显示的是＿＿（1）＿＿命令的结果，其中＿＿（2）＿＿项标识了路由标记。

（1）A．display gbp paths B．display ospf lsdb
　　 C．display ip routing-table D．display vap

（2）A．Per B．Cost C．Flags D．Proto

```
Route Flags：R - relay，D - download to fib
-----------------------------------------------------------------
Routing Tables: Public
Destinations : 9        Routes : 11
Destination/Mask    Proto    Pre   Cost   Flags   NextHop      Interface
1.1.1.1/32          Static   60    0      D       0.0.0.0      NULL0
                    Static   60    0      D       100.0.0.2    GigabitEthernet1/0/0
2.2.2.2/32          Static   60    0      RD      1.1.1.1      NULL0
```

		Static	60	0		RD	1.1.1.1	GigabitEthernet1/0/0
100.0.0.0/24		Direct	0	0		D	100.0.0.1	GigabitEthernet1/0/0
100.0.0.1/32		Direct	0	0		D	127.0.0.1	GigabitEthernet1/0/0
100.0.0.255/32		Direct	0	0		D	127.0.0.1	GigabitEthernet1/0/0
127.0.0.0/8		Direct	0	0		D	127.0.0.1	InLoopBack0
127.0.0.1/32		Direct	0	0		D	127.0.0.1	InLoopBack0
127.255.255.255/32		Direct	0	0		D	127.0.0.1	InLoopBack0
255.255.255.255/32		Direct	0	0		D	127.0.0.1	InLoopBack0

解析：display ip routing-table 命令用来显示路由表的信息，Flags 项标识的是路由标记。

答案：（1）C　（2）C

2. 以下图 1 所示内容是在图 2 中的___(1)___设备上执行___(2)___命令查看到的信息片段。该信息片段中参数___(3)___的值反映邻居状态是否正常。

```
Area 0.0.0.0 interface 192.168.1.1(GigabitEthernet0/0/1)'s neighbors
    Router ID: 2.2.2.2        Address: 192.168.1.2
    State: Full               Mode:Nbr is        Master Priority: 1
    DR: 192.168.1.1           BDR: 192.168.1.2   MTU:0
    Dead timer due in 32 sec
    Retrans timer interval: 5
    Neighbor is up for 01:06:23
    Authentication Sequence: [0]
        Neighbors
Area 0.0.0.1 interface 192.168.2.1(GigabitEthernet0/0/2)'s neighbors
    Router ID: 3.3.3.3        Address: 192.168.2.2
    State: Full               Mode:Nbr is        Master Priority: 1
    DR:192.168.2.1            BDR: 192.168.2.2   MTU: 0
    Dead timer due in 28 sec
    Retrans timer interval: 5
```

图 1

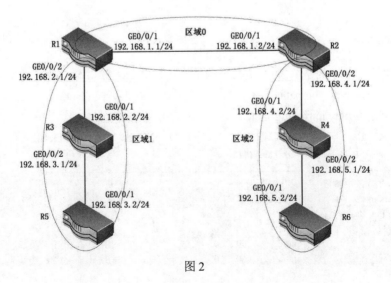

图 2

（1）A．R1　　　　B．R2　　　　　　C．R3　　　　　D．R4
　　　（2）A．display bgp routing-table　　B．display isis 1sdb
　　　　　C．display ospf peer　　　　　　D．dis ip routing-table
　　　（3）A．State　　　B．Mode　　　　　C．Priority　　　D．MTU

解析：图1中显示的内容是OSPF邻居信息，因此显示命令为display ospf peer。从图2中可以看出所在路由器为R1。参数State的值反映邻居状态是否正常。

答案：（1）A　（2）C　（3）A

3．查看OSPF接口的开销、状态、类型、优先级等的命令是＿＿（1）＿＿；查看OSPF在接收报文时出错记录的命令是＿＿（2）＿＿。

　　　（1）A．display ospf　　　　　　　　B．display ospf error
　　　　　C．display ospf interface　　　　D．display ospf neighbor
　　　（2）A．display ospf　　　　　　　　B．display ospf error
　　　　　C．display ospf interface　　　　D．display ospf neighbor

解析：OSPF是基于链路状态的内部路由协议。使用display ospf interface命令查看OSPF接口的信息；使用display ospf error命令查看OSPF错误信息。

答案：（1）C　（2）B

第28小时 路由高级配置

28.0 本章思维导图

路由高级配置思维导图如图28-1所示。

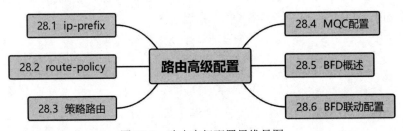

图28-1 路由高级配置思维导图

28.1 ip-prefix

【基础知识点】

1. 路由策略概述

路由策略是通过工具或方法对路由进行各种控制。路由策略能够影响到路由产生、发布、选择等，进而影响报文的转发路径。工具包括 ACL、ip-prefix、route-policy、filter-policy（这里不做介绍）等，方法包括对路由进行过滤，设置路由的属性等。

2. ip-prefix

（1）ip-prefix 概述。

ACL 只能匹配路由的前缀，无法匹配路由的网络掩码。所以就有了 IP 前缀列表（IP-Prefix List），ip-prefix 将路由条目的网络地址、掩码长度作为匹配条件的过滤器。

（2）ip-prefix 与 ACL 的区别。

ip-prefix 和 ACL 都可以对路由进行筛选，但 ACL 匹配路由时只能匹配路由的网络号，无法匹配掩码；而 ip-prefix 比 ACL 更为灵活，可以匹配路由的网络号及掩码，增强了路由匹配的精确度。

（3）ip-prefix 命令格式。

1）ip ip-prefix *ip-prefix-name* [index *index-number*] {permit|deny} *ipv4-address mask-length* [match-network] [greater-equal *greater-equal-value*] [less-equal *less-equal-value*]

ip ip-prefix net32h index 10 permit 192.168.100.0 22 greater-equal 24 less-equal 26

2）主要字段含义如下：

- ip-prefix net32h 表示 ip-prefix 的名称是 net32h。
- index 10 表示序号，匹配时根据序号从小到大进行顺序匹配。
- 动作：permit/deny，匹配模式为允许/拒绝，表示匹配/不匹配，这里是允许，表示匹配。
- IP 网段与掩码：匹配路由的网络地址，以及限定网络地址的前多少位需严格匹配，这里是限定网络地址 192.168.100.0 的前 22 位需严格匹配。
- 掩码范围：匹配路由前缀长度，掩码范围在 24～26 之间。
- match-network 参数只有在 ipv4-address 和 mask-length 做"与"操作之后生成的 IP 地址为 0.0.0.0 时才可以配置，主要是用来匹配指定网络地址的路由。例如：ip ip-prefix net32h permit 0.0.0.0 8 可以匹配掩码长度为 8 的所有路由；而 ip ip-prefix net32h permit 0.0.0.0 8 match-network 可以匹配 0.0.0.1～0.255.255.255 范围内的所有路由。
- 如果 ipv4-address mask-length 为 0.0.0.0 0，则只匹配缺省路由。如果指定的地址前缀范围为 0.0.0.0 0 less-equal 32，则匹配所有路由。

3. ip-prefix 的匹配机制

ip-prefix 的匹配机制如图 28-2 所示。

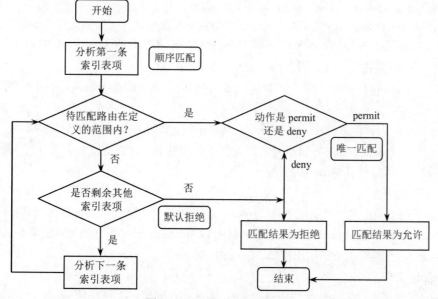

图 28-2　ip-prefix 的匹配机制

4. ip-prefix 的配置

（1）配置名为 net32h 的地址前缀列表，只允许 1.0.0.0 8 网段内，掩码长度在 22～26 之间的路由通过。

[HUAWEI] ip ip-prefix net32h permit 1.0.0.0 8 greater-equal 22 less-equal 26

（2）配置名为 net32h 的地址前缀列表，拒绝 0.0.0.1～0.255.255.255 范围内的所有路由通过，允许其他路由通过。

[HUAWEI] ip ip-prefix net32h index 10 deny 0.0.0.0 8 match-network
[HUAWEI] ip ip-prefix net32h index 20 permit 0.0.0.0 0 less-equal 32

28.2　route-policy

【基础知识点】

1. route-policy 的基本概念

route-policy 是一个策略工具，用于过滤路由信息，以及为过滤后的路由信息设置路由属性。一个 route-policy 由一个或多个节点（node）构成，每个节点都可以是一系列条件语句以及执行语句的集合，这些集合按照编号从小到大的顺序排列。

2. route-policy 组成结构

（1）一个 route-policy 由一个或多个节点构成，每个节点包括多个 if-match 和 apply 子句。组成结构如下：

```
route-policy net32h permit node 10
    if-match ip-prefix network
    apply tag 100
ip ip-prefix network permit 10.1.0.0 8 greater-equal 17 less-equal 18
```

其中 net32h 是 route-policy 的名称；permit 是节点的匹配模式，此处是允许；node 10 表示是节点 10；if-match ip-prefix network 是条件语句，用来创建一个基于名称为 network 的 ip-prefix 的匹配规则；apply tag 100 是执行语句，设置路由信息的标记为 100。

（2）一个 route-policy 可以由多个节点（node）构成。路由匹配 route-policy 时遵循以下两个规则：

1）顺序匹配：在匹配过程中，系统按节点号从小到大的顺序依次检查各个表项。

2）唯一匹配：route-policy 各节点号之间是"或"的关系，只要通过一个节点的匹配，就认为通过该过滤器，不再进行其他节点的匹配。

（3）if-match 子句。

if-match 子句用来定义一些匹配条件。route-policy 的每一个节点可以含有多个 if-match 子句，也可以不含 if-match 子句（该节点匹配所有的路由）。if-match 子句里可包含匹配基本 ACL、匹配路由信息的 cost、匹配路由信息的出接口、ip-prefix 等。

（4）apply 子句。

1）apply 子句用来指定动作。路由通过 route-policy 过滤时，系统按照 apply 子句指定的动作对路由信息的一些属性进行设置。route-policy 的每一个节点可以含有多个 apply 子句，也可以不含 apply 子句。如果只需要过滤路由，不需要设置路由的属性，则不使用 apply 子句。

2）apply 子句可以配置通过 ip-address next-hop 设置 IPv4 路由信息的下一跳地址、通过 preference 设置路由协议的优先级、通过 tag 设置路由信息的标记域等。

3. route-policy 的匹配机制

route-policy 的匹配机制如图 28-3 所示。

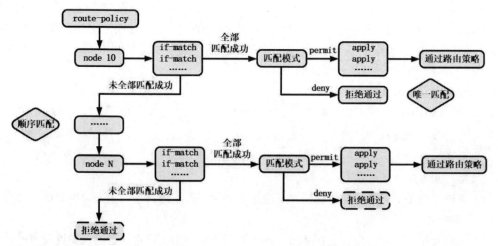

图 28-3　route-policy 的匹配机制

4. route-policy 的配置

（1）配置匹配 192.168.1.0/24 的 ACL 路由。

```
[R1]acl 2000
[R1-acl-basic-2000]rule permit source 192.168.1.0 0.0.0.255
[R1-acl-basic-2000]quit
```

（2）定义名为 net32h 的 route-policy，调用 ACL 2000，并将匹配这条 ACL 的路由的优先级设置为 12。

```
[R1]route-policy net32h permit node 10
[R1-route-policy]if-match acl 2000
[R1-route-policy]apply preference 12
[R1-route-policy]quit
```

28.3　策略路由

【基础知识点】

1. 策略路由的基本概念

（1）策略路由（Policy-Based Routing，PBR）是一种依据用户制订的策略进行路由选择的机制。若配置了 PBR，则被匹配的报文优先根据 PBR 的策略进行转发。若匹配失败，则根据正常转发流程转发。策略路由分为本地策略路由、接口策略路由和智能策略路由（Smart Policy Routing，SPR）。

（2）接口策略路由只对转发的报文起作用，对本地下发的报文不起作用。

（3）智能策略路由是基于业务需求的策略路由，可以主动探测链路质量并匹配业务的需求，实现智能选路，可以有效地避免网络黑洞、网络震荡等问题。

2. 策略路由组成结构

PBR 与 route-policy 类似，由多个节点组成，每个节点由匹配条件（条件语句）和执行动作（执行语句）组成。每个节点内可包含多个条件语句。节点内的多个条件语句之间的关系为"与"，即匹配所有条件语句才会执行本节点内的动作。节点之间的关系为"或"，PBR 根据节点编号从小到大顺序执行，匹配当前节点将不会继续向下匹配。

3. 策略路由命令格式

创建名为 net32h 的 PBR，节点是 10，调用 acl 3000，指定其转发下一跳为 32.28.45.45。

```
policy-based-route net32h permit node 10
if-match acl 3000
  apply ip-address next-hop 32.28.45.45
```

4. 策略路由与路由策略区别

（1）策略路由是对数据报文进行操作，通过多种手段匹配感兴趣的报文，然后执行丢弃或强制转发路径等操作。

（2）路由策略是对路由信息进行操作，是一套用于对路由信息进行过滤、属性设置等操作的方法，通过对路由的操作或控制，来影响数据报文的转发路径。

5. 策略路由配置

配置需求：内网存在两个网段 192.168.1.0/24、192.168.2.0/24，在 RTA 的 GE0/0/0 接口部署 PBR，实现网段 1 访问 Internet 通过 ISP1、网段 2 访问 Internet 通过 ISP2，拓扑如图 28-4 所示。

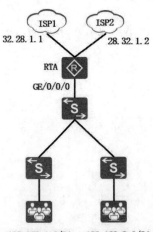

图 28-4　策略路由配置

主要配置如下（其他配置略）：

（1）配置 ACL 3000，rule 5 匹配网段 1 访问 Internet 的流量。

[RTA]acl 3000
[RTA-acl-adv-3000]rule 5 permit ip source 192.168.1.0 0.0.0.255 destination 0.0.0.0 0

（2）配置 ACL 3001，rule 5 匹配网段 2 访问 Internet 的流量。

[RTA]acl 3001
[RTA-acl-adv-3001]rule 5 permit ip source 192.168.2.0 0.0.0.255 destination 0.0.0.0 0

（3）创建 PBR 的名称 net32h，创建节点 10，调用 acl 3000，指定其转发下一跳为 32.28.1.1。

[RTA]policy-based-route net32h permit node 10
[RTA-policy-based-route-net32h-10]if-match acl 3000
[RTA-policy-based-route-net32h-10]apply ip-address next-hop 32.28.1.1

（4）创建 PBR net32h 节点 20，调用 acl 3001，指向其转发下一跳为 28.32.1.2。

[RTA]policy-based-route net32h permit node 20
[RTA-policy-based-route-net32h-20]if-match acl 3001
[RTA-policy-based-route-net32h-20]apply ip-address next-hop 28.32.1.2

（5）在 GE0/0/0 接口调用名称为 net32h 的 PBR。

[RTA]interface GigabitEthernet 0/0/0
[RTA-GigabitEthernet0/0/0]ip policy-based-route net32h

28.4 MQC 配置

【基础知识点】

模块化 QoS 命令行（Modular QoS，MQC）是指通过将具有某类共同特征的数据流划分为一类，并为同一类数据流提供相同的服务或对不同类的数据流提供不同的服务。MQC 的常见应用有配置重标记优先级、配置报文过滤、配置重定向等。

流分类用来定义一组流量匹配规则，用于对报文进行分类。流分类中各规则之间的关系分为：or 或 and，缺省情况下的关系为 or。

流行为用来定义执行的动作，支持过滤报文、重标记优先级、重定向等动作。

流策略用来将指定的流分类和流行为绑定，对分类后的报文执行对应流行为中定义的动作。流策略的方向有入方向（inbound）和出方向（outbound）。

MQC 配置如下所述。

需求：内网存在两个网段 192.168.1.0/24、192.168.2.0/24，将 MQC 调用在 RTA 的 GE0/0/0 接口，实现网段 1 访问 Internet 通过 ISP1、网段 2 访问 Internet 通过 ISP2，拓扑如图 28-5 所示。

主要配置如下（其他配置略）：

（1）配置 acl 3000、3001 分别匹配网段 1、网段 2 访问 Internet 的流量。

[RTA]acl 3000
[RTA-acl-adv-3000]rule 5 permit ip source 192.168.1.0 0.0.0.255 destination 0.0.0.0 0
[RTA]acl 3001
[RTA-acl-adv-3001]rule 5 permit ip source 192.168.2.0 0.0.0.255 destination 0.0.0.0 0

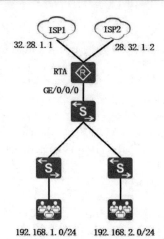

图 28-5　MQC 配置

（2）创建流分类 1、2 分别匹配 acl 3000、acl3001。

[RTA]traffic classifier 1
[RTA-classifier-1]if-match acl 3000
[RTA]traffic classifier 2
[RTA-classifier-2]if-match acl 3001

（3）创建流行为 1、2 分别执行将报文重定向到 32.28.1.1、28.32.1.1 的动作。

[RTA]traffic behavior 1
[RTA-behavior-1]redirect ip-nexthop 32.28.1.1
[RTA]traffic behavior 2
[RTA-behavior-2]redirect ip-nexthop 28.32.1.1

（4）创建流策略 net32h，将流分类 1、2 与流行为 1、2 一一绑定。

[RTA]traffic policy net32h
[RTA-trafficpolicy-net32h]classifier 1 behavior 1
[RTA-trafficpolicy-net32h]classifier 2 behavior 2

（5）在 GE0/0/0 接口入方向调用流策略 net32h。

[RTA]interface GigabitEthernet 0/0/0
[RTA-GigabitEthernet0/0/0]traffic-policy net32h inbound

28.5　BFD 概述

【基础知识点】

1. BFD 的基本概念

双向转发检测（Bidirectional Forwarding Detection，BFD）提供了一个通用的、标准化的、介质无关和协议无关的快速故障检测机制，用于快速检测、监控网络中链路或者 IP 路由的转发连通状态。

2. BFD 会话的建立方式

BFD 会话的建立有两种方式，即静态建立 BFD 会话和动态建立 BFD 会话。BFD 通过控制报文中的本地标识符和远端标识符区分不同的会话。

（1）静态建立 BFD 会话是指通过命令行手工配置 BFD 会话参数，手工配置本地标识符和远端标识符等，然后手工下发 BFD 会话建立请求。

（2）动态建立 BFD 会话的本地标识符由触发创建 BFD 会话的系统动态分配，远端标识符从收到对端 BFD 消息的 Local Discriminator 的值学习而来。

3. BFD 的检测模式

BFD 的检测模式有异步模式和查询模式两种。

（1）异步模式：本端按一定的发送周期发送 BFD 控制报文，检测点位于远端。

（2）查询模式：本端检测自身发送的 BFD 控制报文是否得到了回应。

4. BFD Echo 功能

（1）BFD Echo 功能也称为 BFD 回声功能，是由本地发送 BFD Echo 报文，远端系统将报文环回的一种检测机制。

（2）在两台直接相连的设备中，一台设备支持 BFD 功能，另一台设备不支持 BFD 功能。可以在支持 BFD 功能的设备上创建单臂回声功能的 BFD 会话，支持 BFD 功能的设备发起回声请求功能；不支持 BFD 功能的设备接收到报文后直接将其环回，从而实现转发链路的连通性检测功能。

5. BFD 默认参数

BFD 报文发送间隔默认 1000 毫秒，接收间隔默认 1000 毫秒，本地检测倍数 3 次，BFD 报文优先级默认是 7。

6. BFD 配置

（1）配置一个名为 net32h 的 BFD 会话，使用缺省组播地址对绑定本端 GigabitEthernet0/0/1 接口的单跳链路进行检测。

```
[HUAWEI]bfd net32h bind peer-ip default-ip interface GigabitEthernet 0/0/1
[HUAWEI-bfd-session-net32h]quit
```

（2）创建名称为 net32h 的 BFD 会话，对从本端接口 VLANIF100 到对端 IP 地址为 192.168.10.2 的单跳链路进行检测。

```
[HUAWEI]bfd
[HUAWEI-bfd]quit
[HUAWEI]bfd net32h bind peer-ip 192.168.10.2 interface vlanif 100
```

（3）创建名为 net32h 的 BFD 会话，检测到对端 IP 地址为 192.168.20.2 的多跳链路。

```
[HUAWEI]bfd
[HUAWEI-bfd]quit
[HUAWEI]bfd net32h bind peer-ip 192.168.20.2
```

（4）配置静态标识符自协商 BFD 会话。

```
[HUAWEI]bfd
[HUAWEI-bfd]quit
[HUAWEI]bfd net32h bind peer-ip 192.168.1.2 interface vlanif 100 source-ip 192.168.1.1 auto
```

（5）配置名称为 net32h 的单臂回声功能的 BFD 会话。

```
[HUAWEI]bfd net32h bind peer-ip 10.10.10.1 interface vlanif 100 source-ip 10.10.10.2 one-arm-echo
[HUAWEI-bfd-session-net32h]discriminator local 100
[HUAWEI-bfd-session-net32h]commit
```

28.6 BFD 联动配置

【基础知识点】

1. 静态路由与 BFD 联动

配置需求：RouterA 通过 RouterB 和服务器跨网段相连。在 RouterA 上通过静态路由与服务器进行正常通信。在 RouterA 和 RouterB 上配置 BFD Session。配置 RouterA 到服务器的静态路由并绑定 BFD Session，实现毫秒级故障感知，拓扑如图 28-6 所示。

图 28-6 静态路由与 BFD 联动

主要配置步骤如下：

（1）配置 RouterA 和 RouterB 间的 BFD 会话。

[RouterA]bfd
[RouterA-bfd]quit
[RouterA]bfd net32h-a bind peer-ip 192.168.10.2
[RouterA-bfd-session-net32h-a]discriminator local 10
[RouterA-bfd-session-net32h-a]discriminator remote 20
[RouterA-bfd-session-net32h-a]commit
[RouterA-bfd-session-net32h-a]quit

（2）在 RouterB 配置与 RouterA 之间的 BFD Session。

[RouterB]bfd
[RouterB-bfd]quit
[RouterB]bfd net32h-b bind peer-ip 192.168.10.1
[RouterB-bfd-session-net32h-b]discriminator local 20
[RouterB-bfd-session-net32h-b]discriminator remote 10
[RouterB-bfd-session-net32h-b]commit
[RouterB-bfd-session-net32h-b]quit

（3）配置静态路由并绑定 BFD 会话。

在 RouterA 配置到外部网络的静态路由，并绑定 BFD 会话 net32h-a。

[RouterA]ip route-static 192.168.20.0 24 192.168.10.2 track bfd-session net32h-a

2. RIP 与动态 BFD 联动

配置需求：在 SwitchA 和 SwitchB 上配置 RIP 与动态 BFD 联动，通过 BFD 快速检测链路的状态，从而提高 RIP 的收敛速度，实现链路的快速切换，拓扑如图 28-7 所示。

配置 SwitchA 上所有接口的 BFD 特性（主要配置如下）。

[SwitchA]bfd
[SwitchA-bfd]quit
[SwitchA]rip 1

[SwitchA-rip-1]bfd all-interfaces enable
[SwitchA-rip-1]bfd all-interfaces min-tx-interval 100 min-rx-interval 100 detect-multiplier 10
[SwitchA-rip-1]quit

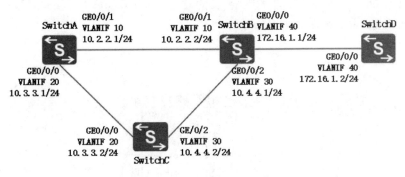

图 28-7　RIP 与动态 BFD 联动

3. RIP 与静态 BFD 联动

配置需求：在 SwitchA 上配置 RIP 与单臂静态 BFD 联动，通过 BFD 快速检测链路的状态，从而提高 RIP 的收敛速度，实现链路的快速切换，拓扑如图 28-8 所示。

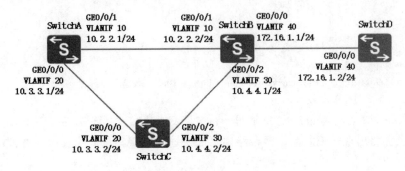

图 28-8　RIP 与静态 BFD 联动

主要配置步骤如下：

（1）配置 SwitchA 的单臂静态 BFD 特性。

[SwitchA]bfd
[SwitchA-bfd]quit
[SwitchA]bfd 1 bind peer-ip 10.2.2.2 interface vlanif 10 source-ip 10.2.2.1 one-arm-echo
[SwitchA-bfd-session-1]discriminator local 1
[SwitchA-bfd-session-1]min-echo-rx-interval 200
[SwitchA-bfd-session-1]commit
[SwitchA-bfd-session-1]quit

（2）使能接口 GE 0/0/1 静态 BFD 功能。

[SwitchA]interface GigabitEthernet 0/0/1
[SwitchA-GigabitEthernet 0/0/1]rip bfd static
[SwitchA-GigabitEthernet 0/0/1]quit

4. OSPF 与 BFD 联动

配置需求：配置 OSPF 与 BFD 联动，通过设置所有 OSPF 接口的 BFD 会话参数进一步提高链路状态变化时 OSPF 的收敛速度。将 BFD 会话的最大发送间隔和最大接收间隔都设置为 100ms，检测次数默认不变，拓扑如图 28-9 所示。

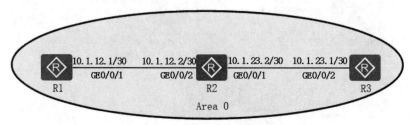

图 28-9　OSPF 与 BFD 联动

主要配置步骤如下：

```
[R1]bfd
[R1-bfd] quit
[R1]interface GigabitEthernet 0/0/1
[R1-GigabitEthernet0/0/1]ip address 10.1.12.1 30
[R1]ospf 1
[R1-ospf-1]area 0
[R1-ospf-1-area-0.0.0.0]network 10.1.12.0 0.0.0.3
[R1-ospf-1-area-0.0.0.0]quit
[R1-ospf-1]bfd all-interfaces enable
[R1-ospf-1]bfd all-interfaces min-tx-interval 100 min-rx-interval 100 detect-multiplier 3
```

5. IS-IS 与动态 BFD 联动

配置需求：RouterA 与 RouterB 之间通过一台二层交换机实现互连。现要求当 RouterA 与 RouterB 之间经交换机链路出现故障时，这两台路由器能快速对故障结果做出反应，并把流量切换至经 RouterC 链路转发，拓扑如图 28-10 所示。

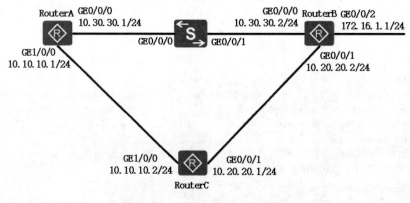

图 28-10　IS-IS 与动态 BFD 联动

主要配置步骤如下：

（1）以 RouterA 为例，在 RouterA 上使能 IS-IS 的 BFD 特性。

[RouterA]bfd
[RouterA-bfd]quit
[RouterA]isis
[RouterA-isis-1]bfd all-interfaces enable
[RouterA-isis-1]quit

（2）在 RouterA 的 GE0/0/0 接口上配置 BFD 特性，并指定最小发送和接收间隔为 100ms 本地检测时间倍数为 4。

[RouterA]interface GigabitEthernet 0/0/0
[RouterA-GigabitEthernet0/0/0]isis bfd enable
[RouterA-GigabitEthernet0/0/0]isis bfd min-tx-interval 100 min-rx-interval 100 detect-multiplier 4
[RouterA-GigabitEthernet0/0/0]quit

6. IS-IS 与静态 BFD 联动

配置需求：RouterA 与 RouterB 之间通过一台二层交换机实现互连。现要求当 RouterA 与 RouterB 之间经交换机链路出现故障时，这两台路由器能快速对故障结果做出反应，并把流量切换至经 RouterC 链路转发，拓扑如图 28-11 所示。

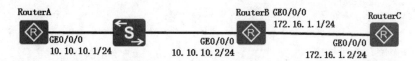

图 28-11 IS-IS 与静态 BFD 联动

主要配置步骤如下：

（1）以 RouterA 为例，在 RouterA 上使能 BFD，并配置 BFD 会话。

[RouterA]bfd
[RouterA-bfd]quit
[RouterA]bfd atob bind peer-ip 10.10.10.2 interface GigabitEthernet 0/0/0
[RouterA-bfd-session-atob]discriminator local 1
[RouterA-bfd-session-atob]discriminator remote 2
[RouterA-bfd-session-atob]commit
[RouterA-bfd-session-atob]quit

（2）以 RouterA 为例，使能 IS-IS 的快速感知特性。

[RouterA]interface GigabitEthernet 1/0/0
[RouterA-GigabitEthernet1/0/0]isis bfd static
[RouterA-GigabitEthernet1/0/0]quit

7. BGP 与 BFD 联动

配置需求：RouterA 属于 AS 100，RouterB 和 RouterC 属于 AS 200，路由器 RouterA 和 RouterB，RouterA 和 RouterC 建立非直连 EBGP 连接。业务流量在主链路 RouterA→RouterB 上传送，链路 RouterA→RouterC→RouterB 为备份链路。要求实现故障的快速感知，使得流量从主链路快速切换至备份链路转发，拓扑如图 28-12 所示。

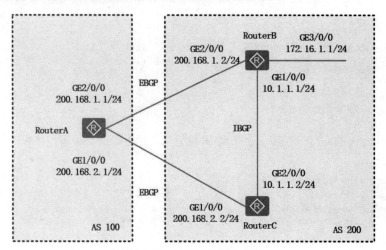

图 28-12 BGP 与 BFD 联动

主要配置步骤如下：

（1）以 RouterA 为例，配置 RouterA 的各接口的 IP 地址。

[RouterA]interface GigabitEthernet 1/0/0
[RouterA-GigabitEthernet1/0/0]ip address 200.168.2.1 255.255.255.0
[RouterA-GigabitEthernet1/0/0]quit
[RouterA]interface GigabitEthernet 2/0/0
[RouterA-GigabitEthernet2/0/0]ip address 200.168.1.1 255.255.255.0
[RouterA-GigabitEthernet2/0/0]quit

（2）在 RouterA 和 RouterB，RouterA 和 RouterC 之间建立 EBGP 连接，RouterB 和 RouterC 之间建立 IBGP 连接，以 RouterA 为例，其他配置略。

[RouterA]bgp 100
[RouterA-bgp]router-id 1.1.1.1
[RouterA-bgp]peer 200.168.1.2 as-number 200
[RouterA-bgp]peer 200.168.1.2 ebgp-max-hop
[RouterA-bgp]peer 200.168.2.2 as-number 200
[RouterA-bgp]peer 200.168.2.2 ebgp-max-hop
[RouterA-bgp]quit

（3）通过策略配置 RouterB 和 RouterC 发送给 RouterA 的 MED 值。

[RouterB]route-policy 10 permit node 10
[RouterB-route-policy]apply cost 100
[RouterB-route-policy]quit
[RouterB]bgp 200
[RouterB-bgp]peer 200.168.1.1 route-policy 10 export
[RouterC]route-policy 10 permit node 10
[RouterC-route-policy]apply cost 150
[RouterC-route-policy]quit
[RouterC]bgp 200
[RouterC-bgp]peer 200.168.2.1 route-policy 10 export

（4）在 RouterA 上使能 BFD 功能，并指定最小发送和接收间隔为 100 毫秒，本地检测时间倍数为 4。

[RouterA]bfd
[RouterA-bfd]quit
[RouterA]bgp 100
[RouterA-bgp]peer 200.168.1.2 bfd enable
[RouterA-bgp]peer 200.168.1.2 bfd min-tx-interval 100 min-rx-interval 100 detect-multiplier 4

8. VRRP 与 BFD 联动

配置需求：HostA 和 HostB 通过 Switch 双归属到部署了 VRRP 备份组的 RouterA 和 RouterB，其中 RouterA 为 Master。用户希望当 RouterA 或 RouterA 到 Switch 间链路出现故障时，主备网关间的切换时间小于 1 秒，以减少故障对业务传输的影响，拓扑如图 28-13 所示。

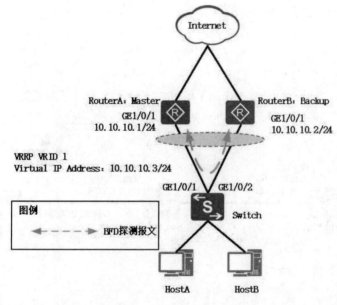

图 28-13 VRRP 与 BFD 联动

主要配置步骤如下：

（1）在 RouterA 上配置 BFD 会话。

[RouterA]bfd
[RouterA-bfd]quit
[RouterA]bfd net32h bind peer-ip 10.10.10.2 interface GigabitEthernet 1/0/1
[RouterA-bfd-session-atob]discriminator local 1
[RouterA-bfd-session-atob]discriminator remote 2
[RouterA-bfd-session-atob]min-rx-interval 50
[RouterA-bfd-session-atob]min-tx-interval 50
[RouterA-bfd-session-atob]commit
[RouterA-bfd-session-atob]quit

（2）在 RouterB 上配置 VRRP 与 BFD 联动，当 BFD 会话状态为 Down 时，RouterB 的优先级增加 40。

```
[RouterB]interface GigabitEthernet 1/0/1
[RouterB-GigabitEthernet1/0/1]vrrp vrid 1 track bfd-session 2 increased 40
[RouterB-GigabitEthernet1/0/1]quit
```

9. 常见 BFD 命令

bfd one-arm-echo 命令用来配置单臂回声功能的 BFD 会话；bfd bind peer-ip 命令用来创建 BFD 会话绑定信息，并进入 BFD 会话视图；bfd bind peer-ip source-ip auto 命令用来创建静态标识符自协商 BFD 会话；detect-multiplier 命令用来配置 BFD 会话的本地检测倍数；commit 命令用来提交 BFD 会话配置；display bfd configuration 命令用来查看 BFD 会话配置信息；display bfd interface 命令用来查看使能 BFD 的接口信息；display bfd session 命令用来查看 BFD 会话信息；display bfd statistics 命令用来查看 BFD 全局统计信息。

28.7 练习题

1. 如下图所示，SwitchA 通过 SwitchB 和 NMS 跨网段相连并正常通信。SwitchA 与 SwitchB 配置相似，从给出的 SwitchA 的配置文件可知该配置实现的是___（1）___，验证配置结果的命令是___（2）___。

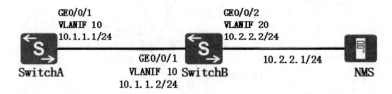

SwitchA 的配置文件如下所示：

```
sysname SwitchA
vlan batch 10
bfd
interface Vlanif1 0
ip address 10.1.1.1 255.255.255.0
interface GigabitEthernet0/0/1
port link-type trunk
port trunk allow-pass vlan 10
bfd aa bind peer-ip 10.1.1.2
discriminator local 10
discriminator remote 20
commit
ip route-static 10.2.2.0 255.255.255.0 10.1.1.2 track bfd-session aa
return
```

（1）A．实现毫秒级链路故障感知并刷新路由表

　　　B．能够感知链路故障并进行链路切换

　　　C．将感知到的链路故障通知 NMS

　　　D．自动关闭故障链路接口并刷新路由表

（2）A．display nqa results

　　　B．display bfd session all

　　　C．display efm session all

　　　D．display current-configuration | include nqa

解析：BFD 用于快速检测系统设备之间的发送和接收两个方向的通信故障，并在出现故障时通知生成应用。BFD 广泛用于链路故障检测，并能实现与接口、静态路由、动态路由等联动检测。在用户视图下，执行 display bfd session all 命令查询路由器的会话详细信息。

答案：（1）A　（2）B

2．按照公司规定，禁止市场部和研发部工作日每天 8:00 至 18:00 访问公司视频服务器，其他部门和用户不受此限制。请根据描述，将以下配置代码补充完整。拓扑图如下所示。

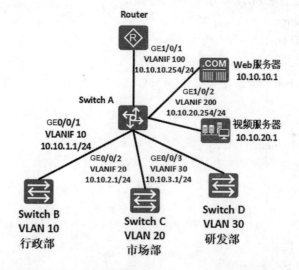

```
……
[Switch]___（1）___satime 8：00 to 18：00 working-day
[Switch] acl 3002
[Switch-acl-adv-3002] rule deny ip source 10.10.2.0 0.0.0.255 destination 10.10.20.1 0.0.0.0 time-range satime
[Switch-acl-adv-3002]quit
[Switch] acl 3003
[Switch-acl-adv-3003] rule deny ip source 10.10.3.0 0.0.0.255 destination 10.10.20.1 0.0.0.0 time-range satime
[Switch-acl-adv-3003] quit
[Switch] traffic classifier c_market                //___（2）___
[Switch-classifier-c_market]___（3）___acl 3002     //将 ACL 与流分类关联
[Switch-classifier-c_market] quit
```

```
[Switch] traffic classifier c_rd
[Switch-classifier-c_rd] if-match acl 3003          //将 ACL 与流分类关联
[Switch-classifier-c_rd] quit
[Switch]____(4)____b_market                          //创建流行为
[Switch-behavior-b_market]____(5)____                //配置流行为动作为拒绝报文通过
[Switch-behavior-b_market ] quit
[Switch] traffic behavior b_rd
[Switch-behavior-b_rd] deny
[Switch-behavior-b_rd] quit
[Switch]____(6)____p_market //创建流策略
[Switch-trafficpolicy-p_market] classifier c_market behavior b_market
[Switch-trafficpolicy-p_market] quit
[Switch] trafficpolicy p_rd                          //创建流策略
[Switch-trafficpolicy-p_rd] classifier c_rd behavior b_rd
[Switch-trafficpolicy-p_rd] quit
[Switch] interface____(7)____
[Switch-GigabitEthernet0/0/2] traffic-policy p_market___(8)___
[Switch-GigabitEthernet0/0/2] quit
[Switch] interface GigabitEthernet 0/0/3
[Switch-GigabitEthernet0/0/3] traffic-policy____(9)____inbound
[Switch-GigabitEthernet0/0/3] quit
```

答案：(1) time-range

(2) 创建流分类

(3) if-match

(4) traffic behavior

(5) deny

(6) traffic policy

(7) GigabitEthernet 0/0/2

(8) inbound

(9) p_rd

第29小时 安全设备基础

29.0 本章思维导图

安全设备基础思维导图如图 29-1 所示。

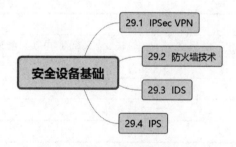

图 29-1 安全设备基础思维导图

29.1 IPSec VPN

【基础知识点】

1. IPSec VPN 的基本概念

IPSec VPN 是对 IP 的安全性补充,其工作在 IP 层。数据通过设备间建立的 IPSec 隧道进行转发,保护了数据的安全性。

2. IPSec 协议体系

IPSec 包括认证头(Authentication Header,AH)和封装安全载荷(Encapsulate Security Payload,ESP)两个安全协议、密钥交换和用于验证及加密的一些算法等。IPSec 协议体系如图 29-2 所示。

(1) AH 是报文头验证协议,主要提供数据源验证、数据完整性验证和防报文重放功能,不提供加密功能。AH 协议的完整性验证范围为整个 IP 报文。

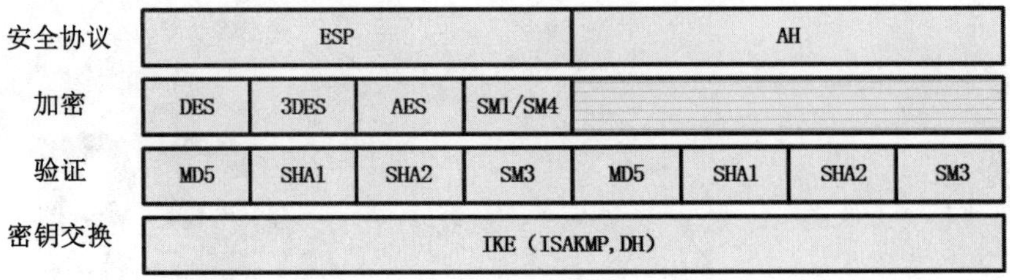

安全协议	ESP				AH			
加密	DES	3DES	AES	SM1/SM4				
验证	MD5	SHA1	SHA2	SM3	MD5	SHA1	SHA2	SM3
密钥交换	IKE（ISAKMP,DH）							

图 29-2　IPSec 协议体系

（2）ESP 是封装安全载荷协议，主要提供加密、数据源验证、数据完整性验证和防报文重放功能。IPSec VPN 通过验证头 AH 和封装安全载荷 ESP 实现 IP 报文的安全保护。

（3）AH 和 ESP 都能够提供数据源验证和数据完整性验证，使用的验证算法为 MD5、SHA1、SHA2-256、SHA2-384 和 SHA2-512，以及 SM3 算法。ESP 能够对 IP 报文内容进行加密，使用的加密算法为对称加密算法，包括 DES、3DES、AES、SM1、SM4。

（4）AH 协议与 ESP 协议的对比见表 29-1。

表 29-1　AH 协议与 ESP 协议的对比

对比项	AH	ESP
协议号	51	50
数据完整性校验	支持验证整个 IP 报文	传输模式：不验证 IP 头，隧道模式：验证整个 IP 报文
数据源验证	支持	支持
数据加密	不支持	支持
防报文重放攻击	支持	支持
NAT 穿越	不支持	支持

3. IPSec 的安全机制

IPSec 提供了加密和验证两种安全机制。

（1）加密机制保证数据的机密性，防止数据在传输过程中被窃听；验证机制能保证数据真实可靠，防止数据在传输过程中被仿冒和篡改。

（2）IPSec 的加密功能，无法验证解密后的信息是不是原始发送的信息或完整。IPSec 采用 HMAC 功能，比较完整性校验值 ICV 进行数据包完整性和真实性验证。

（3）加密和验证通常配合使用。在 IPSec 发送方，加密后的报文通过验证算法和对称密钥生成数字签名，IP 报文和数字签名同时发给对端；在 IPSec 接收方，使用相同的验证算法和对称密钥对加密报文进行处理，同样得到签名，然后比较数字签名进行数据完整性和真实性验证，验证不通过的报文直接丢弃，验证通过的报文再进行解密。

4. 密钥交换方式

（1）在发送、接收设备上手工配置静态的加密、验证密钥。双方通过带外共享的方式（例如：电话、短信、邮件等）保证密钥一致性。这种方式安全性低、可扩展性差、无法周期性修改密钥。

（2）通过因特网密钥交换协议（Internet Key Exchange，IKE）自动协商密钥。IKE 采用 DH 算法在不安全的网络上安全地分发密钥。这种方式配置简单，可扩展性好，特别是在大型动态的网络环境。通信双方通过交换密钥交换材料来计算共享的密钥，即使截获了用于计算密钥的所有交换数据，也无法计算出真正的密钥。

IKE 建立在 Internet 安全联盟和密钥管理协议 ISAKMP 定义的框架上，是基于 UDP 的应用层协议。它为 IPSec 提供了自动协商密钥、建立 IPSec 安全联盟的服务，能够简化 IPSec 的配置和维护工作。

5．IKE 安全机制

（1）IKE 具有一套自我保护机制，可以在网络上安全地认证身份、分发密钥、建立 IPSec SA。IKE 支持的认证算法有：MD5、SHA1、SHA2-256、SHA2-384、SHA2-512。IKE 支持的加密算法有：DES、3DES、AES-128、AES-192、AES-256。

（2）DH 是一种公共密钥交换方法，它用于产生密钥材料，并通过 ISAKMP 消息在发送和接收设备之间进行密钥材料交换。然后，两端设备各自计算出完全相同的对称密钥。在任何时候，通信双方都不交换真正的密钥。

（3）完善的前向安全性（Perfect Forward Secrecy，PFS）通过执行一次额外的 DH 交换，确保即使 IKE SA 中使用的密钥被泄露，IPSec SA 中使用的密钥也不会受到损害。

6．IKE 协议版本

IKE 协议分 IKE v1 和 IKE v2 两个版本。IKEv2 与 IKEv1 相比提高了安全性能、简化了协商过程，在一次协商中可直接生成 IPSec 的密钥并建立 IPSec SA。

7．安全联盟

（1）IPSec 安全传输数据的前提是在运行 IPSec 协议的两个端点之间成功建立安全联盟。IPSec 安全联盟简称 IPSec SA，由一个三元组来唯一标识，这个三元组包括安全参数索引（Security Parameter Index，SPI）、目的 IP 地址和使用的安全协议号（AH 或 ESP）。其中，SPI 是为唯一标识 SA 而生成的一个 32 位比特的数值，它被封装在 AH 和 ESP 头中。

（2）IPSec SA 是单向的逻辑连接，通常成对建立（Inbound 和 Outbound）。两个 IPSec 对等体之间的双向通信，至少需要一对 IPSec SA 形成一个安全互通的 IPSec 隧道。

（3）如果对等体同时使用了 AH 和 ESP，那么对等体之间就需要四个 SA。建立 IPSec SA 有两种方式：手动方式和 IKE 方式，见表 29-2。

表 29-2　IPSec SA 的手动和 IKE 方式

对比项	手动方式	IKE 方式
加密/验证密钥配置	手动配置、易出错、密钥管理成本高	密钥通过 DH 算法生成、密钥管理成本低
刷新方式	手动刷新	动态刷新
SPI 取值	手动配置	随机生成
生存周期	SA 永久存在	SA 动态刷新

续表

对比项	手动方式	IKE 方式
安全性	低	高
适用场景	小型网络	小型、大中型网络

8. 封装模式

封装模式有传输模式和隧道模式两种。

（1）传输模式。在传输模式中，AH 头或 ESP 头被插入到 IP 头与传输层协议头之间，保护 TCP/UDP/ICMP 负载。传输模式下，与 AH 协议相比，ESP 协议的完整性验证范围不包括 IP 头，无法保证 IP 头的安全，如图 29-3 所示。

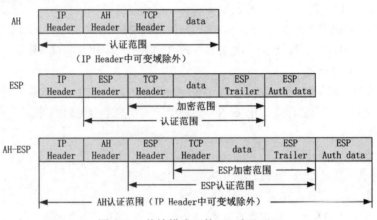

图 29-3　传输模式下的 AH 和 ESP

（2）隧道模式。在隧道模式下，AH 头或 ESP 头被插到原始 IP 头之前，另外生成一个新的报文头放到 AH 头或 ESP 头之前，保护 IP 头和负载。隧道模式下，与 AH 协议相比，ESP 协议的完整性验证范围不包括新 IP 头，无法保证新 IP 头的安全，如图 29-4 所示。

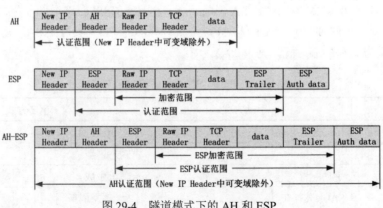

图 29-4　隧道模式下的 AH 和 ESP

(3) 传输模式和隧道模式的选择。

1) 隧道模式优于传输模式，隧道模式可以对原始 IP 数据包进行验证和加密，并且可以隐藏内部 IP 地址、协议类型和端口。

2) 隧道模式主要应用于两台 VPN 网关之间或一台主机与一台 VPN 网关之间的通信；传输模式主要应用于两台主机或一台主机和一台 VPN 网关之间通信。

3) 隧道模式有一个额外的 IP 头，所以它将比传输模式占用更多的带宽。

29.2 防火墙技术

【基础知识点】

1. 防火墙概述

防火墙是设置在两个或多个网络之间的安全阻隔，用于保证本地网络资源的安全，通常是包含软件部分和硬件部分的一个系统或多个系统的组合。被防火墙分割的网络之间，必须按照防火墙规定的"策略"进行访问。

2. 防火墙分类

防火墙分类如图 29-5 所示。

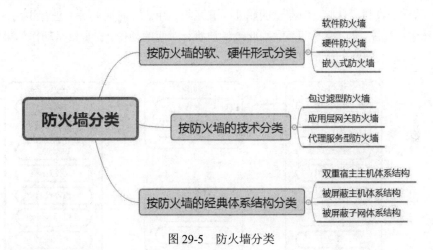

图 29-5 防火墙分类

3. 安全区域

（1）在防火墙上我们用安全区域，简称为区域（Zone）来区分不同的区域。安全区域是一个或多个接口的集合，网络中的用户具有相同的安全属性。

（2）防火墙认为在同一安全区域内部发生的数据流动是不存在安全风险的，不需要实施任何安全策略。当报文在不同的安全区域之间流动时，才会受到控制。

（3）防火墙通过接口来连接网络，将接口划分到安全区域后，通过接口就把安全区域和网络关联起来。优先级通过数字表示，数字越大表示优先级越高。默认的安全区域不能删除，也不允许修改优先级。用户可根据自己的需要创建自定义的 Zone。

（4）设备默认的安全区域如图 29-6 所示。

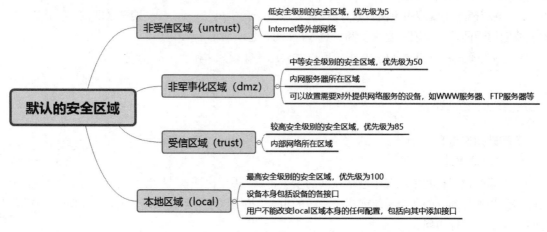

图 29-6　默认的安全区域

4. 安全策略

（1）当防火墙收到流量后，对流量的属性（五元组、用户、时间段等）进行识别，然后与安全策略的条件进行匹配。如果条件匹配，则此流量被执行对应的动作。安全策略动作如果为"禁止"则配置反馈报文，如图 29-7 所示。

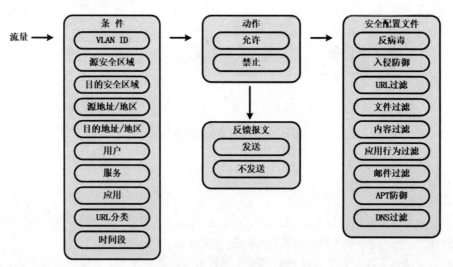

图 29-7　安全策略的组成

（2）当配置多条安全策略规则时，从策略列表首条开始逐条向下匹配。如果流量匹配了某个安全策略，则不进行下一个策略的匹配。

（3）需要先配置条件精确的策略，再配置宽泛的策略。

（4）一般没有明确允许的，默认都会被禁止。如果想要允许某流量通过，可以创建安全策略。

5. 安全域间流动方向

安全域间的数据流动具有方向性，包括入方向（Inbound）和出方向（Outbound）。入方向是数据由低优先级的安全区域向高优先级的安全区域传输。出方向是数据由高优先级的安全区域向低优先级的安全区域传输，如图 29-8 所示。

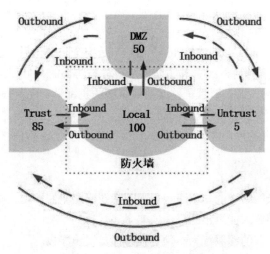

图 29-8　安全域间的流动方向

6. 会话表

（1）会话是通信双方的连接在防火墙上的具体体现，代表两者的连接状态，一条会话就表示通信双方的一个连接。防火墙上多条会话的集合就叫作会话表（Session Table）。如下所示：

http　　VPN：public --> public 1.1.1.1:2049-->2.2.2.2:80

（2）其中 http 表示协议，1.1.1.1 表示源地址，2049 表示源端口，2.2.2.2 表示目的地址，80 表示目的端口。

（3）源地址、源端口、目的地址、目的端口和协议这五个元素是会话的重要信息，我们将这五个元素称之为"五元组"，在防火墙上通过这五个元素就可以唯一确定一条连接。

（4）会话是动态生成的，如果长时间没有报文匹配，则说明通信双方已经断开了连接，不再需要该条会话了。

7. 多通道协议

在防火墙上配置严格的单向安全策略，只会允许业务单方向发起访问。这会导致一些需占用两个或两个以上端口的协议无法工作，例如 FTP。

8. ASPF 和 Server-map

（1）ASPF 也称作基于状态的报文过滤，ASPF 功能可以自动检测某些报文的应用层信息并根据应用层信息放开相应的访问规则，即生成 Server-map 表。

（2）Server-map 表记录了类似会话表中连接的状态。Server-map 表是简化的会话表，在真实流量到达前生成。在流量真实到达防火墙时，防火墙会基于 Server-map 表生成会话表，然后执行转发。

29.3 IDS

【基础知识点】

1. IDS 的基本概念

入侵检测系统（Intrusion Detection System，IDS）是安全防护体系中重要的一环，它所具有的实时性、动态检测和主动防御等特点，弥补了防火墙等静态防御的不足，尽可能发现各种攻击企图、攻击行为或攻击结果并实时报警，以保证网络系统资源的机密性、完整性和可用性。

入侵检测系统是对防火墙的补充，假如防火墙是一栋大楼的门锁，那么 IDS 就是这栋大楼里的监视系统。一旦小偷爬窗进入大楼，或者内部人员有越界行为，只有实时监视系统才能发现情况并发出警告。

IDS 主要作用如下：

（1）通过检测和记录网络中的安全违规行为，惩罚网络犯罪，防止网络入侵事件的发生。

（2）检测其他安全措施未能阻止的攻击或安全违规行为。

（3）检测黑客在攻击前的探测行为，预先给管理员发出警报。

（4）报告计算机系统或网络中存在的安全威胁。

（5）提供有关攻击的信息，帮助管理员诊断网络中存在的安全弱点，利于其进行修补。

（6）在大型、复杂的计算机网络中布置入侵检测系统，可以显著提高网络安全管理的质量。

2. 公共入侵检测框架（CIDF）

公共入侵检测框架体系结构如图 29-9 所示。

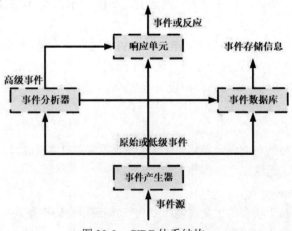

图 29-9 CIDF 体系结构

（1）事件产生器：主要负责收集数据，入侵检测的第一步就是收集数据。

（2）事件分析器：作用是分析从探测器中获得的数据，主要包括两个方面的作用：一是监控进出主机和网络的数据流，看是否存在对系统的入侵行为；另一个是评估系统关键资源和数据文件的完整性，看系统是否已经遭受了入侵。

（3）响应单元：作用是对分析所得结果做出相应的动作，或者是报警，或者是更改文件属性，或者是阻断网络连接等。

（4）事件数据库：存放的是各种中间数据，记录攻击的基本情况。

3. 入侵检测系统的分类

根据数据来源和系统结构的不同，入侵检测系统可以分为基于主机、基于网络和混合型入侵检测系统 3 类。

（1）基于主机的入侵检测系统（Host-based IDS，HIDS）通常在被重点检测的主机上运行一个代理程序，用于监视、检测对于主机的攻击行为（如可疑的网络连接、系统日志检查、非法访问等），通知用户并进行响应。HIDS 最适合配置对抗内部的威胁。

（2）基于网络的入侵检测系统（Network-based IDS，NIDS）数据源是网络上的数据包，在这种类型的入侵检测系统中，往往将一台机器的网卡设置为混杂模式，监听所有本网段内的数据包并进行判断。大部分入侵检测产品是基于网络的。基于网络的 IDS 易于配置，易管理，而且它们对受保护系统的性能也不产生影响或影响很小。

（3）混合型是基于主机和基于网络的入侵检测系统的结合，它为前两种方案提供了互补，还提供了入侵检测的集中管理，采用这种技术能实现对入侵行为的全方位检测。

4. 异常检测与误用检测

（1）异常检测通过流量统计分析建立系统正常行为的轨迹，如系统运行时的数值超过正常阈值则认为可能受到攻击。漏报、误报率比较高。

（2）误用检测可以直接识别攻击，误报率低。缺点是只能检测已定义的攻击方法，对新的攻击方法无能为力，必须及时更新模式库。

29.4　IPS

【基础知识点】

1. IPS 的基本概念

入侵防御系统（Intrusion Prevention System，IPS）提供主动、实时的防护，除了发出警报外，如果检测到攻击企图，就会自动地将攻击包丢掉或采取措施阻断攻击源。

2. 防火墙与 IDS 的对比

防火墙不能阻止内部网络的攻击，对于网络上流行的各种病毒也没有很好的防御措施；IDS 只能检测入侵而不能实时地阻止攻击，而且 IDS 具有较高的漏报和误报率。

3. IPS 与防火墙的区别

防火墙只能对网络层和传输层进行检查，不能检测应用层的内容。防火墙的包过滤技术不会针对每一个字节进行检查，因而很多攻击将不会被发现，而 IPS 不仅可以做到对流量进行逐字节的检查，而且可以将经过的数据包还原为完整的数据流，通过对数据流的监控来发现正在进行的网络攻击。

4. IDS 与 IPS 的区别

（1）IPS 和 IDS 的部署方式不同。串接式部署是 IPS 和 IDS 的主要区别，IDS 产品在网络中是旁路式工作，IPS 产品在网络中是串接式工作，如图 29-10 所示。

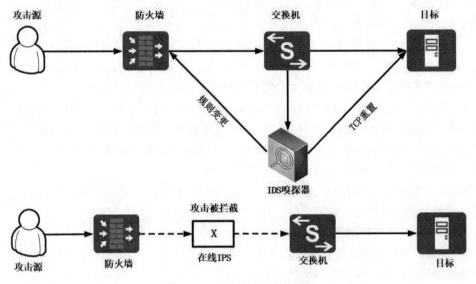

图 29-10 IDS 和 IPS 的区别

（2）IDS 设备对于网络中的入侵行为，通常将入侵行为记入日志，并向网络管理员发出警报，并没有主动地采取相应的措施。而 IPS 检测到入侵行为后，能够对攻击行为进行主动防御，如丢弃攻击连接的数据包以阻断攻击会话，主动发送 ICMP 不可到达数据包，记录日志和动态地生成防御规则等多种方式。

5. IPS 的分类

IPS 系统根据部署方式可以分为基于主机的入侵防护（HIPS）、基于网络的入侵防护（NIPS）和应用入侵防护（AIPS）。

6. IPS 的检测技术

IPS 的检测技术基于特征的匹配技术、协议分析技术、抗 DDoS/DoS 技术、智能化检测技术（如神经网络、遗传算法、模糊技术等，借用数据挖掘的方法，包括关联、序列等，可以有效提高入侵检测的精确性）、蜜罐技术（蜜罐不会直接提高计算机的网络安全，但它却是一种不可缺少的主动防御技术，目前很多 IPS 产品中都集成了蜜罐技术）。

7. IPS 的缺点

IPS 存在的问题主要是单点故障、性能瓶颈、误报率和漏报率，且 IPS 更新规则库难度较大。

29.5 练习题

1. 下列关于防火墙技术的描述中，正确的是（　　）。
   A．防火墙不能支持网络地址转换
   B．防火墙通常部署在企业内部网和 Internet 之间
   C．防火墙可以查杀各种病毒
   D．防火墙可以过滤垃圾邮件

解析：防火墙通常部署在企业内部网和 Internet 之间，用于保护内部网络。一般情况下，防火墙支持网络地址转换、路由等功能。查杀病毒、过滤垃圾邮件不是防火墙的基本功能。

答案：B

2. 在防火墙域间安全策略中，不是 outbound 方向数据流的是（　　）。
   A．从 Trust 区域到 Local 区域的数据流
   B．从 Trust 区域到 Untrust 区域的数据流
   C．从 Trust 区域到 DMZ 区域的数据流
   D．从 DMZ 区域到 Untrust 区域的数据流

解析：在华为防火墙中，默认有四个区域，Local、Trust、DMZ 和 Untrust，优先级分别是 100、85、50 和 5。数据从高优先级区域到低优先级区域看作 outbound，数据从低优先级区域到高优先级区域看作 inbound。

答案：A

3. 以下关于入侵检测系统的描述中，正确的是（　　）。
   A．实现内外网隔离与访问控制
   B．对进出网络的信息进行实时的监测与比对，及时发现攻击行为
   C．隐藏内部网络拓扑
   D．预防、检测和消除网络病毒

解析：入侵检测系统对进出网络的信息进行实时的监测与比对，及时发现攻击行为；实现内外网隔离与访问控制是网闸的功能；隐藏内部网络拓扑是防火墙的功能；预防、检测和消除网络病毒是杀毒软件的功能。

答案：B

4. 如下图所示，某公司甲、乙两地通过建立 IPSec VPN 隧道，实现主机 A 和主机 B 的互相访问，VPN 隧道协商成功后，甲乙两地访问互联网均正常，但从主机 A 到主机 B ping 不通，原因可能是＿＿（1）＿＿、＿＿（2）＿＿。

```
                        互联网
      甲地                              乙地
       [防火墙]                          [防火墙]
   防火墙（含 VPN模块）              防火墙（含 VPN模块）
   ┌─────────────┐                  ┌─────────────┐
   │ 略去其他设备 │                  │ 略去其他设备 │
   └─────────────┘                  └─────────────┘
         主机A                            主机B
      10.0.22.100                      192.168.22.14
```

(1) A. 甲乙两地存在网络链路故障

B. 甲乙两地防火墙未配置虚拟路由或者虚拟路由配置错误

C. 甲乙两地防火墙策略路由配置错误

D. 甲乙两地防火墙互联网接口配置错误

(2) A. 甲乙两地防火墙未配置 NAT 转换

B. 甲乙两地防火墙未配置合理的访问控制策略

C. 甲乙两地防火墙的 VPN 配置中未使用野蛮模式

D. 甲乙两地防火墙 NAT 转换中未排除主机 A/B 的 IP 地址

解析：一般配置 VPN 时，除了进行 VPN 隧道的相关参数配置外，还需要配置虚拟路由，将对于目标主机 B 的访问，指向已经建立 VPN 隧道。从上图可知，甲乙两地的防火墙为出口设备，可能配置有 NAT 地址转换，一般防火墙的 NAT 配置会优先 VPN 隧道，如果在防火墙 NAT 转换中不排除掉主机 A/B 的 IP 地址，也会造成 VPN 隧道协商成功，但会无法访问的现象。

答案：(1) B (2) D

第30小时 安全设备配置

30.0 本章思维导图

安全设备配置思维导图如图 30-1 所示。

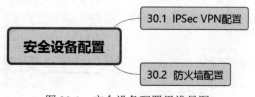

图 30-1 安全设备配置思维导图

30.1 IPSec VPN 配置

【基础知识点】

1. IPSec VPN 配置步骤

（1）需要双方网络层具备可达性，确保双方只有建立 IPSec VPN 隧道才能进行 IPSec 通信。

（2）定义数据流。可以通过配置 ACL 来定义和区分不同的数据流。

（3）配置 IPSec 安全提议。IPSec 提议定义了保护数据流所用的安全协议、认证算法、加密算法和封装模式。安全隧道两端的对等体必须使用相同的安全协议、认证算法、加密算法和封装模式。如果要在两个安全网关之间建立 IPSec 隧道，建议将 IPSec 封装模式设置为隧道模式。

（4）配置 IPSec 安全策略。IPSec 策略中会应用 IPSec 提议中定义的安全协议、认证算法、加密算法和封装模式。每一个 IPSec 安全策略都使用唯一的名称和序号来标识。IPSec 策略可分为手工建立 SA 的策略和 IKE 协商建立 SA 的策略。

（5）在一个接口上应用安全策略。

（6）IPSec VPN 配置流程如图 30-2 所示。

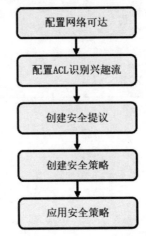

图 30-2　IPSec VPN 配置流程

2．IPSec VPN 基础配置

需求：IPSec VPN 连接是通过配置静态路由建立的，在 RTA 上配置下一跳指向 RTB 静态路由。需要配置两个方向的静态路由确保双向通信可达，拓扑如图 30-3 所示。

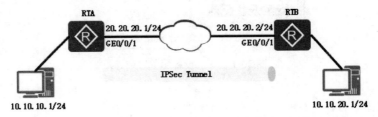

图 30-3　IPSec VPN 基础配置

主要配置如下（以 RTA 为例）：

（1）配置网络可达。

[RTA]ip route-static 10.10.20.0 24 20.20.20.2

（2）配置 ACL 识别兴趣流。

[RTA]acl 3001
[RTA-acl-adv-3001]rule 5 permit ip source 10.10.10.0 0.0.0.255 destination 10.10.20.0 0.0.0.255

（3）创建安全提议。

[RTA]ipsec proposal tran1
[RTA-ipsec-proposal-tran1]esp authentication-algorithm sha1

（4）创建安全策略。

[RTA]ipsec policy p1 10 manual
[RTA-ipsec-policy-manual-p1-10]security acl 3001
[RTA-ipsec-policy-manual-p1-10]proposal tran1

[RTA-ipsec-policy-manual-p1-10]tunnel remote 20.20.20.2
[RTA-ipsec-policy-manual-p1-10]tunnel local 20.20.20.1
[RTA-ipsec-policy-manual-p1-10]sa spi outbound esp 54321
[RTA-ipsec-policy-manual-p1-10]sa spi inbound esp 12345
[RTA-ipsec-policy-manual-p1-10]sa string-key outbound esp simple huawei123
[RTA-ipsec-policy-manual-p1-10]sa string-key inbound esp simple huawei123

（5）应用安全策略。
[RTA]interface GigabitEthernet 0/0/1
[RTA-GigabitEthernet0/0/1]ipsec policy p1
[RTA-GigabitEthernet0/0/1]quit

30.2 防火墙配置

【基础知识点】

1. 防火墙基础配置

需求：防火墙将网络隔离为三个安全区域，Trust、Untrust 和 OM，其中 OM 区域优先级为 95。允许防火墙接口 GE1/0/1 响应 ping 请求，允许 OM 区域 ICMP 流量访问 Untrust 区域，拓扑如图 30-4 所示。

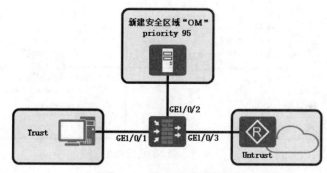

图 30-4　防火墙基础配置

主要配置如下：

（1）配置接口 IP 地址并允许 GE1/0/1 的 ping 业务。
[FW]interface GigabitEthernet 1/0/1
[FW-GigabitEthernet1/0/1]ip address 10.10.10.1 24
[FW-GigabitEthernet1/0/1]service-manage ping permit
[FW-GigabitEthernet1/0/1]interface GigabitEthernet 1/0/2
[FW-GigabitEthernet1/0/2]ip address 20.20.20.1 24
[FW-GigabitEthernet1/0/2]interface GigabitEthernet 1/0/3
[FW-GigabitEthernet1/0/3]ip address 30.30.30.1 24

（2）创建安全区域。
[FW]firewall zone name OM
[FW-zone-OM]set priority 95
[FW-zone-OM]quit

（3）将接口添加到安全区域。

[FW]firewall zone trust
[FW-zone-trust]add interface GigabitEthernet 1/0/1
[FW]firewall zone OM
[FW-zone-OM]add interface GigabitEthernet 1/0/2
[FW]firewall zone untrust
[FW-zone-untrust]add interface GigabitEthernet 1/0/3

（4）创建安全策略。

[FW-policy-security]rule name net32h
[FW-policy-security-rule-net32h]source-zone OM
[FW-policy-security-rule-net32h]destination-zone untrust
[FW-policy-security-rule-net32h]service icmp
[FW-policy-security-rule-net32h]action permit

2. 私网用户通过 NAT No-PAT 访问 Internet

需求：某公司在网络边界处部署了 FW 作为安全网关。为了使私网中 10.1.1.0/24 网段的用户可以正常访问 Internet，需要在 FW 上配置源 NAT 策略。FW 采用 NAT No-PAT 的地址转换方式，将私网地址与公网地址一对一转换。此公司向 ISP 申请了 6 个 IP 地址（1.1.1.10～1.1.1.15）作为私网地址转换后的公网地址。Router 是 ISP 提供的接入网关，拓扑如图 30-5 所示。

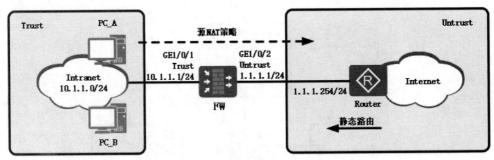

图 30-5 源 NAT 组网图

主要配置如下：

（1）将接口 GigabitEthernet 1/0/1 加入 Trust 区域，将接口 GigabitEthernet 1/0/2 加入 Untrust 区域。

[FW]firewall zone trust
[FW-zone-trust]add interface GigabitEthernet 1/0/1
[FW-zone-trust]quit
[FW]firewall zone untrust
[FW-zone-untrust]add interface GigabitEthernet 1/0/2
[FW-zone-untrust]quit

（2）配置安全策略，允许私网指定网段与 Internet 进行报文交互。

[FW]security-policy
[FW-policy-security]rule name net32h
[FW-policy-security-rule-net32h]source-zone trust
[FW-policy-security-rule-net32h]destination-zone untrust

```
[FW-policy-security-rule-net32h]source-address 10.1.1.0 24
[FW-policy-security-rule-net32h]action permit
[FW-policy-security-rule-net32h]quit
[FW-policy-security]quit
```

（3）配置 NAT 地址池，不开启端口转换。

```
[FW]nat address-group addressgroup1
[FW-address-group-addressgroup1]mode no-pat global
[FW-address-group-addressgroup1]section 0 1.1.1.10 1.1.1.15
[FW-address-group-addressgroup1]route enable
[FW-address-group-addressgroup1]quit
```

（4）配置源 NAT 策略，实现私网指定网段访问 Internet 时自动进行源地址转换。

```
[FW]nat-policy
[FW-policy-nat]rule name net32h
[FW-policy-nat-rule-net32h]source-zone trust
[FW-policy-nat-rule-net32h]destination-zone untrust
[FW-policy-nat-rule-net32h]source-address 10.1.1.0 24
[FW-policy-nat-rule-net32h]action source-nat address-group addressgroup1
[FW-policy-nat-rule-net32h]quit
[FW-policy-nat]quit
```

（5）在 FW 上配置缺省路由，使私网流量可以正常转发至 ISP 的路由器。

```
[FW]ip route-static 0.0.0.0 0.0.0.0 1.1.1.254
```

3．公网用户通过目的 NAT 访问内部服务器

需求：某公司在网络边界处部署了 FW 作为安全网关。为了使私网 Web 服务器和 FTP 服务器能够对外提供服务，需要在 FW 上配置目的 NAT。除了公网接口的 IP 地址外，公司还向 ISP 申请了 IP 地址（1.1.10.10 和 1.1.10.11）作为内网服务器对外提供服务的地址，拓扑如图 30-6 所示。

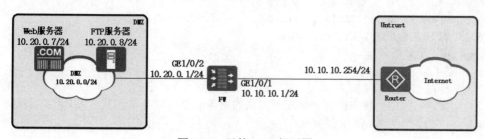

图 30-6　目的 NAT 组网图

主要配置如下：

（1）将接口 GigabitEthernet 1/0/1 加入 Untrust 区域。将接口 GigabitEthernet 1/0/2 加入 DMZ 区域。

```
[FW]firewall zone untrust
[FW-zone-untrust]add interface GigabitEthernet 1/0/1
[FW-zone-untrust]quit
[FW]firewall zone dmz
[FW-zone-dmz]add interface GigabitEthernet 1/0/2
[FW-zone-dmz]quit
```

（2）配置安全策略，允许外部网络用户访问内部服务器。

[FW]security-policy
[FW-policy-security]rule name net32h
[FW-policy-security-rule-net32h]source-zone untrust
[FW-policy-security-rule-net32h]destination-zone dmz
[FW-policy-security-rule-net32h]destination-address 10.20.0.0 24
[FW-policy-security-rule-net32h]action permit
[FW-policy-security-rule-net32h]quit
[FW-policy-security]quit

（3）配置目的 NAT 地址池。

[FW]destination-nat address-group addressgroup1
[FW-dnat-address-group-addressgroup1]section 10.20.0.7 10.20.0.8
[FW-dnat-address-group-addressgroup1]quit

（4）配置 NAT 策略。

[FW]nat-policy
[FW-policy-nat]rule name net32h
[FW-policy-nat-rule-net32h]source-zone untrust
[FW-policy-nat-rule-net32h]destination-address range 1.1.10.10 1.1.10.11
[FW-policy-nat-rule-net32h]service http
[FW-policy-nat-rule-net32h]service ftp
[FW-policy-nat-rule-net32h]action destination-nat static address-to-address address-group addressgroup1
[FW-policy-nat-rule-net32h]quit
[FW-policy-nat]quit

（5）配置报文目的地址的黑洞路由，以防路由环路。

[FW]ip route-static 1.1.10.10 255.255.255.255 NULL0
[FW]ip route-static 1.1.10.11 255.255.255.255 NULL0

（6）开启 FTP 协议的 NAT ALG 功能。

[FW]firewall interzone dmz untrust
[FW-interzone-dmz-untrust]detect ftp
[FW-interzone-dmz-untrust]quit

（7）配置缺省路由，使内网服务器对外提供的服务流量可以正常转发至 ISP 的路由器。

[FW]ip route-static 0.0.0.0 0.0.0.0 10.10.10.254

30.3 练习题

案例分析：某企业内部局域网拓扑如图 30-7 所示，局域网内分为办公区和服务器区。

图 30-7 中，办公区域的业务网段为 10.1.1.0/24，服务器区网段为 10.2.1.0/24，业务网段、服务网段的网关均在防火墙上，网关分别对应 10.1.1.254、10.2.1.254；防火墙作为 DHCP 服务器，为办公区终端自动下发 IP 地址，并通过 NAT 实现用户访问互联网。防火墙外网服务器 IP 地址池为 100.1.1.2/28，运营商对端 IP 地址 100.1.1.1/28，办公区用户出口 IP 地址池为 100.1.1.10～100.1.1.15。

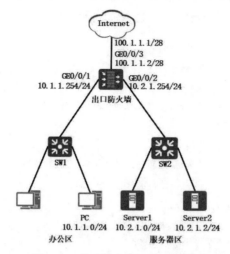

图 30-7 某企业内部局域网拓扑图

【问题 1】

防火墙常用工作模式有透明模式、路由模式、混合模式，图 30-17 中的出口防火墙工作于____(1)____模式；防火墙为办公区用户动态分配 IP 地址，需在防火墙完成开启____(2)____功能；Server2 为 Web 服务器，服务端口为 TCP 443，外网用户通过 https://100.1.1.9:8443 访问，在防火墙上需要配置____(3)____。

（3）备选答案：

A．nat server policy_web protocol tcp global 100.1.1.9 8443 inside 10.2.1.2 443 unr-route

B．nat server policy_web protocol tcp global 10.2.1.2 8443 inside 100.1.1.9 443 unr-route

C．nat server policy_web protocol tcp global 100.1.1.9 443 inside 10.2.1.2 8443 unr-route

D．nat server policy_web protocol tcp global 10.2.1.2 inside 10.2.1.2 8443 unr-route

【问题 2】

为了使局域网中 10.1.1.0/24 网段的用户可以正常访问 Internet，需要在防火墙上完成 NAT、安全策略等配置，请根据需求完善以下配置。

```
#将对应接口加入 trust 或者 untrust 区域
[FW] firewall zone trust
[FW-zone-trust] add interface____(4)____
[FW-zone-trust] quit
[FW] firewall zone untrust
[FW-zone-untrust] add interface____(5)____
[FW-zone-untrust] quit
#配置安全策略，允许局域网指定网段与 Internet 进行报文交互
[FW] security-policy
[FW-policy-security] rule name policy1
#将局域网作为源信任区域，将互联网作为非信任区域
[FW-policy-security-rule-policy1] source-zone____(6)____
[FW-policy-security-rule-policy1] destination-zone untrust
```

#指定局域网办公区域的用户访问互联网
[FW-policy-security-rule-policy1] source-address ___(7)___
#指定安全策略为允许
[FW-policy-security-rule-policy1] action ___(8)___
[FW-policy-security-rule-policy1] quit
[FW-policy-security] quit
#配置 NAT 地址池，配置时开启允许端口地址转换，实现公网地址复用
[FW] nat address-group addressgroup1
[FW-address-group-addressgroup1] mode pat
[FW-address-group-addressgroup1] section 0 ___(9)___
#配置源 NAT 策略，实现局域网指定网段访问 Internet 时自动进行源地址转换
[FW] nat-policy
[FW-policy-nat] rule name policy_nat1
#指定具体哪些区域为信任和非信任区域
[FW-policy-nat-rule policy_nat1] source-zone trust
[FW-policy-nat-rule policy_nat1] destination zone untrust
#指定局域网源 IP 地址
[FW-policy-nat-rule policy_nat1] source-address 10.1.1.0 24
[FW-policy-nat-rule-policy_nat1] action source-nat address-group ___(10)___
[FW-policy-nat-rule-policy_nat1] quit
[FW-policy-nat] quit

答案：

【问题 1】

（1）路由模式　（2）DHCP　（3）A

【问题 2】

（4）GigabitEthernet 0/0/1　　（5）GigabitEthernet 0/0/3

（6）trust　　　　　　　　　　（7）10.1.1.0 24

（8）permit　　　　　　　　　（9）100.1.1.10 100.1.1.15

（10）addressgroup1

第31小时 典型组网架构

31.0 本章思维导图

典型组网架构思维导图如图 31-1 所示。

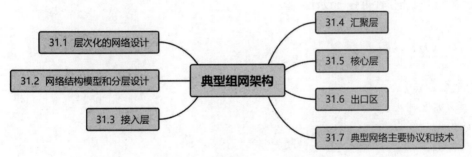

图 31-1 典型组网架构思维导图

31.1 层次化的网络设计

【基础知识点】

1. 层次化模型

层次化模型中最为经典的是三层模型,三层模型主要将网络划分为核心层、汇聚层和接入层。核心层提供不同区域、下层的高速连接和最优转发路径;汇聚层将网络业务连接到接入层,并且实施与安全、流量负载和路由相关的策略;接入层为终端用户访问网络或者局域网接入广域网提供服务。

2. 层次化网络设计原则

(1) 层次化设计。一般情况下,3 个层次就够了,过多的层次会导致整体网络性能的下降,增加了网络的延迟,也不利于网络故障排查和文档编写。

（2）在接入层应当保持对网络结构的严格控制。

（3）为了保证网络的层次性，不能在设计中随意加入额外连接。

（4）在进行设计时，应当首先设计接入层。

（5）模块化设计。一个部门、业务区域对应一个模块，方便扩展，容易进行问题定位。

（6）冗余设计。双节点冗余性设计可以保证设备级可靠，适当的冗余可提高可靠性，但过度的冗余也不便于运行维护。

（7）对称性设计。网络的对称性便于业务部署，拓扑直观，便于协议设计和分析。

31.2 网络结构模型和分层设计

【基础知识点】

根据用户数量，网络结构比较常用的是三层和二层结构，适用于普通的大、中型园区，单层结构仅用于网络规模非常小的微小型园区或分支。

分层设计方法是指采用模块化和层次化技术分别设计每一层，并规划层与层之间的互连。推荐采用自底向上设计法，即先设计接入层，然后设计汇聚层，再设计核心层和出口区。这样可以更贴近客户需求，其可操作性更强、设计风险小。

31.3 接入层

【基础知识点】

1. 接入层工作模式

接入层工作模式如图31-2所示。

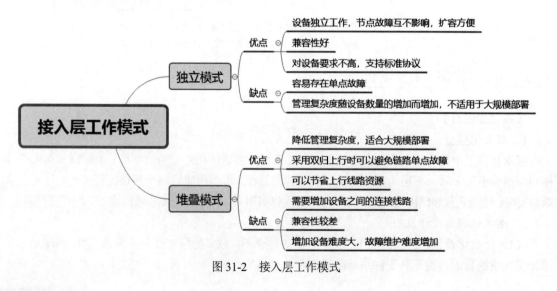

图31-2 接入层工作模式

2. 接入层组网模式上行组网方式

接入层组网模式上行组网方式如图 31-3 所示。

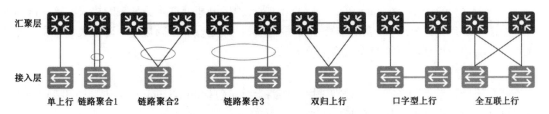

图 31-3　接入层组网模式上行组网方式

3. 接入层设备选型

接入层主要是满足接入要求，对设备性能要求不是很高，通常采用盒式交换机。选型时对接口速率、端口密度、PoE 供电方式、价格、利旧、兼容性等需要综合考虑。譬如华为接入层交换机可以选择 S2700/S3700/S5700/S6700 系列，推荐使用 S5720-LI、S5720-SI。

4. 接入层设备可靠性

（1）要求多设备能够堆叠组网，要求单设备具有电信级可靠性 99.999%，支持双电源接入，支持双风扇等。

（2）盒式交换机采用 iStack 堆叠时，有以下两种连接形式，如图 31-4 所示。

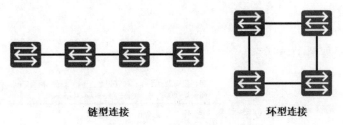

图 31-4　堆叠连接形式

1）链型连接：组网简单，管理简单。但是当链型链路中出现一条链路故障时，会引起堆叠分裂。

2）环型连接：可靠性较高，当环型链路中出现一条链路故障时，需要多增加一条堆叠连接线路。采用环型连接，一般使用两台设备进行堆叠，建议不超过 5 台，且堆叠成员需要用同一系列甚至是同一软件版本的交换机。

（3）根据堆叠连接所采用的端口类型，分为以下两种堆叠方式：

1）堆叠卡堆叠：堆叠组内各交换机使用专用的堆叠卡，配以堆叠专用线缆实现互联。这种方式不占用业务口，节省端口资源，高速、稳定、可靠性高。

2）业务口堆叠：堆叠组内各交换机使用标准的业务口和线缆实现互联。

5. IP 地址和 MAC 地址的冲突检查

由于堆叠系统中所有成员交换机都使用同一个 IP 地址和 MAC 地址（堆叠系统 MAC），堆叠系统中带电移除部分成员交换机，或者堆叠线缆多点故障导致堆叠分裂后，可能产生多个具有相同

IP 地址和 MAC 地址的堆叠系统。为防止堆叠分裂后，产生多个具有相同 IP 地址和 MAC 地址的堆叠系统，引起网络故障，必须进行 IP 地址和 MAC 地址的冲突检查。

多主检测（Multi-Active Detection，MAD），是一种检测和处理堆叠分裂的协议。链路故障导致堆叠系统分裂后，MAD 可以实现堆叠分裂的检测、冲突处理和故障恢复，降低堆叠分裂对业务的影响。设备组成堆叠组后推荐配置多主检测。

6. 链路可靠性

在链路设计以及组网形态上，通常采用多链路上行，包括 Eth-Trunk/LAG 技术、双归上行等。接入层链路可靠性设计关键技术包括：

（1）Eth-Trunk。

（2）双归上行：指一台下级设备同时接入到两台不同的上级设备上，当其中一条链路故障时，另一条链路可以正常工作。当接入层与汇聚层之间采用二层接入时，需要部署二层破环协议 MSTP、Smart-Link 等。

（3）链路故障检测技术：包括线路连通性检测（BFD）、FRR、NSF/GR 等。

（4）当接入层采用堆叠时，推荐汇聚层多台设备采用 iStack 堆叠/CSS 堆叠的工作模式。

31.4　汇聚层

【基础知识点】

1. 汇聚层工作模式

汇聚层工作模式如图 31-5 所示。

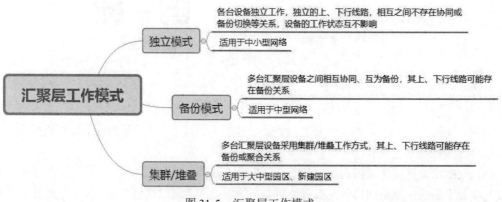

图 31-5　汇聚层工作模式

2. 汇聚层设备选型

汇聚层设备根据网络规模，既可以采用盒式设备，也可以采用框式设备。对于小型园区网，可以采用盒式设备；对大中型园区网，推荐采用框式设备。汇聚层设备选型主要考虑性能和扩展性，同时需要考虑与接入层、核心层的对接问题。汇聚层交换机可以选择 S5700/S6700/S7700 系列。

3. 汇聚层组网模型

汇聚层组网模型如图 31-6 所示。

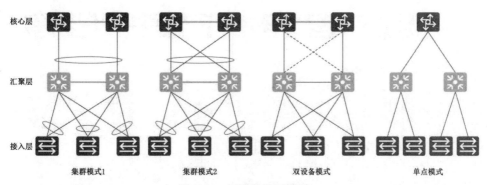

图 31-6　汇聚层组网模型

4. 汇聚可靠性

（1）汇聚层是区域的核心交换区，其可靠要求比较高，需要考虑设备级和链路级的可靠性。

（2）设备级的可靠性通常要求设备具有 99.999%的可靠性。单设备是通过部件的冗余设计来保证高可靠性。对于设备级的节点故障，可以采用冗余备份方式来避免单点故障，网络协议自动感知故障后对网络流量进行动态调整，实现流量的快速切换。

（3）汇聚层链路级的可靠性推荐采用冗余备份线路双归上行，同接入层可靠性技术。考虑带宽和设备性能。譬如下行 XGE 接口，对应上行可选择双链路 XGE 接口的 Eth-Trunk，也可以选择双链路 40GE 接口的 Eth-Trunk。

31.5　核心层

【基础知识点】

1. 核心层工作模式

核心层工作模式如图 31-7 所示。

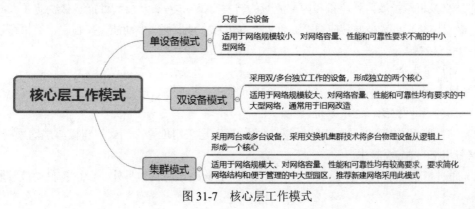

图 31-7　核心层工作模式

2. 核心层组网模型与模式使用场景

核心层组网模型如图 31-8 所示。

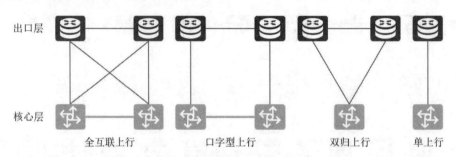

图 31-8 核心层上行组网方式

核心层组网模式使用场景见表 31-1。

表 31-1 核心层组网模式使用场景

组网方案	可靠性	网络结构	应用场景
全互联上行	高	复杂	核心层堆叠,对可靠性要求非常高的场景
口字型上行	较高	较复杂	核心层堆叠,对可靠性要求较高的场景
双归上行	较高	较复杂	出口区有多台设备,对可靠性要求非常高的场景
单上行	低	简单	出口区只有一台设备,如小型园区场景

3. 核心层上行链路

(1)核心层上行链路的设计主要考虑上行接口速率和带宽。核心层上行链路可以采用 GE、10GE、40GE、100GE 等几种;万兆园区上行链路推荐采用 10GE、40GE、100GE。

(2)核心层的上行带宽通常是指园区出口的带宽。其计算方法是直接根据出口业务类型和用户规模进行计算,计算方法是:上行带宽=出口业务最高带宽×用户规模×(1+3~5 年增长率)。

4. 核心层设备选型

核心层交换机承担着内外流量和内部流量的转发交换功能,其功能和性能直接决定了业务体验的质量。核心层交换机选型通常应遵循高性能、高可靠、可扩展、多功能。核心层交换机可以选择 S7700/S9700/S12700 系列。

5. 核心层可靠性

(1)核心层是全网的核心交换区,因此其可靠要求非常高,既包括设备级的可靠性,也包括链路级(二层)和网络级(三层)可靠性。

(2)推荐使用 CSS+iStack 无环以太网技术,接入层采用堆叠,汇聚层和核心层均采用集群,层间链路采用 Eth-Trunk 技术。

(3)通过堆叠/集群技术保证节点的可靠性,一台设备故障后,另外一台设备自动接管所有的业务。

（4）通过 Eth-Trunk 技术，保证链路可靠性，一条或多条链路故障后，流量自动切换到其他正常的链路。

31.6 出口区

【基础知识点】

1. 互联网出口

互联网出口设计要点如图 31-9 所示。

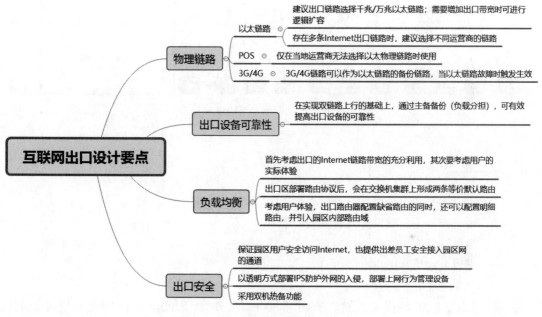

图 31-9　互联网出口设计要点

2. 出差用户接入

当出差用户需要访问企业内网资源时，一般在企业内网部署 VPN 设备，通过 Internet 向出差用户提供接入能力。通常建议部署 SSL VPN，当出差用户终端不支持 SSL VPN 客户端时，可在 VPN 设备上部署 L2TP over IPSec 提供接入能力。为了增加可靠性，可以部署 VPN 双机。

31.7 典型网络主要协议和技术

【基础知识点】

典型网络主要协议和技术如图 31-10 所示。

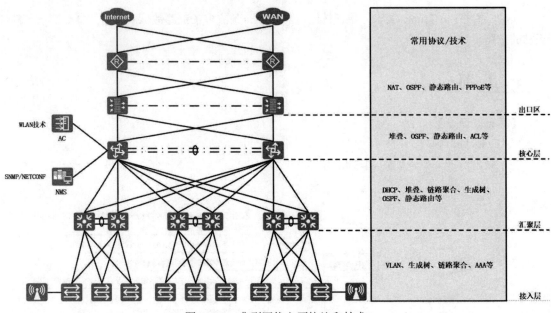

图 31-10 典型网络主要协议和技术

31.8 练习题

1. 在网络的分层设计模型中，对核心层工作规程的建议是（　　）。
   A．要进行数据压缩以提高链路利用率
   B．尽量避免使用访问控制列表以减少转发延迟
   C．可以允许最终用户直接访问
   D．尽量避免冗余连接

解析：核心层是园区网中的高速骨干网络，由于其重要性，因此在设计中应该采用冗余组件设计，使其具备高可靠性。在设计核心层设备的功能时，应尽量避免使用数据包过滤、策略路由等降低转发速率的功能。

答案：B

2. 以下关于网络分层模型的叙述中，正确的是（　　）。
   A．核心层为了保障安全性，应该对分组进行尽可能多的处理
   B．汇聚层实现数据分组从一个区域到另一个区域的高速转发
   C．过多的层次会增加网络延迟，并且不便于故障排查
   D．接入层应提供多条路径来缓解通信瓶颈

解析：核心层的目的是保障高速转发，需要对分组进行尽可能少的处理；汇聚层实现由接入层传递数据的汇聚，实现包过滤等安全处理；接入层负责用户的接入，无须冗余路径。过多的层次会

增加网络延迟，并且不便于故障排查。

答案：C

3．工程师为某公司设计了如下网络方案图。

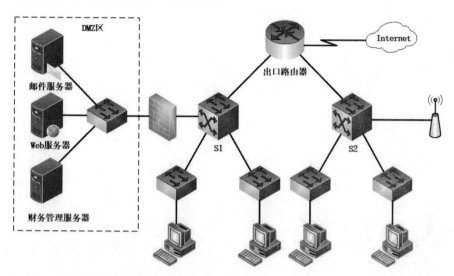

下列关于该网络结构设计的叙述中，正确的是（　　）。

A．该网络采用三层结构设计，扩展性强

B．S1、S2 两台交换机为用户提供向上的冗余连接，可靠性强

C．接入层交换机没有向上的冗余连接，可靠性较差

D．出口采用单运营商连接，带宽不够

解析：根据上图的拓扑链接可见，该网络规划采用的是两层结构的扁平化设计方式，而两台核心层交换机 S1、S2 之间并未提供冗余连接，这样的连接方式，会造成很严重的单点故障，因此不能为整个网络提供较高的可靠性。Internet 接入采用单运营商接入的方式，并不能够导致带宽不够的问题，而接入层向核心层并未提供冗余连接，网络的可靠性较差。

答案：C

第32小时 案例分析

32.1 典型案例1

图32-1为某公司数据中心拓扑图,两台存储设备用于存储关系型数据库的结构化数据和文档、音视频等非结构化文档,规划采用的RAID组合方式如图32-2和图32-3所示。

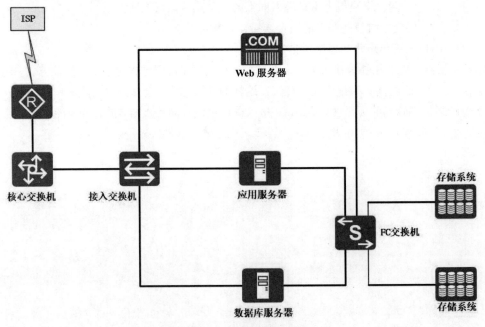

图32-1 某公司数据中心拓扑图

案例分析 | 第 32 小时

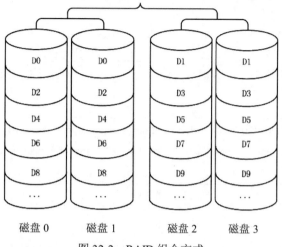

图 32-2 RAID 组合方式

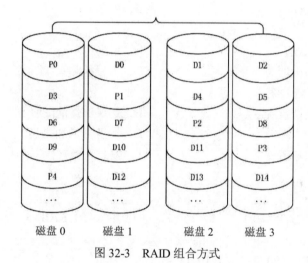

图 32-3 RAID 组合方式

【问题 1】

图 32-2 所示的 RAID 方式是___（1）___，其中磁盘 0 和磁盘 1 的 RAID 组成方式是___（2）___。当磁盘 1 故障后，磁盘___（3）___故障不会造成数据丢失，磁盘___（4）___故障将会造成数据丢失。

图 32-3 所示的 RAID 方式是___（5）___，当磁盘 1 故障后，至少再有___（6）___块磁盘故障，就会造成数据丢失。

【问题 2】

图 32-2 所示的 RAID 方式的磁盘利用率是___（7）___%，图 32-3 所示的 RAID 方式的磁盘利用率是___（8）___%。根据上述两种 RAID 组合方式的特性，结合业务需求，图___（9）___所示 RAID 适合存储安全要求高、小数量读写的关系型数据库；图___（10）___所示 RAID 适合存储空间利用率要求高、大文件存储的非结构化文档。

【问题 3】

该公司的 Web 系统频繁遭受 DDoS（分布式拒绝服务）和其他网络攻击，造成服务中断、数据泄露。图 32-4 为服务器日志片段，该攻击为___(11)___，针对该攻击行为，可部署___(12)___设备进行防护；针对 DDoS 攻击，可采用___(13)___、___(14)___措施，保障 Web 系统正常对外提供服务。

> www.xxx.com/news/html/?410'union select 1 from (select count(*),concat(floor(rand(0)*2),0x3a,(select concat(user,0x3a,password)from pwn_base_admin limit 0,1), 0x3a)a from information_schema.tables group by a)b where1'='1.html

图 32-4　服务器日志片段

(11) 备选答案：
　　A．跨站脚本攻击　　　　　　　　B．SQL 注入攻击
　　C．远程命令执行　　　　　　　　D．CC 攻击

(12) 备选答案：
　　A．漏洞扫描系统　　　　　　　　B．堡垒机
　　C．Web 应用防火墙　　　　　　　D．入侵检测系统

(13) ～ (14) 备选答案：
　　A．部署流量清洗设备　　　　　　B．购买流量清洗服务
　　C．服务器增加内存　　　　　　　D．服务器增加磁盘
　　E．部署入侵检测系统　　　　　　F．安装杀毒软件

答案：

【问题 1】
(1) RAID 10　 (2) RAID 1　 (3) 2 或 3　 (4) 0　 (5) RAID 5　 (6) 1

【问题 2】
(7) 50　 (8) 75　 (9) 32-2　 (10) 32-3

【问题 3】
(11) B　 (12) C　 (13) A　 (14) B

32.2　典型案例 2

某校园宿舍 WLAN 网络拓扑结构如图 32-5 所示，数据规划见表 32-1。该网络采用敏捷分布式组网在每个宿舍部署一个 AP，AP 连接到中心 AP，所有 AP 和中心 AP 统一由 AC 进行集中管理，为每个宿舍提供高质量的 WLAN 网络覆盖。

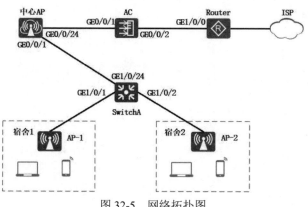

图 32-5　网络拓扑图

表 32-1　数据规划表

配置项	数据
Router GE1/0/0	Vlanif101: 10.23.101.2/24
AC GE0/0/2	Vlanif101: 10.23.101.1/24　业务 VLAN
AC GE0/0/1	Vlanif100: 10.23.100.1/24　管理 VLAN
DHCP 服务器	AC 作为 DHCP 服务器为用户、中心 AP 和接入 AP 分配 IP 地址
AC 的源接口 IP 地址	Vlanif100: 10.23.100.1/24
AP 组	名称：ap-group1；引用模板：VAP 模板 wlan-net、域管理模板 default
域管理模板	名称：default；国家码：中国（cn）
SSID 模板	名称：wlan-net；SSID 名称：wlan-net
安全模板	名称：wlan-net；安全策略：WPA-WPA2+PSK+AES；密码：a1234567
VAP 模板	名称：wlan-net；转发模式：隧道转发；业务 VLAN：VLAN101 引用模板：SSID 模板 wlan-net、安全模板 wlan-net
SwitchA	默认接口都加入了 VLAN1，二层互通，不用配置

【问题 1】

补充命令片段的配置。

1. Router 的配置文件

```
[Huawei] sysname Router
[Router] vlan batch ____（1）____
[Router] interface GigabitEthernet 1/0/0
[Router-GigabitEtherner1/0/0] port link-type trunk
[Router-GigabitEthernet1/0/0] port trunk allow-pass vlan 101
[Router-GigabitEthernet1/0/0] quit
[Router] interface vlanif 101
[Router-Vlanif101] ip address ____（2）____
[Router-Vlanif101] quit
```

2. AC 的配置文件

```
#配置 AC 和其他网络设备互通
[HUAWEI] sysname___(3)___
[AC] vlan batch 100 101
[AC] interface GigabitEthernet 0/0/1
[AC-GigabitEthernet0/0/1] port link-type trunk
[AC-GigabitEthernet0/0/1] port trunk pvid vlan 100
[AC-GigabitEthernet0/0/1] port trunk allow-pass vlan 100
[AC-GigabitEthernet0/0/1] port-isolate___(4)___//实现端口隔离
[AC-GigabitEthernet0/0/1] quit
[AC] interface GigabitEthernet 0/0/2
[AC-GigabitEthernet0/0/2] port link-type trunk
[AC-GigabitEthernet0/0/2] port trunk allow-pass vlan 101
[AC-GigabitEthernet0/0/2] quit
#配置中心 AP 和 AP 上线
[AC]wlan
[AC-wlan-view] ap-group name ap-group1
[AC-wlan-ap-group-ap-group1] quit
[AC-wlan-view] regulatory-domain-profile name default
[AC-wlan-regulate-domain-default] country-code___(5)___
[AC-wlan-regulate-domain-default] quit
[AC-wlan-view] ap-group name ap-group1
[AC-wlan-ap-group-ap-group1] regulatory-domain-profile___(6)___
Warning: Modifying the country code will clear channel, power and antenna gain configurations of the radio and reset the AP. Continue? [Y/N]:y
[AC-wlan-ap-group-ap-group1] quit
[AC-wlan-view] quit
[AC] capwap source interface___(7)___
[AC] wlan
[AC-wlan-view] ap auth-mode mac-auth
[AC-wlan-view] ap-id 0 ap-mac 68a8-2845-62fd   //中心 AP 的 MAC 地址
[AC-wlan-ap-0] ap-name central_AP
Warning:This operation may cause AP reset. Continue?[Y/N]: y
[AC-wlan-ap-0] ap-group ap-group1
Warning: This operation may cause AP reset. If the country code changes, it will clear channel, power and antenna gain configurations of the radio, whether to continue? [ Y/N]:y
[AP-wlan-ap-0] quit
其他相同配置略去
#配置 WLAN 业务参数
[AC-wlan-view] security-profile name wlan-net
[AC-wlan-sec-prof-wlan-net] security wpa-wpa2 psk pass-phrase___(8)___aes
[AC-wlan-sec-prof-wlan-net] quit
[AC-wlan-view] ssid-profile name wlan-net
[AC-wlan-ssid-prof-wlan-net] ssid___(9)___
[AC-wlan-ssid-prof-wlan-net] quit
[AC-wlan-view] vap-profile name wlan-net
[AC-wlan-vap-prof-wlan-net] forward-mode tunnel
[AC-wlan-vap-prof-wlan-net] service-vlan vlan-id___(10)___
[AC-wlan-vap-prof-wlan-net] security-profile wlan-net
```

```
[AC-wlan-vap-prof-wlan-net] ssid-profile wlan-net
[AC-wlan-vap-prof-wlan-net] quit
[AC-wlan-view] ap-group name ap-group1
[AC-wlan-ap-group-ap-group1] vap-profile wlan-net wlan 1 radio 0
[AC-wlan-ap-group-ap-group1] vap-profile wlan-net wlan 1 radio 1
[AC-wlan-ap-group-ap-group1] quit
```

【问题 2】

上述网络配置命令中，AP 的认证方式是＿＿（11）＿＿方式，通过配置＿＿（12）＿＿实现统一配置。

（11）～（12）备选答案：

  A．MAC   B．SN   C．AP 地址 D．AP 组

将 AP 加电后，执行＿＿（13）＿＿命令可以查看到 AP 是否正常上线。

（13）备选答案：

  A．display ap all B．display vap ssid

【问题 3】

1．组播报文对无线网络空口的影响主要是＿＿（14）＿＿，随着业务数据转发的方式不同，组播报文的抑制分别在＿＿（15）＿＿和＿＿（16）＿＿配置。

2．该网络 AP 部署在每一间宿舍的原因是＿＿（17）＿＿。

答案：

【问题 1】

（1）101 （2）10.23.101.2 255.255.255.0 （3）AC （4）enable （5）cn

（6）default （7）vlanif 100 （8）a1234567 （9）wlan-net （10）101

【问题 2】

（11）A （12）D （13）A

【问题 3】

（14）接口拥塞

（15）AP 交换机接口

（16）AC 流量模板

（17）AP 覆盖面积小，房间之间的墙壁等障碍物会使无线信号衰减严重，从而影响 WLAN 信号质量

32.3 典型案例 3

  小王为某单位网络中心网络管理员，该网络中心部署有业务系统、网站对外提供信息服务，业务数据通过 SAN 存储网络，集中存储在磁盘阵列上，使用 RAID 实现数据冗余；部署邮件系统供内部人员使用，并配备有防火墙、入侵检测系统、Web 应用防火墙、上网行为管理系统、反垃圾邮件系统等安全防护系统，防范来自内外部网络的非法访问和攻击。

【问题 1】
网络管理员在处理终端 A 和 B 无法打开网页的故障时，在终端 A 上 ping 127.0.0.1 不通，故障可能是___（1）___原因造成；在终端 B 上能登录互联网即时聊天软件，但无法打开网页，故障可能是___（2）___原因造成。

（1）～（2）备选答案：
  A. 链路故障   B. DNS 配置错误
  C. TCP/IP 协议故障   D. IP 配置错误

【问题 2】
网络管理员监测到部分境外组织借新冠疫情对我国信息系统频繁发起攻击，其中，图 32-6 访问日志所示为___（3）___攻击，图 32-7 访问日志所示为___（4）___攻击。

132.232.*.*访问 www.xxx.com/default/save.php，可疑行为：eval(base64_decode($_POST)，已被拦截。

图 32-6 访问日志

132.232.*.*访问 www.xxx.com/NewsType.php?SmallClass='union select 0,username+CHR(124)+password from admin

图 32-7 记问日志

网络管理员发现邮件系统收到大量不明用户发送的邮件，标题含"武汉旅行信息收集""新型冠状病毒肺炎的预防和治疗"等和疫情相关字样，邮件中均包含相同字样的 Excel 文件，经检测分析，这些邮件均来自其境外组织。Excel 文件中均含有宏病毒，并诱导用户执行宏，下载和执行木马后门程序，这些驻留程序再收集重要目标信息，进一步扩展渗透，获取敏感信息，并利用感染电脑攻击防疫相关的信息系统，上述所示的攻击手段为___（5）___攻击，应该采取___（6）___等措施进行防范。

（3）～（5）备选答案：
  A. 跨站脚本 B. SQL 注入 C. 宏病毒 D. APT
  E. DDoS   F. CC   G. 蠕虫病毒 H. 一句话木马

【问题 3】
存储区域网络（Storage Area Network，SAN）可分为___（7）___、___（8）___两种，从部署成本和传输效率两个方面比较这两种 SAN，比较结果为___（9）___。

【问题 4】
请简述 RAID2.0 技术的优势（至少列出 2 点优势）。

答案：
【问题 1】
（1）C （2）B

【问题 2】
（3）H （4）B （5）D
（6）部署 APT 设备、部署邮件过滤系统、终端计算机安装防毒软件

【问题 3】
（7）IP-SAN　（8）FC-SAN　（9）FC-SAN 比 IP-SAN 部署成本高、传输效率高
【问题 4】
RAID2.0 技术的优势：
1．快速精简重构；
2．自动负载均衡；
3．虚拟池化设计；
4．故障自检自愈合；
5．磁盘利用率高。

32.4　典型案例 4

图 32-8 为某大学的校园网络拓扑，其中出口路由器 R4 连接了三个 ISP 网络，分别是电信网络（网关地址 218.63.0.1/28）、联通网络（网关地址 221.137.0.1/28）以及教育网（网关地址 210.25.0.1/28）。路由器 R1、R2、R3、R4 在内网一侧运行 RIPv2.0 协议实现动态路由的生成。

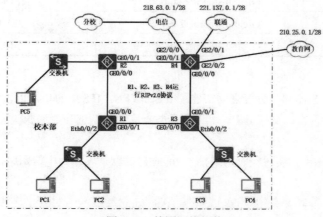

图 32-8　校园网络拓扑

PC 机的地址信息见表 32-2，路由器部分接口地址信息见表 32-3。

表 32-2　PC 机的地址信息

主机	所属 VLAN	IP 地址	网关
PC1	VLAN10	10.10.0.2/24	10.10.0.1/24
PC2	VLAN8	10.8.0.2/24	10.8.0.1/24
PC3	VLAN3	10.3.0.2/24	10.3.0.1/24
PC4	VLAN4	10.4.0.2/24	10.4.0.1/24

表 32-3 路由器部分接口地址信息

路由器	接口	IP 地址
R1	Vlanif8	10.8.0.1/24
	Vlanif10	10.10.0.1/24
	GigabitEthernet0/0/0	10.21.0.1/30
	GigabitEthernet0/0/1	10.13.0.1/30
R2	GigabitEthernet0/0/0	10.21.0.2/30
	GigabitEthernet0/0/1	10.42.0.1/30
R3	Vlanif3	10.3.0.1/24
	Vlanif4	10.4.0.1/24
	GigabitEthernet0/0/0	10.13.0.2/30
	GigabitEthernet0/0/1	10.34.0.1/30
R4	GigabitEthernet0/0/0	10.34.0.2/30
	GigabitEthernet0/0/1	10.42.0.2/30
	GigabitEthernet2/0/0	218.63.0.4/28
	GigabitEthernet2/0/1	221.137.0.4/28
	GigabitEthernet2/0/2	210.25.0.4/28

【问题1】

如图 32-7 所示，校本部与分校之间搭建了 IPSec VPN。IPSec 的功能可以划分为认证头 AH、封装安全负荷 ESP 以及密钥交换 IKE。其中用于数据完整性认证和数据源认证的是___（1）___。

【问题2】

为 R4 添加默认路由，实现校园网络接入 Internet 的默认出口为电信网络，请将下列命令补充完整。

[R4] ip route-static ___（2）___

【问题3】

在路由器 R1 上配置 RIP 协议，请将下列命令补充完整：

[R1]___（3）___
[R1-rip-1] network ___（4）___
[R1-rip-1] version 2
[R1-rip-1] undo summary

各路由器上均完成了 RIP 协议的配置，在路由器 R1 上执行 display ip routing-table，由 RIP 生成的路由信息如下所示：

Destination/Mask	Proto	Pre	Cost	Flags	NextHop	Interface
10.3.0.0/24	RIP	100	1	D	10.13.0.2	GigabitEthernet0/0/1
10.4.0.0/24	RIP	100	1	D	10.13.0.2	GigabitEthernet0/0/1
10.34.0.0/30	RIP	100	1	D	10.13.0.2	GigabitEthernet0/0/1

10.42.0.0/24		RIP	100	1	D	10.21.0.2	GigabitEthernet0/0/0

根据以上路由信息可知，下列 RIP 路由是由____(5)____路由器通告的：

10.3.0.0/24		RIP	100	1	D	10.13.0.2	GigabitEthernet0/0/1
10.4.0.0/24		RIP	100	1	D	10.13.0.2	GigabitEthernet0/0/1

请问 PC1 此时是否可以访问电信网络？为什么？

答：____(6)____。

【问题 4】

图 32-8 中，要求 PC1 访问 Internet 时导向联通网络，禁止 PC3 在工作日 8:00 至 18:00 访问电信网络。

请在下列配置步骤中补全相关命令：

第 1 步：在路由器 R4 上创建所需 ACL。

创建用于 PC1 策略的 ACL：

[R4]acl 2000
[R4-acl-basic-2000] rule 1 permit source____(7)____
[R4-acl-basic-2000] quit

创建用于 PC3 策略的 ACL：

[R4] time-range satime____(8)____working-day
[R4]acl 3001
[R4-acl-adv-3001]rule deny source____(9)____destination 218.63.0.0 240.255.255.255 time-range satime

第 2 步：执行如下命令的作用是____(10)____。

[R4] traffic classifier 1
[R4-classifier-1] if-match acl 2000
[R4-classifier-1] quit
[R4] traffic classifier 3
[R4-classifier-3] if-match acl 3001
[R4-classifier-3] quit

第 3 步：在路由器 R4 上创建流行为并配置重定向。

[R4] traffic behavior 1
[R4-behavior-1] redirect____(11)____221.137.0.1
[R4-behavior-1]quit
[R4] traffic behavior 3
[R4-behavior-3]____(12)____
[R4-behavior-3] quit

第 4 步：创建流策略，并在接口上应用（仅列出了 R4 上 GigabitEthernet 0/0/0 接口上的配置）。

[R4] traffic policy 1
[R4-trafficpolicy-1] classifier 1____(13)____
[R4-trafficpolicy-1] classifier 3____(14)____
[R4-trafficpolicy-1] quit
[R4] interface GigabitEthernet 0/0/0
[R4-GigabitEthernet0/0/0] traffic-policy 1____(15)____
[R4-GigabitEthernet0/0/0] quit

答案：

【问题 1】

（1）认证头 AH

【问题 2】

（2）0.0.0.0 0.0.0.0 218.63.0.1

【问题 3】

（3）rip （4）10.0.0.0 （5）R3

（6）不能访问，因为此时 R1 上没有到达 ISP 的路由

【问题 4】

（7）10.10.0.2 0.0.0.0   （8）8:00 to 18:00

（9）10.3.0.2 0.0.0.0   （10）在路由器 R4 上创建流分类，并匹配相关 ACL

（11）ip-nexthop   （12）deny

（13）behavior 1   （14）behavior 3

（15）inbound

32.5　典型案例 5

某公司的网络拓扑结构如图 32-9 所示。

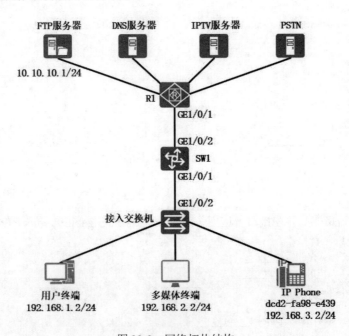

图 32-9　网络拓扑结构

公司管理员对各业务使用的 VLAN 做如下规划：

业务类型	VLAN	IP 地址段	网关地址	服务器地址段
Internet	100	192.168.1.0	192.168.1.1	192.168.1.250～192.168.1.254
IPTV	200	192.168.2.0	192.168.2.1	192.168.2.240～192.168.2.254
VoIP	300	192.168.3.0	192.168.3.1	192.168.3.250～192.168.3.254

为了便于统一管理，避免手工配置，管理员希望各种终端均能够自动获取 IP 地址，语音终端根据其 MAC 地址为其分配固定的 IP 地址，同时还需要到 FTP 服务器 10.10.10.1 上动态获取启动配置文件 configuration.ini，公司 DNS 服务器地址为 10.10.10.2。所有地址段均路由可达。

【问题 1】

公司拥有多种业务，例如 Internet、IPTV、VoIP 等，不同业务使用不同的 IP 地址段。为了便于管理，需要根据业务类型对用户进行管理。以便路由器 R1 能通过不同的 VLAN 分流不同的业务。

VLAN 划分可基于___(1)___、子网、___(2)___、协议和策略等多种方法。

本例可采用基于___(3)___的方法划分 VLAN 子网。

【问题 2】

下面是在 SW1 上创建 DHCP Option 模板，并在 DHCP Option 模板视图下，配置需要为语音客户端 IP Phone 分配的启动配置文件和获取启动配置文件的文件服务器地址，请将配置代码或注释补充完整。

```
<HUAWEI>    (4)
[HUAWEI] sysname SW1
[SW1]    (5)    option template template1
[SW1-dhcp-option-template-template1] gateway-list    (6)        //配置网关地址
[SW1-dhcp-option-template-template1] bootfile    (7)             //获取配置文件
[SW1-dhcp-option-template-template1] next-server    (8)         //配置获取配置文件地址
[SW1-dhcp-option-template-template1] quit
```

下面创建地址池，同时为 IP Phone 分配固定 IP 地址以及配置信息。请将配置代码补充完整。

```
[SW1] ip pool pool3
[SW1-ip-pool-pool3] network    (9)    mask 255.255.255.0
[SW1-ip-pool-pool3] dns-list    (10)
[SW1-ip-pool-pool3]    (11)    192.168.3.1
[SW1-ip-pool-pool3] excluded-ip-address    (12)    192.168.3.254
[SW1-ip-pool-pool3] lease unlimited
[SW1-ip-pool-pool3] static-bind ip-address 192.168.3.2 mac-address    (13)    option-template template1    //使用模板
[SW1-ip-pool-pool3] quit
```

在对应 VLAN 上使能 DHCP。

```
[SW1] interface vlanif    (14)
[SW1-Vlanif300]    (15)    select global
[SW1-Vlanif300] quit
```

答案:

【问题 1】

(1) 端口　(2) MAC 地址　(3) 子网

【问题 2】

(4) system-view　　　　(5) dhcp　　　　　　(6) 192.168.3.1

(7) configuration.ini　　(8) 10.10.10.1　　　　(9) 192.168.3.0

(10) 10.10.10.2　　　　(11) gateway-list　　　(12) 192.168.3.250

(13) dcd2-fa98-e439　　(14) 300　　　　　　 (15) dhcp

32.6　典型案例 6

某企业网络拓扑图如图 32-10 所示。该网络可以实现的网络功能有:

- 汇聚层交换机 A 与交换机 B 采用 VRRP 技术组网。
- 用防火墙实现内外网地址转换和访问策略控制。
- 对汇聚层交换机、接入层交换机(各车间部署的交换机)进行 VLAN 划分。

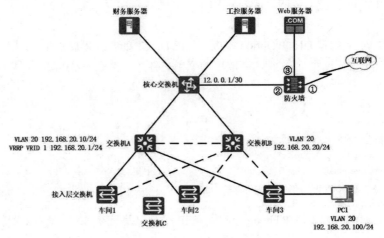

图 32-10　某企业网络拓扑图

【问题 1】

为图 32-10 中的防火墙划分安全域,接口①应配置为___(1)___区域,接口②应配置为___(2)___区域,接口③应配置为___(3)___区域。

【问题 2】

VRRP 技术实现___(4)___功能,交换机 A 与交换机 B 之间的连接线称为___(5)___线,其作用是___(6)___。

【问题 3】

图 32-10 中 PC1 的网关地址是___(7)___;在核心交换机上配置与防火墙互通的默认路由,其目

标地址应是___(8)___；若禁止 PC1 访问财务服务器，应在核心交换机上采取___(9)___措施实现。

【问题 4】

若车间 1 增加一台接入交换机 C，该交换机需要与车间 1 接入层交换机进行互连，其连接方式有___(10)___和___(11)___；其中___(12)___方式可以共享使用交换机背板带宽，___(13)___方式可以使用双绞线将交换机连接在一起。

答案：

【问题 1】

（1）非信任或 Untrust　　（2）信任或 Trust　　（3）非军事化或 DMZ

【问题 2】

（4）冗余备份　　　　　（5）心跳线　　　　　（6）传递 VRRP 协议报文

【问题 3】

（7）192.168.20.1　　　（8）0.0.0.0　　　　　（9）ACL

【问题 4】

（10）堆叠　　　　　　（11）级联　　　　　　（12）堆叠　　　　　（13）级联

32.7　典型案例 7

图 32-11 为某大学的校园网络拓扑，由于生活区和教学区距离较远，R1 和 R6 分别作为生活区和教学区的出口设备，办公区内部使用 OSPF 作为内部路由协议。通过部署 BGP 获得所需路由，使生活区和教学区可以互通。通过配置路由策略，将 R2↔R3↔R4 链路作为主链路，负责转发 R1 和 R6 之间的流量；当主链路断开时，自动切换到 R2↔R5↔R4 这条路径进行通信。

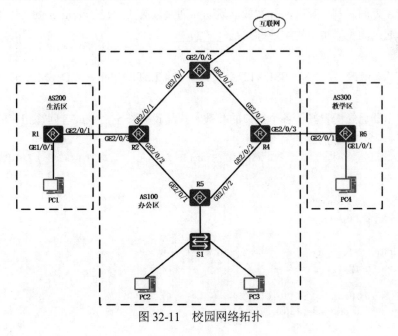

图 32-11　校园网络拓扑

办公区自制系统编号 AS100、生活区自制系统编号 AS200、教学区自制系统编号 AS300，路由器接口地址信息见表 32-4。

表 32-4 路由器接口地址信息

设备	接口	IP 地址	设备	接口	IP 地址
R1	GE1/0/1	10.10.0.1/24	R4	GE2/0/1	10.2.0.101/24
R1	GE2/0/1	10.20.0.1/24	R4	GE2/0/2	10.40.1.101/24
R2	GE2/0/1	10.1.0.101/24	R4	GE2/0/3	10.50.0.2/24
R2	GE2/0/2	10.30.0.101/24	R5	GE2/0/1	10.30.0.102/24
R2	GE2/0/3	10.20.0.2/24	R5	GE2/0/2	10.40.1.102/24
R3	GE2/0/1	10.1.0.102/24	R5	GE2/0/3	10.3.0.102/24
R3	GE2/0/2	10.2.0.102/24	R6	GE1/0/1	10.60.0.1/24
R3	GE2/0/3	218.63.0.2/24	R6	GE2/0/1	10.50.0.1/24

【问题 1】

该网络中，网络管理员要为 PC2 和 PC3 设计一种接入认证方式，如果无法通过认证，接入交换机 S1 可以拦截 PC2 和 PC3 的业务数据流量。下列接入认证技术可以满足要求的是___(1)___。

（1）备选答案：

  A．Web/Portal B．PPPoE C．IEEE 802.1x D．短信验证码认证

【问题 2】

在疫情防控期间，利用互联网开展教学活动，通过部署 VPN 实现 Internet 访问校内受限的资源。以下适合通过浏览器访问的实现方式是___(2)___。

（2）备选答案：

  A．IPSec VPN B．SSL VPN C．L2TP VPN D．MPLS VPN

【问题 3】

假设各路由器已经配置好了各个接口的参数，根据说明补全命令或者回答相应的问题。

以 R1 为例配置 BGP 的部分命令如下：

```
//启动 BGP，指定本地 AS 号，指定 BGP 路由器的 Router ID 为 1.1.1.1，配置 R1 和 R2 建立 EBGP 连接
[R1] bgp ___(3)___
[R1-bgp] router-id 1.1.1.1
[R1-bgp] peer 10.20.0.2 as-number 100
```

以 R2 为例配置 OSPF：

```
[R2] ospf 1
[R2-ospf-1] import-route ___(4)___      //导入 R2 的直连路由
[R2-ospf-1] import-route bgp
[R2-ospf-1] area ___(5)___
[R2-ospf-1-area-0.0.0.0] network 10.1.0.0 0.0.0.255
[R2-ospf-1-area-0.0.0.0] network 10.30.0.0 0.0.0.255
```

以路由器 R2 为例配置 BGP：

```
//启动 BGP，指定本地 AS 号，指定 BGP 路由器的 Router ID 为 2.2.2.2
[R2] bgp 100
[R2-bgp] router-id 2.2.2.2
[R2-bgp] peer 10.2.0.101 as-number 100
```

上面这条命令的作用是＿＿（6）＿＿。

```
[R2-bgp] peer 10.40.1.101 as-number 100
[R2-bgp] peer 10.20.0.1 as-number 200
//配置 R2 发布路由
[R2-bgp] ipv4-family unicast
[R2-bgp-af-ipv4] undo synchronization
[R2-bgp-af-ipv4] preference 255 100 130
```

上面这条命令执行后，IBGP 路由优先级高还是 OSPF 路由优先级高？

答：＿＿（7）＿＿。

以路由器 R2 为例配置路由策略：

下面两条命令的作用是＿＿（8）＿＿。

```
[R2] acl number 2000
[R2-acl-basic-2000] rule 0 permit source 10.20.0.0 0.0.0.255
```

配置路由策略，将从对等体 10.20.0.1 学习到的路由发布给对等体 10.2.0.101 时，设置本地优先级为 200，请补全以下配置命令。

```
[R2] route-policy local-pre permit node 10
[R2-route-policy-local-pre-10] if-match ip route-source acl ＿＿（9）＿＿
[R2-route-policy-local-pre-10] apply local-preference ＿＿（10）＿＿
```

答案：

【问题 1】

（1）C

【问题 2】

（2）B

【问题 3】

（3）200　　（4）direct　　（5）0 或者 0.0.0.0

（6）配置 BGP 的对等体为 10.2.0.101，AS 号为 100

（7）IBGP

（8）设置 ACL2000，匹配源地址为 10.20.0.0/24 网络的数据

（9）2000

（10）200

32.8　典型案例 8

某公司在网络环境中部署多台 IP 电话和无线 AP，计划使用 PoE 设备为 IP 电话和无线 AP 供电，拓扑结构如图 32-12 所示。

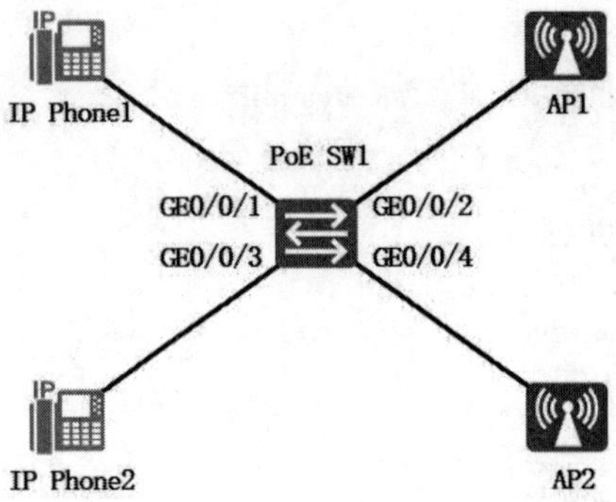

图 32-12 拓扑结构

【问题 1】

以太网供电（Power Over Ethernet，PoE）是在现有的以太网 Cat.5 布线基础架构不作任何改动的情况下，利用现有的标准五类、超五类和六类双绞线为基于 IP 的终端（如 IP 电话机、无线局域网接入点 AP、网络摄像机等）同时提供　(1)　和　(2)　。

完整的 PoE 系统由供电端设备（Power Sourcing Equipment，PSE）和受电端设备（Powered Device，PD）两部分组成。依据 IEEE 802.3af/at 标准，有两种供电方式，使用空闲脚供电和使用　(3)　脚供电，当使用空闲脚供电时，以双绞线的　(4)　线对为正极、　(5)　线对为负极，为 PD 设备供电。

(1) ～ (5) 备选答案：
　　A．电能　　　　　B．4、5　　　　　C．传输数据　　　D．7、8
　　E．3、6　　　　　F．数据

【问题 2】

公司的 IP Phone1 和 AP1 为公司内部员工提供语音和联网服务，要求有较高的供电优先级，且 AP 的供电优先级高于 IP Phone；IP Phone2 和 AP2 用于放置在公共区域，为游客提供语音和联网服务，AP2 在每天的 2:00～6:00 时间段内停止供电。IP Phone 的功率不超过 5W，AP 的功率不超过 15W。配置接口最大输出功率，以确保设备安全。

请根据以上需求说明，将下面的配置代码补充完整。

```
<HUAWEI>    (6)
<HUAWEI>    (7)    SW1
[SW1] poe power-management    (8)
[SW1] interface gigabitethernet 0/0/1
[SW1-GigabitEthernet0/0/1] poe power    (9)
[SW1-GigabitEthernet0/0/1] poe priority    (10)
[SW1-GigabitEthernet0/0/1] quit
[SW1] interface gigabitethernet 0/0/2
[SW1-GigabitEthernet0/0/2] poe power    (11)
[SW1-GigabitEthernet0/0/2] poe priority    (12)
[SW1-GigabitEthernet0/0/2] quit
[SW1] interface    (13)
```

[SW1-GigabitEthernet0/0/3] poe power 5000
[SW1-GigabitEthernet0/0/3] quit
[SW1]___(14)___ tset 2:00 to 6:00 daily
[SW1] interface gigabitethernet 0/0/4
[SW1-GigabitEthernet0/0/4] poe ___(15)___ time-range tset
Warning: This operation will power off the PD during this time range poe. Continue?[Y/N]:y
[SW1-GigabitEthernet0/0/4] quit

（6）～（15）备选答案：

　　A．sysname　　　　B．5000　　　　　C．time-range　　D．power-off
　　E．auto　　　　　　F．system-view　　G．critical　　　H．high
　　I．15000　　　　　 J．GigabitEthernet 0/0/3

答案：

【问题 1】

（1）A　（2）C　（3）F　（4）B　（5）D

【问题 2】

（6）F　（7）A　（8）E　（9）B　（10）H　（11）I　（12）G　（13）J　（14）C　（15）D

32.9　典型案例 9

某单位由于业务要求，在六层的大楼内同时部署有线和无线网络，楼外停车场部署无线网络。网络拓扑如图 32-13 所示。

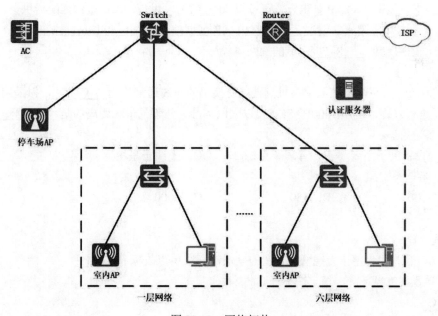

图 32-13　网络拓扑

【问题1】

1. 该网络规划中，相较于以旁路方式部署，将 AC 直连部署存在的问题是___（1）___；相较于部署在核心层，将 AC 部署在接入层存在的问题是___（2）___。

2. 在不增加网络设备的情况下，防止外网用户对本网络进行攻击，隐藏内部网络的 NAT 策略通常配置在___（3）___。

（3）备选答案：

A．AC   B．Switch   C．Router

3. 某用户通过手机连接该网络的 Wi-Fi 信号，使用 Web 页面进行认证后上网，无线网络使用的认证方式是___（4）___认证。

（4）备选答案：

A．PPPoE   B．Portal   C．IEEE 802.1x

【问题2】

1. 若停车场需要部署 3 个相邻的 AP，在进行 2.4GHz 频段规划时，为避免信道重叠可以采用的信道是___（5）___。

（5）备选答案：

A．1、4、7   B．1、6、9   C．1、6、11

2. 若在大楼内相邻的办公室共用 1 台 AP 会造成信号衰减，造成信号衰减的是___（6）___。

（6）备选答案：

A．调制方案   B．传输距离   C．设备老化   D．障碍物

3. 在网络规划中，对 AP 供电方式可以采取___（7）___供电或 DC 电源适配器供电。

4. 在不考虑其他因素的情况下，若室内 AP 区域信号场强>-60dBm，停车场 AP 区域的场强>-70dBm，则用户在___（8）___区域的上网体验好。

【问题3】

在结构化布线系统中，核心交换机到楼层交换机的布线通常称为___（9）___，拟采用 50/125 微米多模光纤进行互连，使用 1000BASE-SX 以太网标准，传输的最大距离约是___（10）___米。

（9）备选答案：

A．设备间子系统   B．管理子系统   C．干线子系统

（10）备选答案：

A．100   B．550   C．5000

答案：

【问题1】

（1）AC 容易成为整个无线网络带宽的瓶颈，存在单点故障

（2）导致吞吐量下降、稳定性不好

（3）C

（4）B

【问题 2】
（5）C　（6）D　（7）PoE　（8）室内
【问题 3】
（9）C　（10）B

32.10　典型案例 10

某公司网络拓扑片段如图 32-14 所示，其中出口路由器 R2 连接 Internet，PC 所在网段为 10.1.1.0/24，服务器 IP 地址为 10.2.2.22/24，R2 连接的 Internet 出口网关地址为 110.125.0.1/28。各路由器端口及所对应的 IP 地址信息见表 32-5。假设各个路由器和主机均完成了各个接口 IP 地址的配置。

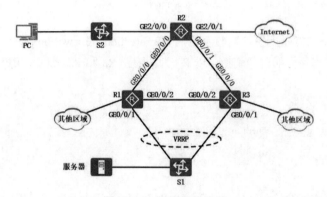

图 32-14　网络拓扑片段

表 32-5　路由器端口及所对应的 IP 地址信息

路由器	端口	IP 地址
R1	GigabitEthernet0/0/0	10.12.0.1/29
	GigabitEthernet0/0/1	10.2.2.1/24
	GigabitEthernet0/0/2	10.13.1.1/29
R2	GigabitEthernet0/0/0	10.12.0.2/29
	GigabitEthernet0/0/1	10.23.0.1/29
	GigabitEthernet2/0/0	10.1.1.1/24
	GigabitEthernet2/0/1	110.125.0.2/28
R3	GigabitEthernet0/0/0	10.23.0.3/29
	GigabitEthernet0/0/1	10.2.2.3/24
	GigabitEthernet0/0/2	10.13.1.3/29

【问题 1】

通过静态路由配置使路由器 R1 经过路由器 R2 作为主链路连接 Internet，R1→R3→R2→Internet 作为备份链路；路由器 R3 经过路由器 R2 作为主链路连接 Internet，R3→R1→R2→Internet 作为备份链路。

请按要求补全命令或回答问题。

R1 上的配置片段：

[R1] ip route-static 0.0.0.0 0.0.0.0 ___（1）___
[R1] ip route-static 0.0.0.0 0.0.0.0 ___（2）___ preference 100

R2 上的配置片段：

[R2] ip route-static ___（3）___ 110.125.0.1

以下两条命令的作用是___（4）___。

[R2] ip route-static 10.2.2.0 0.255.255.255 10.12.0.1
[R2] ip route-static 10.2.2.0 0.255.255.255 10.23.0.3 preference 100

【问题 2】

通过在 R1、R2 和 R3 上配置双向转发检测（Bidirectional Forwarding Detection，BFD）实现链路故障快速检测和静态路由的自动切换。以 R3 为例配置 R3 和 R2 之间的 BFD 会话，请补全下列命令：

[R3] ___（5）___
[R3-bfd] quit
[R3] bfd 1 bind peer-ip ___（6）___ source-ip ___（7）___ auto
[R3-bfd-session-1] commit
[R3-bfd-session-1] quit

【问题 3】

通过配置虚拟路由冗余协议（Virtual Router Redundancy Protocol，VRRP）可将交换机 S1 双归属到 R1 和 R3，从而保证链路发生故障时服务器的业务不中断，R1 为主路由，R3 为备份路由，且虚拟浮动 IP 地址为 10.2.2.10。

根据上述配置要求，服务器的网关地址应配置为___（8）___。

在 R1 上配置与 R3 的 VRRP 虚拟组相互备份：

[R1]interface GigabitEthernet0/0/1
//创建 VRRP 虚拟组
[R1-GigabitEthernet0/0/1]vrrp vrid 1 virtual-ip ___（9）___
//配置优先级为 120
[R1-GigabitEthernet0/0/1]vrrp vrid 1 priority 120

下面这条命令的作用是___（10）___。

[R1-GigabitEthernet0/0/1]vrrp vrid 1 preempt-mode timer delay 2   //跟踪 GE0/0/0 端口，如果 GE0/0/0 端口为 down，优先级自动减 30
[R1-GigabitEthernet0/0/1]vrrp vrid 1 track interface GE0/0/0 reduced 30

请问 R1 为什么要跟踪 GE0/0/0 端口？

答：___（11）___

【问题 4】

通过配置 ACL 限制 PC 所在网段在 2021 年 11 月 6 日上午 9 点至下午 5 点之间不能访问服务器的 Web 服务（工作在 80 端口），对园区内其他网段无访问限制。

定义满足上述要求 ACL 的命令片段如下，请补全命令。

[XXX]＿＿（12）＿＿ftime 9:00 to 17:00 2021/11/6
[XXX] acl 3001
[XXX-acl-adv-3001]rule＿＿（13）＿＿tcp destination-port eq 80 source 10.1.1.0 0 destination 10.2.2.22　0.0.0.0 time-range＿＿（14）＿＿

上述 ACL 最佳配置设备是＿＿（15）＿＿。

答案：

【问题 1】

（1）10.12.0.2　（2）10.13.1.3　（3）0.0.0.0 0.0.0.0

（4）配置去往服务器网段的浮动静态路由，优先选择经 R1 路由器转发，而将经 R3 路由器的链路作为备份链路。

【问题 2】

（5）bfd　（6）10.23.0.1　（7）10.23.0.3

【问题 3】

（8）10.2.2.10　（9）10.2.2.10

（10）配置 VRRP 为抢占模式，延时 2s 抢占

（11）当上联接口失效时，R3 路由器能及时抢占主设备身份，为服务器实现数据转发，保证业务不中断。

【问题 4】

（12）time-range　（13）deny　（14）ftime

（15）R2 路由器 GE2/0/0 接口的入方向

参考文献

[1] 严体华，谢志诚，高振江. 网络规划设计师教程[M]. 北京：清华大学出版社，2021.

[2] 雷震甲，严体华，景为. 网络工程师教程[M]. 北京：清华大学出版社，2022.

[3] 谢希仁. 计算机网络[M]. 8 版. 北京：电子工业出版社，2021.

[4] Behrouz A. Forouzan. TCP/IP 协议族[M]. 4 版. 王海，张娟，朱晓阳，等译. 谢希仁，审校. 北京：清华大学出版社，2019.

[5] 威廉·斯托林斯等. 现代网络技术：SDN、NFV、QoE、物联网和云计算[M]. 胡超，邢长友，陈鸣，译. 北京：机械工业出版社，2018.

[6] 沈宁国，丁斌，黄明祥，等. 园区网络架构与技术[M]. 2 版. 北京：人民邮电出版社，2022.

[7] 刘丹宁，田果，韩士良. 路由与交换技术[M]. 北京：人民邮电出版社，2020.

[8] 王达. 华为 HCIA-Datacom 学习指南[M]. 北京：人民邮电出版社，2021.

[9] 王达. 华为 HCIA-Datacom 实验指南[M]. 北京：人民邮电出版社，2021.